PHP 网页案例任务教程

◎主 编 徐军明 陈天翔 陈子曦

电子工业出版社
Publishing House of Electronics Industry
北京·BEIJING

内 容 简 介

本书以满足经济发展对高素质劳动者和技术技能人才的需求出发，在课程结构、教学内容、教学方法等方面进行探索创新，有利于学生或初学者掌握理论知识，提高实际操作技能。本书采用项目任务驱动教学的模式，通过 WAMP（Windows、Apache、MySQL、PHP）环境，结合 Dreamweaver 软件，构建高效开发环境，实现低成本、高效率的 Web 项目开发。

全书共 7 个项目、24 个任务，主要介绍动态网页制作环境搭建、动态网页基础控件与流程控制、动态网页表单控件、MySQL 留言数据库基本操作、数据库连接与分页操作、服务器端文件操作、常用系统函数对象会话技术等内容。每个项目细分为具体任务，配以翔实步骤与知识点，确保理论与实践相结合。

本书既可作为职业院校计算机相关专业的教材，也可作为网页开发初学者的参考用书。

未经许可，不得以任何方式复制或抄袭本书之部分或全部内容。
版权所有，侵权必究。

图书在版编目（CIP）数据

PHP 网页案例任务教程 / 徐军明，陈天翔，陈子曦主编. -- 北京 : 电子工业出版社, 2025. 4. -- ISBN 978-7-121-49153-5

Ⅰ. TP312.8

中国国家版本馆 CIP 数据核字第 2024QE3997 号

责任编辑：寻翠政
印　　刷：三河市华成印务有限公司
装　　订：三河市华成印务有限公司
出版发行：电子工业出版社
　　　　　北京市海淀区万寿路 173 信箱　邮编　100036
开　　本：880×1 230　1/16　印张：19.75　字数：429.7 千字
版　　次：2025 年 4 月第 1 版
印　　次：2025 年 4 月第 1 次印刷
定　　价：49.80 元

凡所购买电子工业出版社图书有缺损问题，请向购买书店调换。若书店售缺，请与本社发行部联系，联系及邮购电话：(010) 88254888，88258888。
质量投诉请发邮件至 zlts@phei.com.cn，盗版侵权举报请发邮件至 dbqq@phei.com.cn。
本书咨询联系方式：(010) 88254617，luomn@phei.com.cn。

前 言

本书特色

党的二十大报告指出："教育、科技、人才是全面建设社会主义现代化国家的基础性、战略性支撑。"职业教育肩负着培养多样化人才、传承技术技能、促进就业创业的重要职责。本书以"就业与升学并重"的职业教育办学定位为基础，采用项目任务驱动教学模式，通过具体的项目任务操作引出相关知识点，实现"学中做""做中学"，将基础知识的学习与基本技能的掌握有机地结合在一起。每个项目由多个施工任务组成，包括任务描述、任务分析、方法和步骤、相关知识与技能、思考与练习等模块，旨在培养学生的应用能力。

本书共有 7 个项目，包括动态网页制作环境搭建、动态网页基础控件与流程控制、动态网页表单控件、MySQL 留言数据库基本操作、数据库连接与分页操作、服务器端文件操作、常用系统函数对象会话技术等内容。每个项目均配有详细的任务描述和分析，以及丰富的思考与练习题目，帮助学生巩固所学知识。书后配有附录，提供 PHP 动态网页施工任务单与技术归档资料模板。

本书通过 WAMP（Windows、Apache、MySQL、PHP）环境，结合 Dreamweaver 软件，以企业岗位需求为线索，尽力使教学过程与岗位工作过程相对接，使工作任务与教学任务相对接，构建高效开发环境，实现低成本、高效率的 Web 项目开发。WAMP 是一种用于在 Windows 操作系统下搭建动态网站和服务器的集成开发环境，其优势在于跨平台、开源性、广泛性、集成性和易用性，以可视化的、广泛使用的 Dreamweaver 软件作为代码编辑器平台，学习流行的 PHP 语言，进行基础 PHP 网页程序设计。全书突出实际应用，循序渐进地安排内容，配以典型任务，兼顾知识学习，注重实践技能的培养与训练。

本书既可以作为职业院校计算机相关专业的教材，也可以作为网页开发初学者的参考用书。通过对本书的学习，学生可了解 B/S 架构下 Web 程序的基本结构，掌握程序设计的方法与操作步骤，熟练使用 PHP 语言创建 Web 动态网页，并具备使用 HTML、CSS 和数据库编写交互式 Web 程序的能力。此外，本书所讲授的知识点和技能点为读者考取"1+X"Web 前端开发职业技能等级证书提供指导。

课时分配

本书参考课时为 72~108 学时，教师可参照专业标准要求自行分配授课学时，具体内容参考本书配套的授课计划及电子教案。

本书作者

本书由徐军明、陈天翔、陈子曦担任主编，全书软件环境搭建及代码测试调试由徐军明、陈天翔、陈子曦共同完成。在本书的编写过程中，编者参考了大量的技术资料，汲取了许多业内同行的经验，在此表示感谢。

教学资源

为了提高学习效率和教学效果，方便教师教学，本书配备了授课计划、电子课件、教案、源代码、数据库、习题参考答案、配套视频、配套软件环境等教学资源，有需求的读者可登录华信教育资源网免费下载使用，有问题时请在网站留言板留言或与电子工业出版社联系（E-mail：hxedu@phei.com.cn）。

由于编者水平有限，书中难免存在不足之处，敬请广大读者批评指正。

编　者

目 录

项目一　动态网页制作环境搭建 ……………………………………………………………………001

　　任务一　安装 Dreamweaver 软件与网站环境配置 ……………………………………………002
　　　　思考与练习 ……………………………………………………………………………………015
　　任务二　安装 WAMP 与 Web 环境配置 ……………………………………………………………016
　　　　思考与练习 ……………………………………………………………………………………025
　　任务三　创建 PHP 动态网页 ………………………………………………………………………025
　　　　思考与练习 ……………………………………………………………………………………033

项目二　动态网页基础控件与流程控制 ………………………………………………………………034

　　任务一　设计简易产品数量求和动态网页 ………………………………………………………035
　　　　思考与练习 ……………………………………………………………………………………050
　　任务二　设计折扣收费运算动态网页 ……………………………………………………………050
　　　　思考与练习 ……………………………………………………………………………………064
　　任务三　设计判断闰年动态网页 …………………………………………………………………064
　　　　思考与练习 ……………………………………………………………………………………075
　　任务四　设计简易等级评定动态网页 ……………………………………………………………075
　　　　思考与练习 ……………………………………………………………………………………088
　　任务五　设计阶乘计算动态网页 …………………………………………………………………088
　　　　思考与练习 ……………………………………………………………………………………104

项目三　动态网页表单控件 ……………………………………………………………………………106

　　任务一　设计公司业务合同管理页面动态网页 …………………………………………………107
　　　　思考与练习 ……………………………………………………………………………………114

任务二　设计公司调查问卷动态网页 ……………………………………………… 115
思考与练习 ……………………………………………………………………… 128

项目四　MySQL 留言数据库基本操作 ………………………………………………… 130

任务一　创建公司留言数据库和相关数据表 ……………………………………… 131
思考与练习 ……………………………………………………………………… 142
任务二　创建数据库账户配置相应参数权限 ……………………………………… 142
思考与练习 ……………………………………………………………………… 146
任务三　手动备份、自动备份、还原公司数据库 ………………………………… 147
思考与练习 ……………………………………………………………………… 159

项目五　数据库连接与分页操作 ……………………………………………………… 160

任务一　用 Dreamweaver 软件进行 PHP 连接数据库 …………………………… 161
思考与练习 ……………………………………………………………………… 178
任务二　设计分页浏览集团公司留言动态网页 …………………………………… 179
思考与练习 ……………………………………………………………………… 196
任务三　设计编辑留言数据动态网页 ……………………………………………… 196
思考与练习 ……………………………………………………………………… 214
任务四　设计新增留言、保存与删除留言动态网页 ……………………………… 214
思考与练习 ……………………………………………………………………… 230

项目六　服务器端文件操作 …………………………………………………………… 232

任务一　设计公司日志文本文件动态网页 ………………………………………… 233
思考与练习 ……………………………………………………………………… 243
任务二　设计查看日志文本文件动态网页 ………………………………………… 244
思考与练习 ……………………………………………………………………… 251
任务三　设计日志文本文件编辑与删除动态网页 ………………………………… 252
思考与练习 ……………………………………………………………………… 260
任务四　设计上传公司文件资料动态网页 ………………………………………… 261
思考与练习 ……………………………………………………………………… 270

项目七　常用系统函数对象会话技术 271

任务一　使用 header 方法设计友情链接动态网页 272
思考与练习 281

任务二　使用 Session 对象设计集团公司登录动态网页 281
思考与练习 289

任务三　使用 Request 与 Cookie 技术设计保存员工信息动态网页 290
思考与练习 304

附录 A　PHP 动态网页施工任务单与技术归档资料模板 305

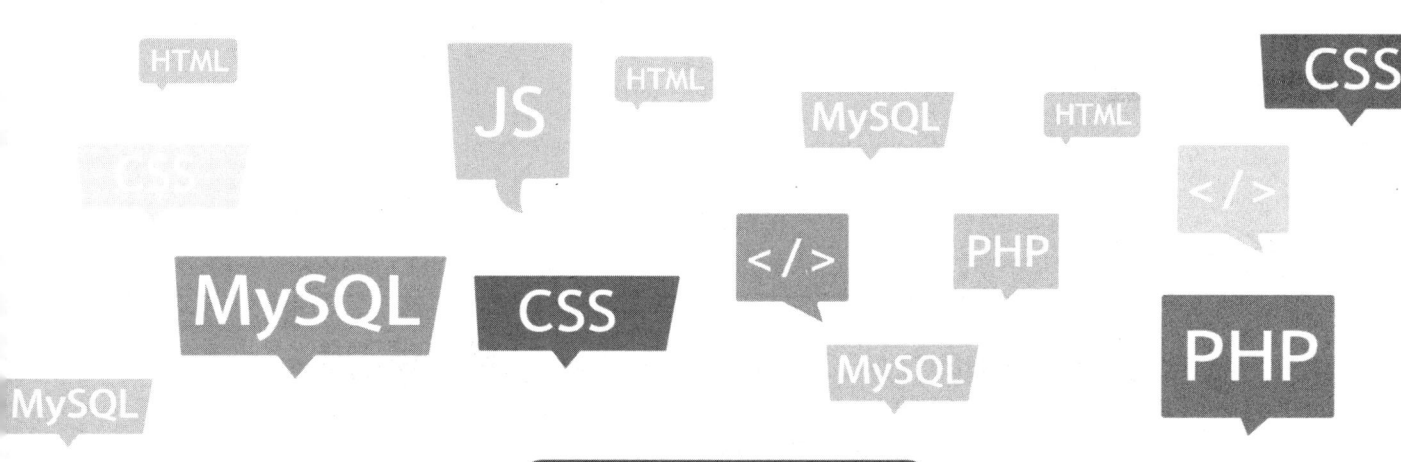

项目一

动态网页制作环境搭建

项目引言

PHP 是一种在 WAMP 环境中广泛应用的动态网页开发技术。当 PHP 运行环境部署在 Windows 服务器系统时，通常会与 Apache、MySQL 等环境系统配合使用。这些环境系统协同工作，构建了用于搭建动态网站的环境。这些环境系统都是由一些开源软件组成的，常常会一起使用，并且由于开源免费的特性，它们在兼容性方面表现出色。其中，PHP 与 MySQL 的组合尤为常见，凭借稳定且免费的特性，成为动态网页开发的核心平台。随着开源软件技术的蓬勃发展，开放源代码的 WAMP/LAMP 已经与 J2EE 和.Net 等商业软件形成了并驾齐驱的局面。值得注意的是，采用这些开源技术可显著降低开发成本，因此在整个信息技术（IT）界得到了广泛的应用。

本项目通过对 PHP 网站的基础环境建设，也就是在 Windows 服务器系统下进行 WAMP 站点的架设、WAMP 站点的配置、安装 Dreamweaver 软件和在 Dreamweaver 软件中对 Web 站点配置等相关操作，使学生掌握 PHP 动态网页制作基础环境搭建的操作技能。

能力目标

◆ 能在 Windows 服务器系统中架设 WAMP 站点
◆ 能在 Windows 服务器系统中对 WAMP 站点进行配置管理
◆ 能安装 Dreamweaver 软件
◆ 能在 Dreamweaver 软件中对 Web 站点进行配置管理
◆ 能在 Dreamweaver 软件中熟悉 Dreamweaver 软件界面并掌握基本操作技能
◆ 能在 Dreamweaver 软件中创建简单的 PHP 动态网页

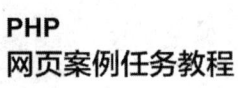

任务一

安装 Dreamweaver 软件与网站环境配置

⏱ 任务描述

公司决定设计并建设门户网站,以便更好地展示公司形象,为公司内外部用户提供更好的服务。技术部门选择使用可视化网页设计工具 Dreamweaver 软件进行网站开发工作。Dreamweaver 是一款功能强大的网页设计软件,提供了丰富的工具和功能,能够帮助开发人员快速、高效地完成网站设计和开发工作。网络信息部门需要完成 Windows 服务器环境的配置工作,包括在 Windows 服务器上架设支持 PHP 的 Web 站点,并对 Web 站点进行配置,确保其能够正常支持 PHP 功能。公司已启动 Dreamweaver 软件的全面部署工作,技术部门将使用该软件进行网站设计开发,而网络信息部门则需要同步完成 Windows 服务器环境的搭建与环境配置的工作。

🔍 任务分析

根据部门的工作任务要求,工程师小明需要在公司的 Windows 服务器或计算机上安装 Dreamweaver 软件,并进行环境配置与配套测试任务,本任务在施工中涉及规划技术参数的要求如下。

(1) 操作系统平台:Windows 服务器的版本没有限制,这里选择 Windows 10。
(2) Web 站点路径:C:\phpweb。
(3) Web 测试 IP 地址:127.0.0.1。
(4) Web 测试端口号:8899。

值得注意的是,在后续进行 WAMP 环境和 Web 站点配置管理时,相关的 Web 站点主目录、IP 地址和端口号需要与上述技术参数保持一致。任务施工结束后,需要进行测试和验收,并记录主要的技术参数。

工程师小明已经通过图书馆和互联网检索获取了所需资料,将按照要求完成 Dreamweaver 软件的安装和测试等任务,确保其在指定的系统上稳定运行。顺利完成任务对于部门的工作开展至关重要。如果在执行过程中遇到任何问题或困难,工程师小明可以随时向部门领导汇报。任务完成后,部门将在实际运行环境中进一步评估施工的适用性和稳定性,以确保能够满足公司的业务需求。在施工过程中，工程师小明需要重点关注软件的兼容性及细节处理，以确保整个工程的顺利进行和最终实施的成功。

方法和步骤

1. 安装 Dreamweaver 软件

（1）在打开的窗口中选择"本地磁盘（C:）"选项，然后打开"Dreamweaver CS6 教育试用版 00"文件夹，如图 1-1-1 所示。

图 1-1-1　"Dreamweaver CS6 教育试用版 00"文件夹

（2）右击"Set-up"应用程序，在快捷菜单中选择"以管理员身份运行（A）"选项，如图 1-1-2 所示。

图 1-1-2　选择"以管理员身份运行（A）"选项

（3）弹出"你要允许此应用对你的设备进行更改吗？"提示，单击"是"按钮，确认后继续进行安装操作，如图1-1-3所示。

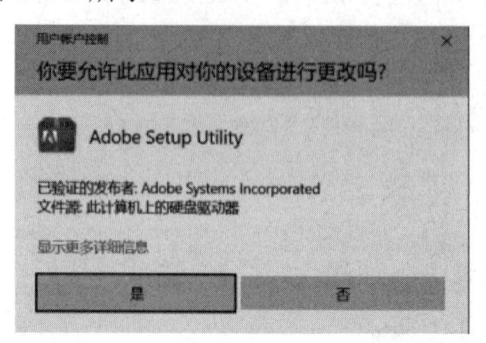

图1-1-3　"你要允许此应用对你的设备进行更改吗？"提示

（4）Adobe安装程序弹出"遇到了以下问题"提示，单击"忽略"按钮，继续进行安装操作，如图1-1-4所示。

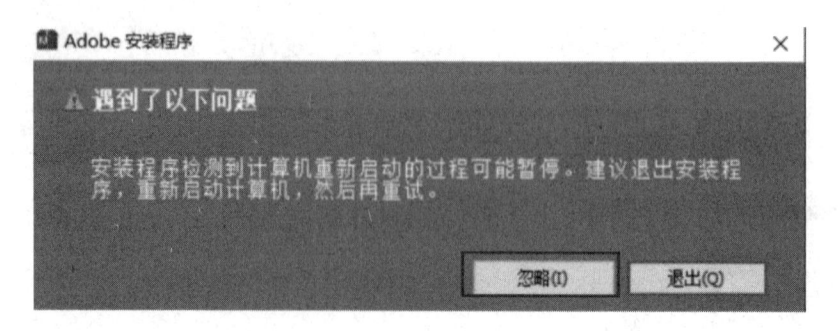

图1-1-4　"遇到了以下问题"提示

（5）这时Adobe安装程序弹出"正在初始化安装程序"提示，进度条显示初始化进度情况，如图1-1-5所示。

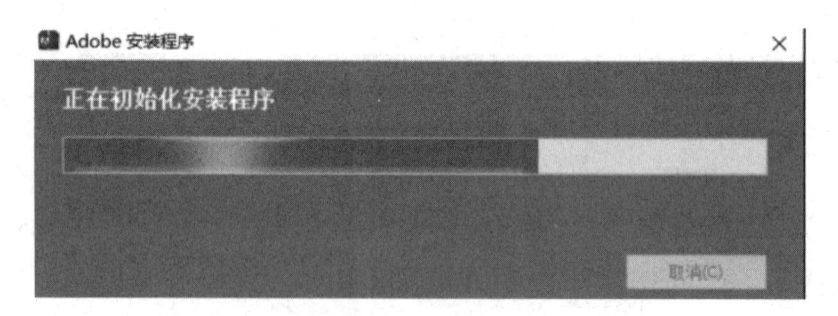

图1-1-5　进度条显示初始化进度情况

（6）初始化完成后，显示安装导向中的"欢迎"界面，选择"试用"选项，弹出"Adobe软件许可协议"界面，单击"接受"按钮，弹出"需要登录"界面。这时请先断开网络连接，再单击"登录"按钮，因网络已经断开，显示"请连接到Internet，然后重试"，单击"稍后连接"按钮。初始化完成后的四个步骤，如图1-1-6所示。

（a） （b）

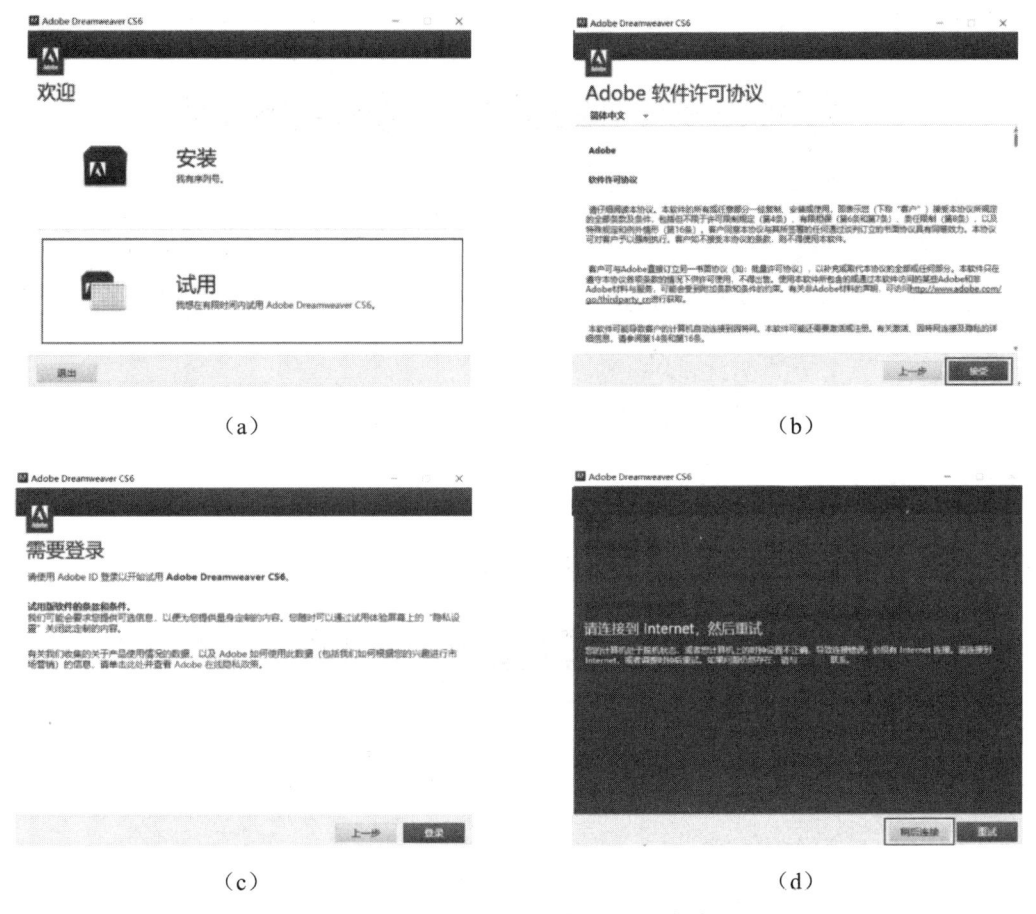

（c） （d）

图 1-1-6　初始化完成后的四个步骤

（7）弹出"选项"界面，如图 1-1-7 所示，用于选择语言和位置。语言默认选择"简体中文"，位置默认为"C:\Program Files（x86）\Adobe"，这里对默认内容不做修改，保持默认状态即可，单击"安装"按钮。

图 1-1-7　"选项"界面

（8）弹出"安装"界面，进度条显示安装进度情况，如图 1-1-8 所示。

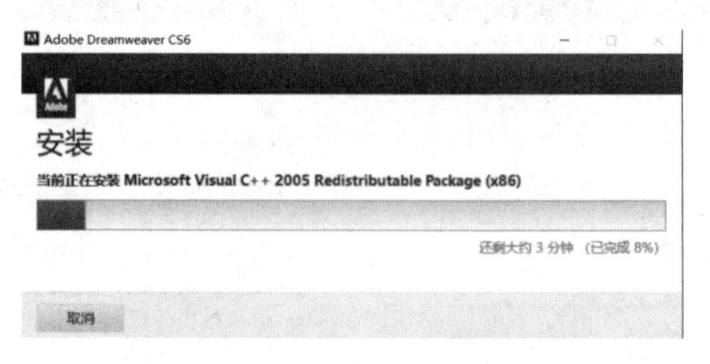

图 1-1-8　进度条显示安装进度情况

（9）在进度条显示 100%时，弹出"安装完成"界面，单击"关闭"按钮，就完成了 Dreamweaver 软件的安装，如图 1-1-9 所示。

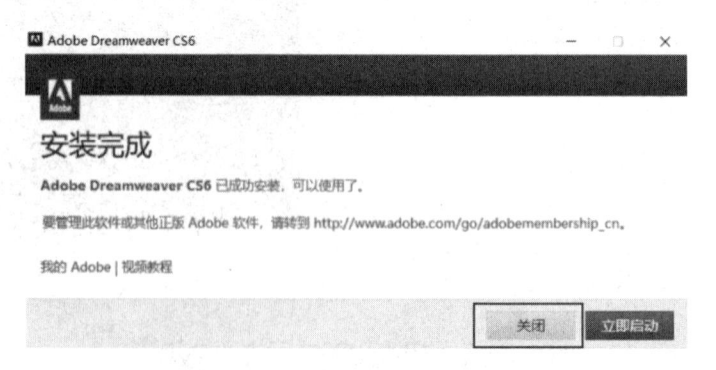

图 1-1-9　"安装完成"界面

（10）首次运行 Dreamweaver 软件，需要在开始菜单中找到 Dreamweaver 软件的快捷方式，单击该快捷方式以启动程序。启动后，系统弹出"默认编辑器"对话框，勾选"PHP（php）"复选框，单击"确定"按钮，完成首次运行 Dreamweaver 软件，如图 1-1-10 所示。

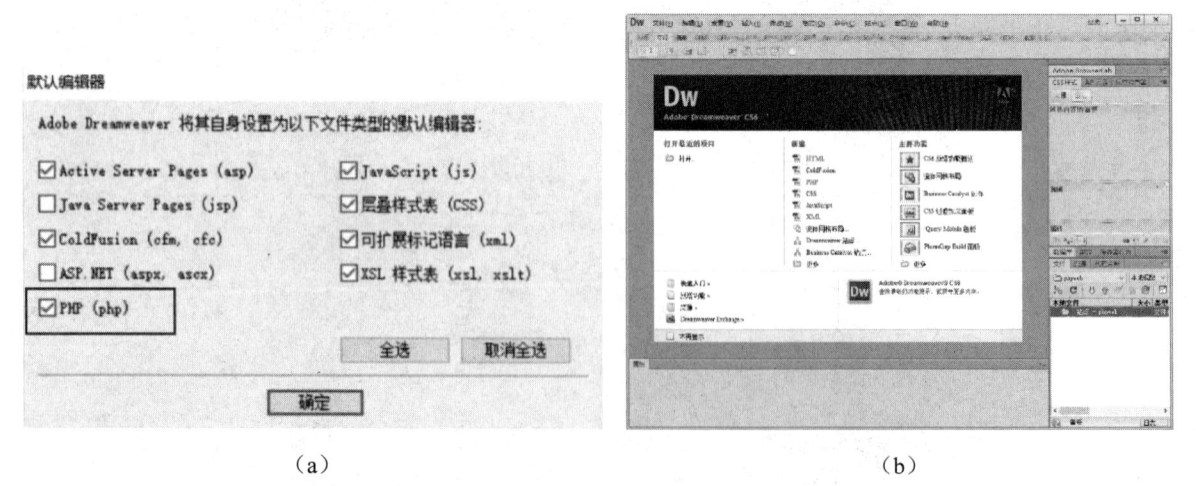

(a)　　　　　　　　　　　　　　　(b)

图 1-1-10　完成首次运行 Dreamweaver 软件部分界面截图

2. 在 Dreamweaver 软件中创建支持 PHP 网站的操作

（1）运行 Dreamweaver 软件后，单击"站点"菜单，如图 1-1-11 所示。

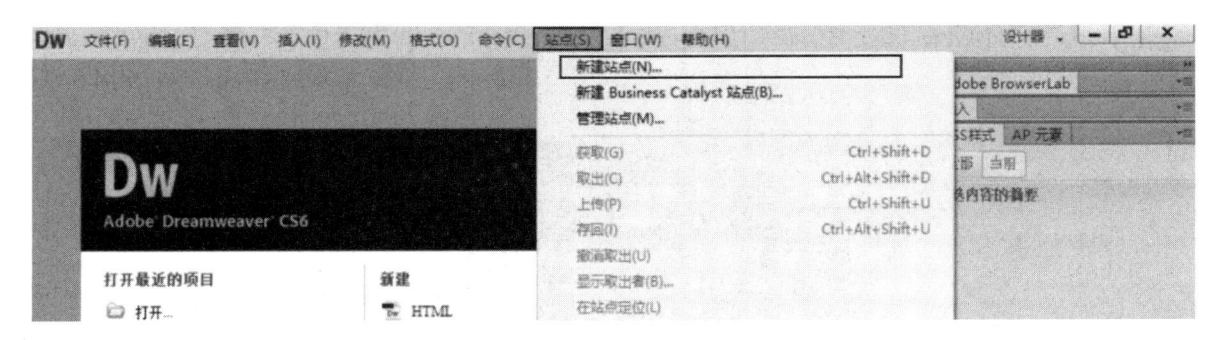

图 1-1-11　单击"站点"菜单

（2）在"站点"菜单中，选择"新建站点"选项创建新的网站，在弹出的"站点设置对象 phpweb"对话框中，站点名称处输入"phpweb"，本地站点文件夹处选择或输入路径"C:\phpweb\"（提前在 C 盘中创建 phpweb 文件夹），单击"保存"按钮。站点参数设置情况，如图 1-1-12 所示。

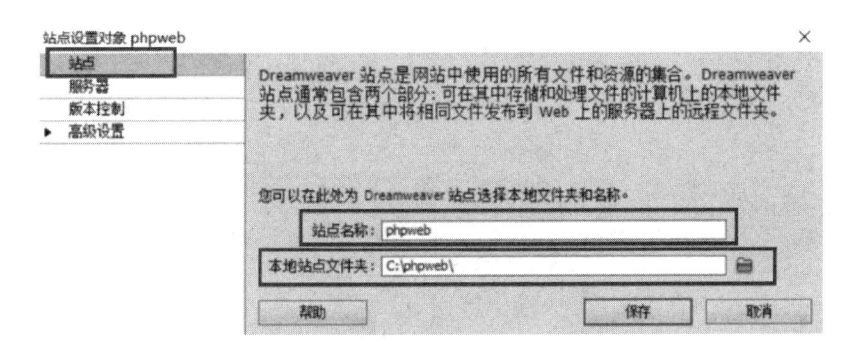

图 1-1-12　站点参数设置情况

（3）在"站点设置对象 phpweb"对话框的左侧导航栏中，选择"服务器"选项，如图 1-1-13 所示。

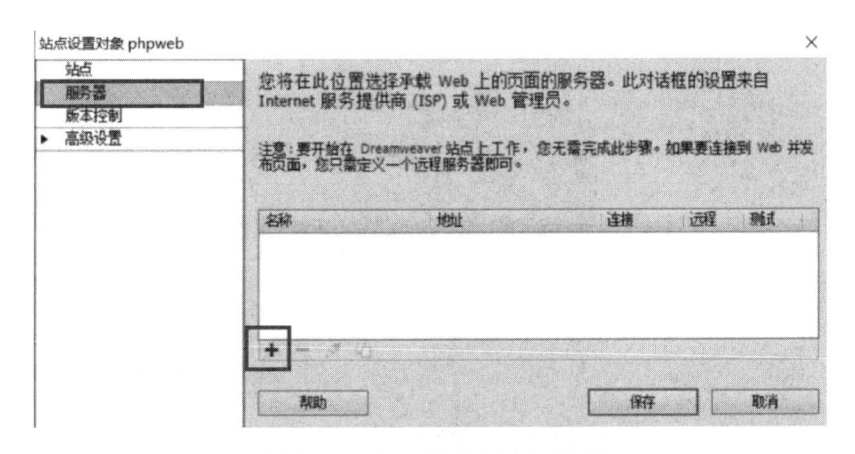

图 1-1-13　"服务器"选项

（4）单击"➕"按钮，选择"基本"选项卡，按照任务分析设计参数，在服务器名称处输入"phpweb"，在连接方法处选择"本地/网络"选项，在服务器文件夹处选择或输入"C:\phpweb\"，在 Web URL 处输入"http://127.0.0.1:8899"，单击"保存"按钮，如图 1-1-14 所示。

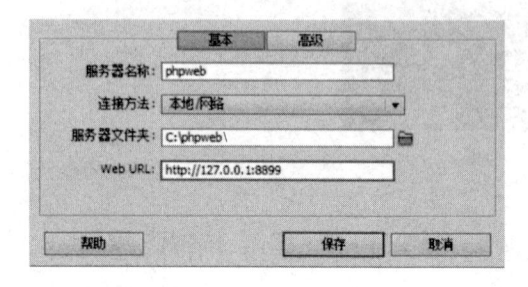

图 1-1-14 "基本"选项卡

（5）选择"高级"选项卡，远程服务器部分保持默认状态不变，在测试服务器中的服务器模型处选择"PHP MySQL"选项，单击"保存"按钮，如图 1-1-15 所示。

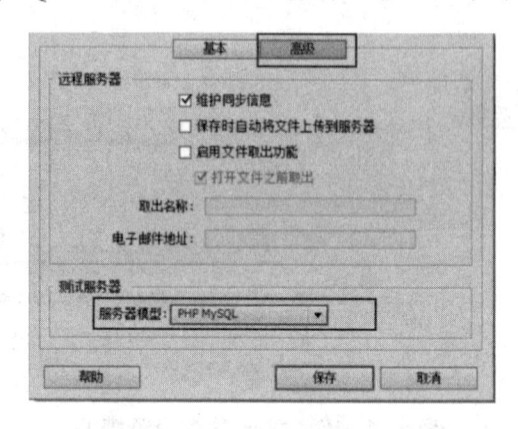

图 1-1-15 "高级"选项卡

（6）勾选"测试"复选框，单击"保存"按钮，完成 PHP 参数设置并创建网站，如图 1-1-16 所示。

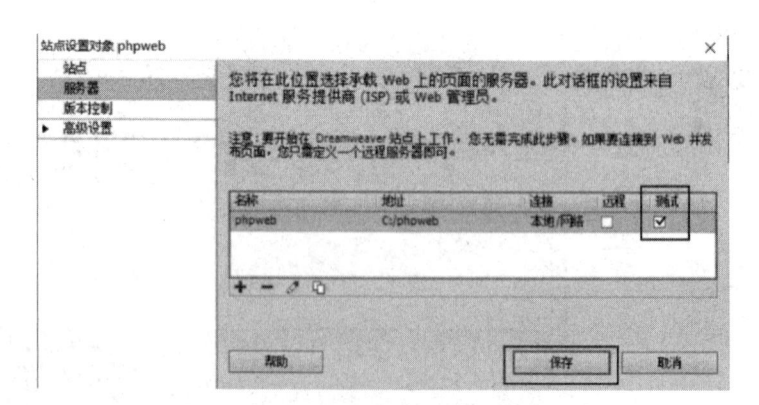

图 1-1-16 勾选"测试"复选框

相关知识与技能

1. C/S 和 B/S 动态网页设计两种体系架构模式

在计算机领域，随着技术的进步和互联网的广泛应用，软件体系架构逐步出现了 C/S 和 B/S 两种模式。C/S 是 Client/Server 的缩写，意思是客户端/服务器模式；B/S 是 Browser/Server 的缩写，意思是浏览器/服务器模式。

（1）C/S 模式

C/S 模式是指客户端和服务器端之间通过网络进行数据交互的一种模式。客户端是指安装在用户计算机上的专门应用程序，服务器端是指提供数据和服务的后端系统。客户端和服务器端之间通常通过数据库或者 Socket 进行通信。C/S 模式最早出现在 20 世纪 80 年代，当时的网络环境主要是局域网，客户端和服务器端之间的距离较近，并且网络速度较快，数据量较小。C/S 模式的优点是交互性强、界面丰富、安全性高、响应速度快、适合处理复杂的业务逻辑。C/S 模式的缺点是分布性差、维护困难、兼容性差、扩展性差、适用范围窄。目前，C/S 模式仍然广泛应用于局域网中的信息管理系统、办公自动化系统等领域。

C/S 模式的常见典型应用如下。

① 办公软件，如 Microsoft Office、WPS 等。

② 杀毒软件，如 360 安全卫士、金山毒霸、瑞星等。

③ 通信软件，如 QQ、微信等。

（2）B/S 模式

B/S 模式是指客户端和服务器端之间通过 Web 浏览器进行数据交互的一种模式。客户端是指任何可以运行 Web 浏览器的设备，如计算机、手机、平板电脑等。服务器端是指提供 Web 界面和服务的动态、静态网页应用。客户端和服务器端之间通常通过 HTTP 协议进行通信。B/S 模式出现在 20 世纪 90 年代，当时的网络环境主要是广域网，并且客户端和服务器端之间的距离较远，网络速度较慢，数据量较大。B/S 模式的优点是分布性强、维护简单、开发技术丰富、共享性高、成本低。B/S 模式的缺点是交互性弱、安全性低、响应速度慢、难以处理复杂的业务逻辑。目前，B/S 模式已经成为互联网上流行的软件架构模式，广泛应用于电子商务、社交网络、在线教育等领域。

B/S 模式的常见典型应用如下

① 国内网站，如百度、淘宝等。

② 网络服务应用，如网页版电子邮件系统、网页版网盘系统等。

③ 云计算、云存储，如网页版阿里云、网页版腾讯云、网页版百度云等。

（3）C/S 模式和 B/S 模式的主要区别

① C/S 模式需要用户在计算机上安装客户端软件，而 B/S 模式只需要在浏览器中输入域名，打开网页即可。

② C/S 模式可以更好地利用客户端的资源，如中央处理器（CPU）和内存，提高运行效率，而 B/S 模式受限于浏览器的性能和网络带宽。

③ C/S 模式可以更方便地实现离线使用和数据同步，而 B/S 模式需要持续地连接网络才能正常工作。

④ C/S 模式的客户端软件通常比较复杂，可以更灵活地定制用户界面和交互方式，而 B/S 模式需要遵循网页的标准和规范。

⑤ C/S 模式可以更安全地保护数据和隐私，而 B/S 模式可能面临网络攻击和信息泄露的风险。

总之，C/S 和 B/S 是两种不同的软件架构模式，各有优劣，适用于不同的场景和需求。随着技术的发展和创新，出现了一些结合两者优点的混合模式，如 CSB（Cloud/Service/Backup，云上数据备份服务）模式、RCP（Rich Client Platform，富客户端平台）模式等。在选择软件系统架构时，需要技术人员根据实际情况进行权衡和比较，最终确定最合适的方案。

2. 认识 PHP

PHP 是一种通用的开源脚本语言，专为 Web 开发而设计。PHP 在服务器端执行，生成并发送 HTML 页面给客户端浏览器。PHP 最初是"Personal Home Page"的缩写，但现在已经正式更名为"page hypertext preprocessor"，即"页面超文本预处理器"。PHP 于 1995 年发布了第一个版本，即 PHP 1。它的目标是简化 Web 的开发过程，并使开发者能够快速构建动态网页和应用动态网页。时至今日，PHP 仍然被各行各业广泛应用。

PHP 是一种解释性语言，这意味着它不需要编译成机器码，而是在运行时逐行解释执行。这种特性使得 PHP 非常灵活且易于使用。在 PHP 的发展过程中，最初是作为一种简单的网页计数器工具来编写的。随着时间的推移，人们开始将 PHP 用于处理表单、数据库交互和动态内容生成。PHP 3 于 1998 年发布，引入了许多现代 Web 开发所需的特性，成为当时 Web 开发人员广泛应用的版本。PHP 4 于 2000 年发布，引入了面向对象编程的 Zend 引擎等重要的特性。PHP 5 于 2004 年发布，这个版本是重要的里程碑，它引入了许多强大的特性，包括异常处理、面向对象的改进、更好的 MySQL 支持和更高的性能，成为当时最受欢迎的 Web 开发语言之一。PHP 7 于 2015 年发布，通过引入 Zend 引擎的新版本（Zend Engine 3.0）实现了显著的性能改进和语言特性的增强，也大幅提高了脚本的执行速度。此外，PHP 7 还引入了标量类型声明、返回类型声明、匿名类、空合并运算符等新特性，增强了开发人员的编码体验。

PHP 是一种广泛使用的 Web 开发语言，具有强大的社区支持和丰富的第三方库及框架。它能够快速构建复杂的 Web 应用动态网页，且应用范围广。PHP 具有良好的跨平台特性，在多种操作系统和 Web 服务器上都能运行。此外，PHP 支持与多种数据库类型进行交互，以便在 Web 应用动态网页中存储和检索数据。

PHP 能够在所有主流操作系统上运行，包括 Linux、UNIX 的各种变种（HP-UX、Solaris 和 OpenBSD）、Microsoft Windows、macOS、RISC OS 等。此外，PHP 支持大多数的 WAMP 环境，包括 Apache、Microsoft Internet Information Server（IIS）、Personal WAMP Server（PWS）、Netscape、iPlant Server、O'Reilly WAMPsite Pro Server、Caudium、Xitami、OmniHTTPd 等。

PHP 在不同操作系统上的支持如下。

- Microsoft Windows：PHP 支持 Windows 8/8.1、Windows 7、Windows Vista 等版本，提供了方便的二进制发行版本。
- Linux：PHP 在各种 Linux 发行版本上广泛使用，可以通过包管理器来安装和更新 PHP，如 Debian、Ubuntu、Fedora、CentOS 等。
- macOS：PHP 可以在苹果的 macOS 操作系统上运行，macOS 自带 PHP 的安装，也可以使用 Homebrew 等工具安装其他版本的 PHP。
- UNIX：PHP 可以在各种 UNIX 操作系统上运行，如 FreeBSD、OpenBSD、Solaris 等，这些操作系统提供了包管理器或源码安装的方式。
- 其他操作系统：PHP 还可以在一些嵌入式和移动操作系统上运行，如 Android 和 iOS，可以通过移动开发框架构建基于 PHP 的应用动态网页，如 React Native 等。

MySQL 是常用的开源关系型数据库管理系统之一，而 MariaDB 是 MySQL 的分支，与 MySQL 兼容。这两种数据库都可以用于存储 Web 应用动态网页中的数据，如用户信息、订单记录、博客文章等，PHP 提供了两种扩展与 MySQL/MariaDB 进行交互。MySQLi（MySQL improved）是 MySQL 的官方扩展，提供面向对象和面向过程两种编程接口，具有更好的性能和功能。使用 MySQLi 扩展，可以执行 SQL 语句，获取查询结果，处理错误和异常，以及使用预处理语句和事务等高级特性。

除了上述常见的数据库类型，PHP 还支持其他数据库系统，如 Oracle、Microsoft SQL Server 等。对于这些数据库系统，可以使用相应的扩展进行连接和操作。

总之，PHP 是一种优秀且功能强大的服务器端脚本语言，在 Web 开发领域中具有广泛应用。它具有简洁明了的语法、丰富的内置函数和扩展库，并能够快速搭建稳定、高效的 Web 应用环境。

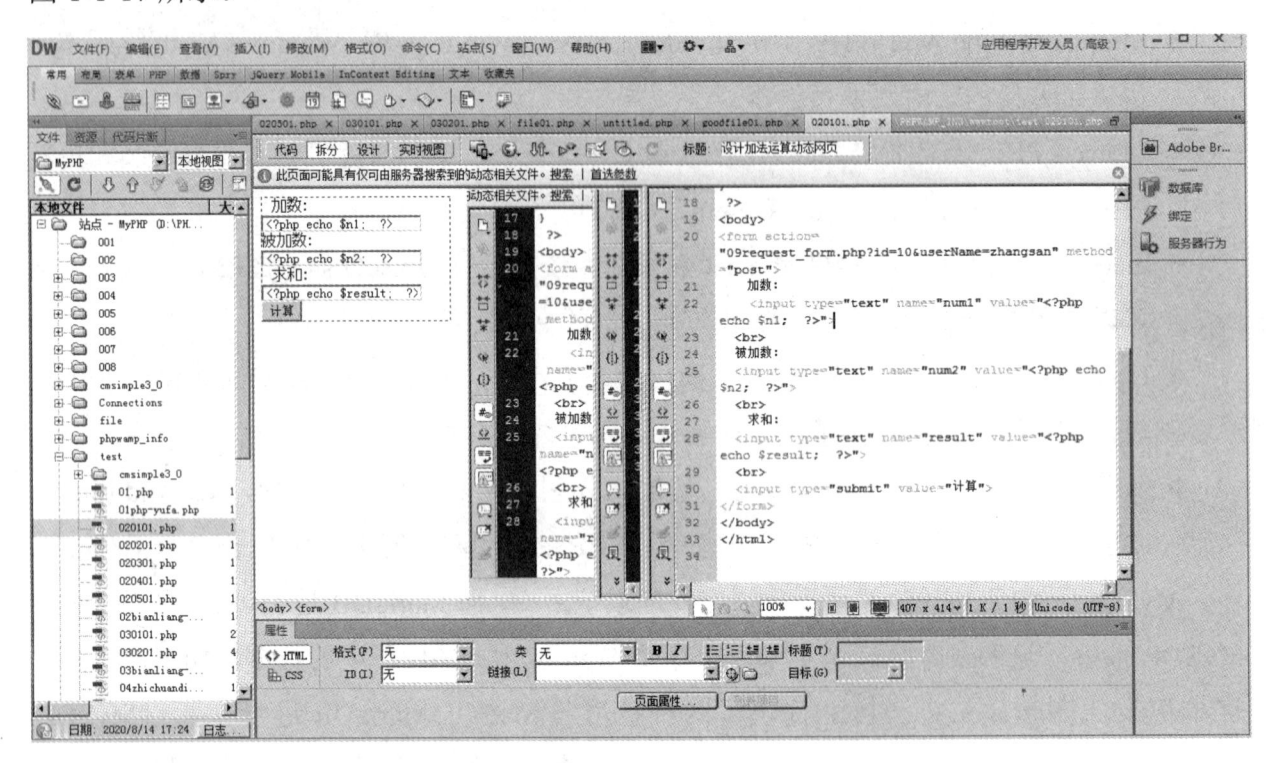

3. Dreamweaver 软件工作界面介绍

Dreamweaver 软件是业界领先的 Web 开发工具。使用该工具可以高效地设计、开发和维护网站。利用 Dreamweaver 软件中的可视化编辑功能，可以快速地创建网页而不需要编写任何代码，这使得网页设计人员的工作更加便捷。文本是网页中最基本和最常用的元素，是网页信息传播的重要载体。学会在网页中使用文本和设置文本格式对于网页设计人员来说是至关重要的。Dreamweaver 软件是 Adobe 公司开发的集网页制作和网站管理于一体的网页编辑器，它是第一套针对专业网页设计师的可视化网页开发工具，不仅使网页制作过程更加直观，同时也大幅简化了网页制作步骤，可以快速制作网站雏形，设计、更新和重组网页。Dreamweaver 软件的工作界面由菜单栏、属性面板、文档窗口、插入面板、数据库面板及浮动面板组成，整体布局紧凑、合理、高效。Dreamweaver 软件作界面，如图 1-1-17 所示。

图 1-1-17　Dreamweaver 软件工作界面

（1）Dreamweaver 软件常用菜单栏

① 文件菜单。

文件菜单提供了多种实用选项，方便用户操作和管理网页文件。用户可以通过"新建"选项创建新的网页，选择预定义的布局或从头开始创建空白界面；利用"打开"选项编辑或查看现有的网页文件；利用"保存"选项可以将当前编辑的网页文件保存到指定位置；"关闭"选项关闭当前打开的网页文件；利用"导入"选项将外部文件（如图像、样式表等）导入网页项目；利用"导出"选项将网页导出为不同的文件格式，如 HTML、CSS 或 JavaScript 等。

② 编辑菜单。

编辑菜单提供了一系列便捷选项，旨在提升网页编辑的效率和便捷性。利用"撤销/重做"选项撤销或恢复之前的操作；利用"剪切/复制/粘贴"选项方便地移动或复制网页中的文本、图像或其他元素；通过选择"查找/替换"选项快速搜索并选择是否替换特定的文本或代码；如果需要在整个项目中进行全局替换，可以使用"全局替换"功能；另外，"代码折叠"选项可以帮助用户在编辑大量代码时提高可读性，通过折叠或展开代码块进行管理。

③ 插入菜单。

插入菜单用于在网页中插入和管理各种元素及功能，包括菜单、图像、超链接、表格、Flash 动画、多媒体文件等。此外，还提供了快速创建导航菜单、使用网页模板和插入特殊字符等功能。用户还可以使用表单功能来插入和定义网页表单，以收集用户数据。通过插入菜单，用户可以插入布局对象和插入代码片段，从而更好地管理网页布局和添加常用代码。

④ 格式菜单。

格式菜单有缩进、凸出、段落格式、对齐、列表、样式、CSS 样式、颜色等功能。

⑤ 站点菜单。

站点菜单用于管理和设置网站相关的选项及配置。"新建站点"选项可以创建新的网站，设置网站的名称、本地文件夹和服务器连接等信息。"管理站点"选项可以打开站点管理器窗口，用于查看和管理当前已创建的网站列表，包括编辑、删除和导入/导出网站等操作。

⑥ 窗口菜单。

窗口菜单用于管理和控制软件界面。"插入"功能允许在网页中插入和管理各种元素及功能，如图像、超链接、表格等。"属性"功能显示和编辑所选元素的属性及样式，包括字体、颜色、大小等。"CSS 样式"功能提供了强大的 CSS 样式编辑器，用于创建、编辑和管理网页的样式规则。"数据库"功能允许连接和管理与网页相关的数据库，进行数据库操作和查询。"绑定"功能用于创建和管理网页与数据源之间的绑定关系，实现动态内容的展示和交互。"服务器行为"功能允许 WAMP 环境添加和管理与服务器端交互的行为，如表单处理、会话管理等。

（2）Dreamweaver 软件属性面板

属性面板可以在"窗口"菜单中选择"属性"选项进行调出或关闭操作。属性面板可以查看和更改所选对象的各种属性。属性面板包括两种选项：一种是"HTML"选项，将默认显示文本的格式、样式和对齐方式等属性；另一种是"CSS"选项，可以在其中设定各种属性，如图 1-1-18 所示。

图 1-1-18　Dreamweaver 软件属性面板

（3）Dreamweaver 软件文档窗口

文档窗口主要用于文档的编辑。可以同时打开多个文档进行编辑，可以在代码、拆分、设计和实时视图中根据需要编辑或查看网页内容，如图 1-1-19 所示。

图 1-1-19　Dreamweaver 软件文档窗口

（4）Dreamweaver 软件插入面板

插入面板可以在"窗口"菜单中选择"插入"选项进行调出或关闭操作。插入面板是在设计网页过程中经常用到的对象和工具，包括常用、布局、表单、PHP、数据、文本等选项卡。插入面板可以快速调用网页中所需的对象及编辑对象所要用到的工具。插入面板中的功能与插入菜单的功能有很大一部分是重叠的，但插入面板用起来会更加方便，如图 1-1-20 所示。

图 1-1-20　Dreamweaver 软件插入面板

（5）Dreamweaver 软件数据库面板

数据库面板可以在"窗口"菜单中选择"数据库"选项进行调出或关闭操作，如图 1-1-21 所示。"数据库"选项可以配置与数据库的连接，包括选择数据库类型，提供主机名、用户名、密码等信息，以便在网页中访问和操作数据库。

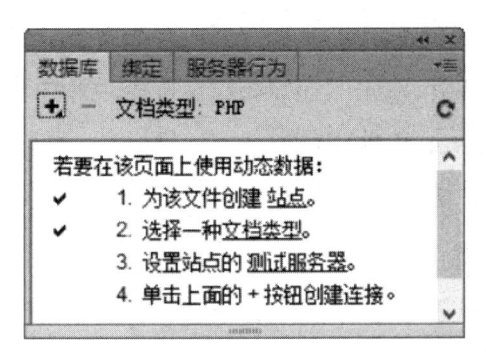

图 1-1-21　Dreamweaver 软件数据库面板

（6）浮动面板

在 Dreamweaver 软件工作界面的右侧排列着一些浮动面板，这些浮动面板可以选择"窗口"菜单中的选项进行调出或关闭操作。这些面板集中了网页编辑和站点管理过程中常用的工具面板，并被集合到面板组中。每个面板组都可以展开或折叠，并且可以自由拖动与其他面板叠加在一起。面板组还可以停靠到集成的应用程序窗口，自定义位置，以便能够方便地访问相关面板。面板组如图 1-1-22 所示。

图 1-1-22　面板组

思考与练习

一、填空题

1. 随着技术的进步和互联网的广泛应用，软件体系架构逐步出现了 C/S 和 B/S 两种模式。C/S 是_____的缩写，意思是_____/服务器模式，B/S 是_____的缩写，意思是_____/服务器模式。

2. PHP 是一种广泛使用的_____语言，具有强大的社区支持和丰富的第三方库及框架。PHP 具有良好的_____特性，在多种操作系统和 Web 服务器上都能运行。此外，PHP 支持与_____类型进行交互，以便在 Web 应用动态网页中_____。

3. Dreamweaver 软件是业界领先的 Web 开发工具。使用该工具可以高效地设计、开发和维护网站。利用 Dreamweaver 软件中的_____功能，可以快速地创建网页而不需要编写任何代码，这使得网页设计人员的工作更加便捷。

4. MySQL 是常用的开源_____之一，而 MariaDB 是 MySQL 的分支，与 MySQL_____。这两种数据库都可以用于存储 Web 应用动态网页中的数据，如用户信息、订单记录、博客文章等，PHP 提供了_____与 MySQL/MariaDB 进行交互。

二、叙述题

1. 请说明 C/S 模式和 B/S 模式的区别。
2. 简述 PHP 能够运行在哪些主流操作系统之上，分别简要说明。
3. 简述 Dreamweaver 软件菜单栏中有哪些选项，并说明菜单栏的每个选项的作用与功能。

任务二

安装 WAMP 与 Web 环境配置

任务描述

按照公司任务要求，网络信息部门将承担 WAMP 环境系统安装与调试任务，旨在设计高效、有序管理各种服务的 WAMP 环境系统、MySQL 环境系统，以及支持 PHP 动态网页的环境系统。这项任务对于公司的信息管理和数据处理具有重要意义。网络信息部门将深入了解公司的需求，详细了解不同类型的数据、数据量及数据处理方式，确保安装和配置的 WAMP 环境系统能够充分满足公司的实际需求。

网络信息部门将进行全面的综合对比，以确定在服务器或 Windows 服务器上安装 WAMP 环境系统的最佳选择。网络信息部门将综合考虑多个因素，如性能要求、可扩展性、安全性和成本等，在综合评估各个选项的优势和限制后，将与公司管理层进行详细讨论并确认。一旦确定了安装环境，网络信息部门将按照 WAMP 环境系统的要求，逐一安装所需的软件和组件，包括 Apache 服务器、MySQL 数据库和 PHP 解释器。将确保每个组件都正确配置和连接，并与其他系统和网络进行适当的集成。根据综合对比的结果，最终选择在 Windows 服务器上安装 WAMP 环境系统。

PHPWAMP_IN3 环境界面，如图 1-2-1 所示。

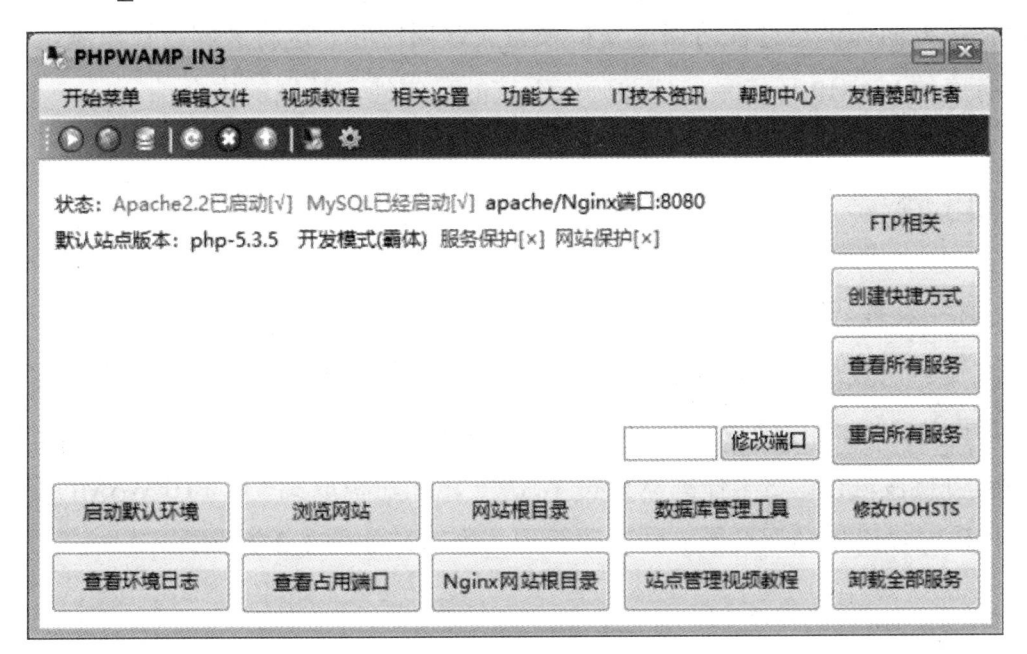

图 1-2-1　PHPWAMP_IN3 环境界面

任务分析

任务目标：设计高效、有序管理各种数据的 WAMP 环境系统，以满足公司的信息管理和数据处理需求。为了实现这一目标，网络信息部门将与各个部门合作，深入了解不同类型的数据、数据量及数据处理方式，以确保设计的系统能够充分满足公司的实际需求。在此过程中，网络信息部门将进行综合对比，评估在 Windows 服务器上安装 WAMP 环境系统的最佳选择，将考虑性能要求、可扩展性、安全性和成本等因素，并与公司管理层进行详细讨论和确认。网络信息部门在完成综合选择对比后，决定在 Windows 服务器上部署 WAMP 环境系统，并将任务布置给工程师小明。工程师小明利用互联网等各种方式查找有关部署 WAMP 环境系统的技术资料，选择使用 WAMP 高集成度的压缩包安装该系统。网络信息部门需要完成安装与调试任务，技术人员将仔细检查安装过程中的错误和冲突，并解决可能出现的问题，确保系统的各个组件能够正常运行。

安装配置 WAMP 环境系统的参数要求与任务一相同。

（1）Web 站点路径：C:\phpweb。

（2）Web 测试 IP 地址：127.0.0.1。

（3）Web 测试端口号：8899。

在任务施工结束时要求进行测试与验收，记录主要技术参数。

对任务进行全过程分析，网络信息部门将从需求分析、选择最佳方案、安装与配置、调试与优化等方面提供全过程培训与支持来完成该项任务。这将能够设计出满足公司需求的高效、有序的 WAMP 环境系统，并确保系统的稳定性和数据的安全性。

方法和步骤

1. 下载和安装 WAMP

打开浏览器，登录华信教育资源网下载教材配套的 WAMP 环境系统。这里下载的是"PHP WAMP_IN3.exe"压缩包文件版本，这个安装文件版本仅需要把压缩包文件解压缩，无须安装即可直接运行。这里任务默认将 WAMP 压缩包释放到"C:\PHPWAMP_IN3"目录下。"C:\\PHPWAMP_IN3"目录文件资源管理器窗口，如图 1-2-2 所示。

图 1-2-2 "C:\PHPWAMP_IN3"目录文件资源管理器窗口

打开"C:\PHPWAMP_IN3"文件夹，可以看到可执行文件"PHPWAMP"，该文件就是 WAMP 环境系统的启动文件，如图 1-2-3 所示。

2. 创建 WAMP 桌面快捷方式

日常工作中经常要启动 WAMP，可以选择"PHPWAMP"文件，单击鼠标右键，在弹出的快捷菜单中选择"发送到"选项，再选择"桌面快捷方式"选项，实现创建 WAMP 的桌面快捷方式，如图 1-2-4 所示。

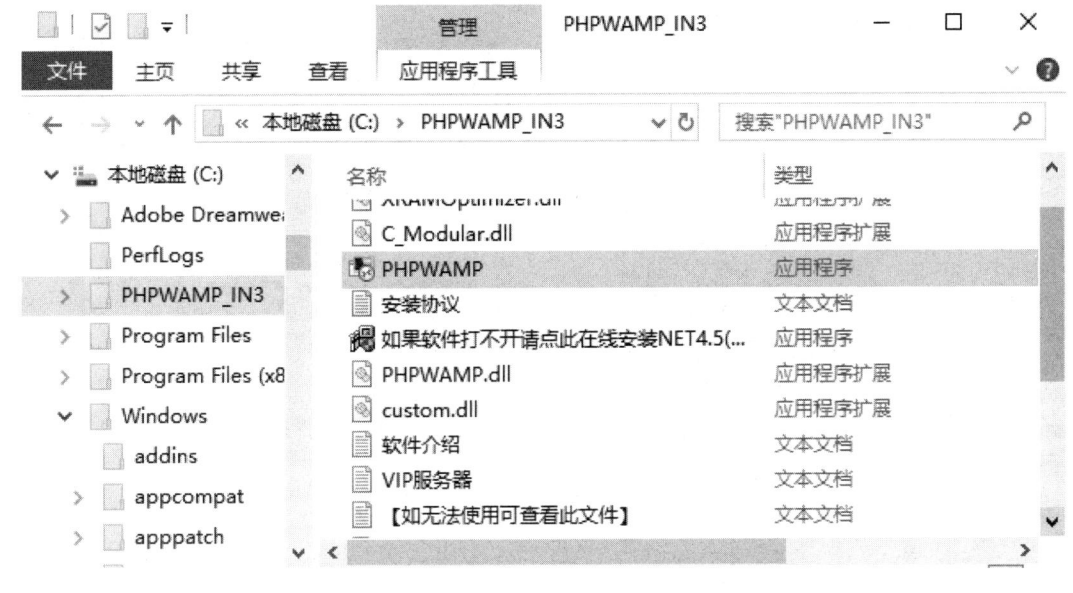

图 1-2-3　可执行文件"PHPWAMP"

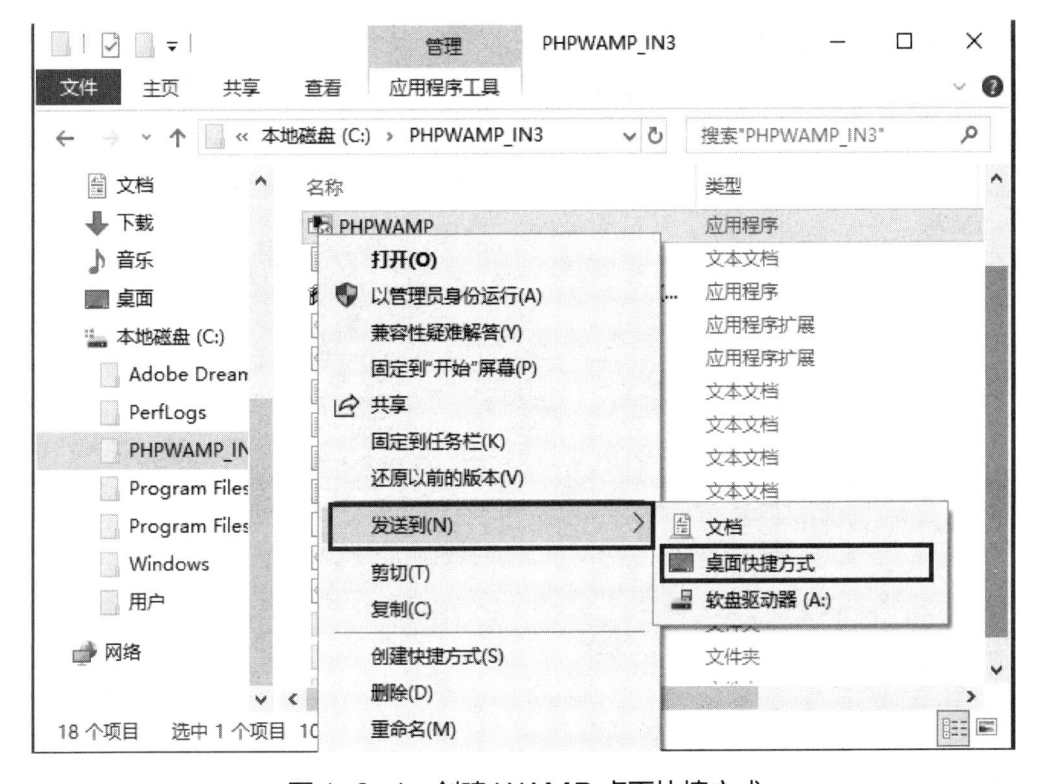

图 1-2-4　创建 WAMP 桌面快捷方式

3. 启动 WAMP 环境系统

选择"PHPWAMP.exe"文件，单击鼠标右键，在弹出的快捷菜单中选择"以管理员身份运行（A）"选项，如图 1-2-5 所示。当使用从官方网站下载的 WAMP 环境系统时，是值得信赖的，如果 Windows 服务器的防火墙或安装的防病毒软件发出提示时，请自行确认。弹出"提示"对话框如图 1-2-6 所示。

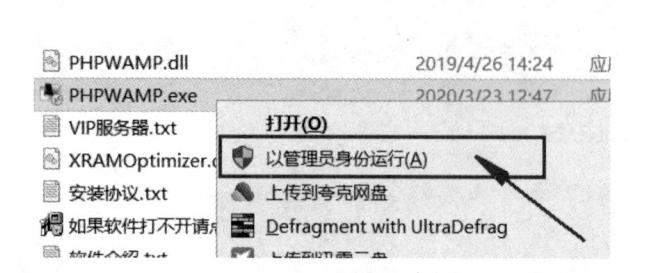

图 1-2-5　选择"以管理员身份运行（A）"选项　　　图 1-2-6　弹出"提示"对话框

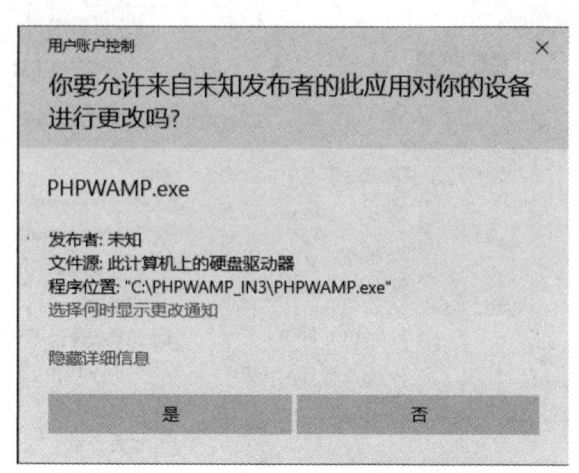

WAMP 环境系统启动成功界面，如图 1-2-7 所示。

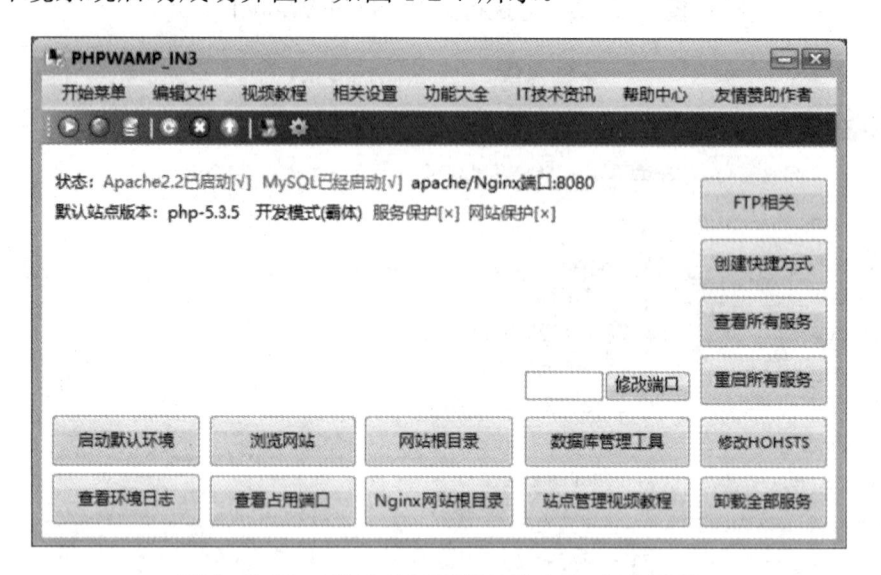

图 1-2-7　WAMP 环境系统启动成功界面

相关知识与技能

1. WAMP 简介

WAMP 是一种用于在 Windows 服务器下搭建动态网站和服务器的集成开发环境。它由四个主要组件组成，即 Windows、Apache、MySQL 和 PHP，每个组件都扮演着关键的角色。WAMP 提供 Web 应用动态网页所需的核心功能。

（1）Windows 服务器作为操作系统，提供了基础的计算机环境，支持用户进行动态网页的开发和部署。Windows 操作系统因其用户友好性和软件兼容性，广泛应用于个人计算机和服务器环境，受到广大开发者的欢迎。

（2）Apache 是世界上最常用的 Web 服务器软件之一。它是开源的、跨平台的服务器软件，能够处理 HTTP 请求和响应，使用户能够通过浏览器访问网站。Apache 的可靠性、灵活性和安全性，使其成为构建各种规模的 Web 应用动态网页的首选。

（3）MySQL 是主流的关系型数据库管理系统（RDBMS），用于存储和管理数据。它提供了高效的数据存储和检索机制，支持复杂的查询和事务处理。MySQL 在各种规模的应用动态网页中被广泛使用，具有可扩展性和稳定性。

（4）PHP 是常用的服务器端脚本语言，用于开发动态网页和 Web 应用动态网页。它具有强大的编程功能，可以与数据库交互处理表单数据、生成动态网页内容等。PHP 具有广泛的库和框架支持，使开发人员能够快速构建复杂的 Web 应用动态网页。

2. WAMP 特点

WAMP 的优势在于集成性和易用性。通过将这些组件整合在一起，WAMP 提供了简化的开发环境，使开发人员能够更快速地搭建和测试 Web 应用动态网页。以下是 WAMP 的一些主要特点和功能。

（1）安装简单

安装简单是 WAMP 的主要优势之一。它通过一键式安装动态网页简化了安装和配置的过程。开发人员只需获取适用于 Windows 操作系统的 WAMP 安装动态网页，并按照安装向导的指示进行操作，安装动态网页将自动完成 Apache、MySQL/MariaDB 和 PHP/Perl/Python 等组件的配置和集成，从而减少了复杂的手动设置步骤。

（2）组件集成

WAMP 的核心优势在于将 Apache、MySQL/MariaDB 和 PHP/Perl/Python 等组件集成在一起。这些组件在 WAMP 中能够无缝协作，相互配合工作。Apache 提供服务，MySQL/MariaDB 用于数据存储和管理，PHP/Perl/Python 用于编写服务器端的脚本和逻辑。

（3）开发工具支持

WAMP 提供了多种常用的开发工具和编辑器支持，旨在提高开发效率和便捷性。例如，Dreamweaver、Notepad++等编辑器提供了代码编辑、自动完成、调试和语法高亮等功能，帮助开发人员更轻松地编写和调试代码。

（4）调试和测试

WAMP 集成了调试工具和测试环境，方便开发人员进行代码调试和应用动态网页测试。其中，Xdebug 是一种常用的调试工具，可以与 WAMP 集成，具有代码跟踪、断点调试等功能，有助于开发人员定位和解决代码中的问题。

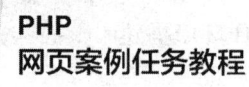

（5）管理界面和控制台

管理界面和控制台是 WAMP 提供的用户友好功能，用于管理和配置 Apache、MySQL/MariaDB 等组件。

（6）虚拟主机支持

WAMP 支持虚拟主机的设置，使开发人员能够在同一台计算机上运行多个网站。通过虚拟主机功能，可以将不同的域名或项目分配给不同的目录或应用动态网页，实现隔离和管理的灵活性。

（7）扩展性和自定义性

WAMP 具备良好的扩展性和自定义性，提供丰富的插件和扩展库，用于增强其功能和自定义环境。开发人员可以根据自身需求选择和安装适当的插件，从而提高 WAMP 的能力。例如，添加新的数据库驱动动态网页或集成其他工具。

（8）安全性

保护 Web 应用动态网页受到潜在的威胁和攻击，WAMP 提供了一些安全功能和设置。Apache 配置的访问控制列表、设置密码保护目录及启用 SSL 等功能，可以增强 Web 应用动态网页的安全性。

（9）社区支持

WAMP 拥有广泛的用户社区和资源库，这为开发人员提供了有力的支持和强大的帮助。开发人员可以通过在线论坛、文档、教程和示例代码等途径获取帮助及支持，解决问题并学习实践。作为广泛采用的开发环境，WAMP 吸引了大量的用户，并积极维护和更新其社区资源。

（10）跨平台兼容性

需要注意的是，尽管 WAMP 在名称中包含了 Windows 平台，但其组件实际上可以在其他操作系统上运行。类似的环境还有 LAMP（Linux+Apache+MySQL/MariaDB+PHP/Perl/Python）和 MAMP（Mac+Apache+MySQL/MariaDB+PHP/Perl/Python），它们提供了类似的功能，并适用于 Linux 和 Mac 操作系统。

WAMP 被广泛认为是一种功能强大的开发环境，为开发人员在 Windows 平台上构建、运行动态网站和服务器提供了一种便捷、集成的解决方案。该环境有多个组件，包括 Apache、MySQL/MariaDB 和 PHP/Perl/Python，这些组件之间相互协作，提供了广泛的功能和工具，使得开发人员能够高效地进行 Web 应用动态网页的开发、调试和测试。WAMP 的安装过程简单易行，其易用性和广泛社区支持的特点使得它成为众多开发人员的首选开发环境。不论是个人开发者还是企业团队，都可以借助 WAMP 快速构建功能丰富、高效稳定的 Web 应用动态网页。

3. 在 WAMP 环境中架设站点并进行基础配置管理

在前面任务施工完成后，WAMP 环境系统启动成功界面如图 1-2-7 所示。

（1）已知网站规划参数为：网站名称"phpweb"。Web 站点路径"C:\phpweb"，请先在 C 盘建立文件夹 phpweb，在本文件夹路径"C:\phpweb"中自行建立一个名为"架设 WAMP 环境站点.TXT"的文本文件，主要用于 WAMP 环境中建立网站完成后的测试。为了避免其他因素的影响，这里 Web 自建网站测试 IP 地址选用"127.0.0.1"。Web 自建网站测试端口号"8899"。

（2）在如图 1-2-7 所示的界面中单击"相关设置"弹出一级菜单，再单击"站点管理"弹出二级菜单，在二级菜单中选择"Apache2.2 站点管理"选项，如图 1-2-8 所示。

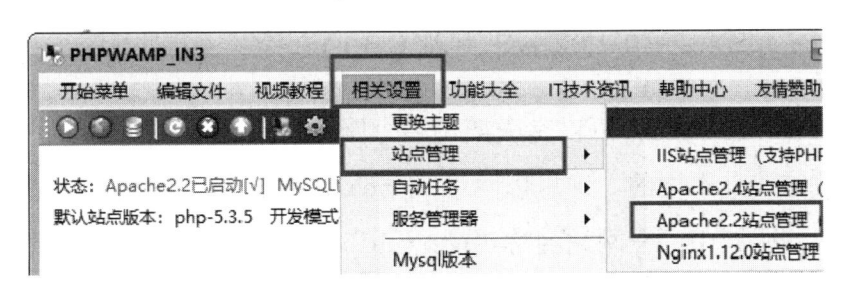

图 1-2-8　选择"Apache2.2 站点管理"选项

（3）此时，弹出"Apache2.2 站点管理-PHPWAMP"对话框，初始状态默认情况下对话框左侧为空，空的含义就是当前还没有任何自建的 Web 网站。在对话框右侧"站点管理"区域按照已知网站规划参数，分别输入网站名称"phpweb"、网站目录路径"C:\phpweb"、网站端口"8899"。其他参数保持默认，单击"添加新站点"按钮，这时左侧就能看到新添加的"phpweb"网站。最后必须单击"设置完成后点此'重启服务'网站方可运行"按钮，这样创建的网站"phpweb"才能启动。创建网站"phpweb"的结果如图 1-2-9 所示。

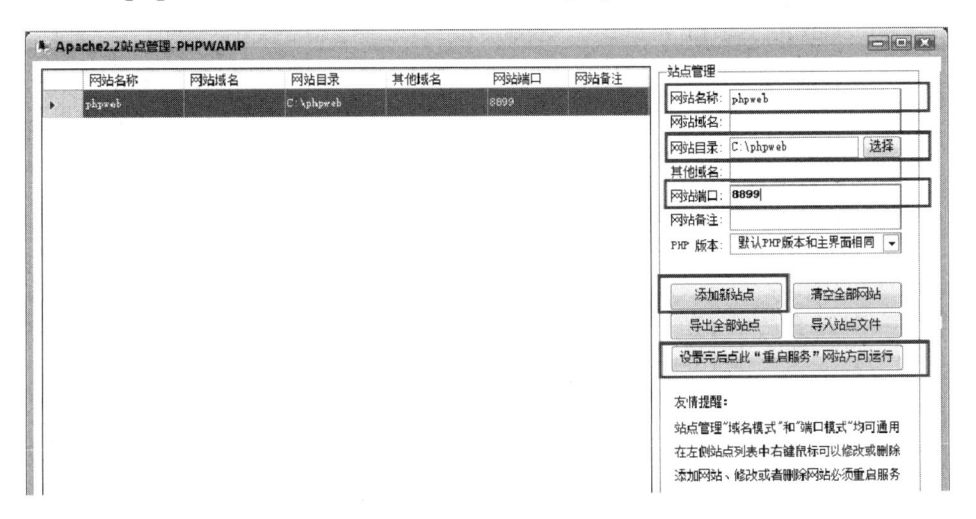

图 1-2-9　创建网站"phpweb"的结果

（4）通过上面三个步骤完成在 WAMP 环境系统中架设网站站点。启动浏览器，在地址栏输入"127.0.0.1:8899"，就能访问刚才架设好的站点，实现检测验证。检测验证"127.0.0.1.1:8899"站点的效果，如图 1-2-10 所示。

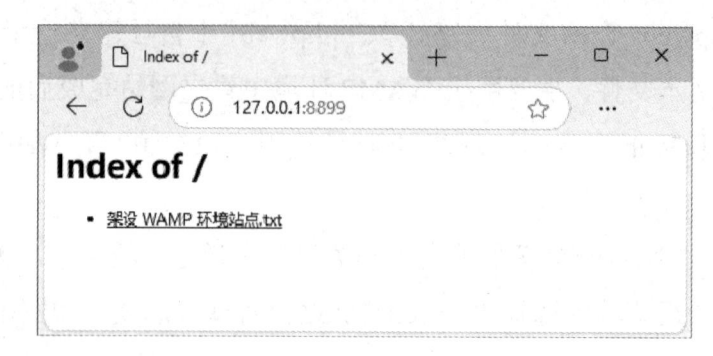

图 1-2-10 检测验证"127.0.0.1.1:8899"站点的效果

（5）重复步骤（1）-（3）可以完成架设多个网站站点，请注意网站目录路径和网站端口根据规划参数应该是不同的。这里以网站 phweb 为例，介绍修改已经完成的网站搭建参数的方法。在左侧区域中，在网站名称"phpweb"处单击鼠标右键，弹出快捷菜单，选择"修改此站点"。在右侧区域中，可以根据需要修改站点参数，单击"修改"按钮，再单击"设置完成后点此'重启服务'网站方可运行"按钮。修改已经完成的网站搭建参数，如图 1-2-11 所示。

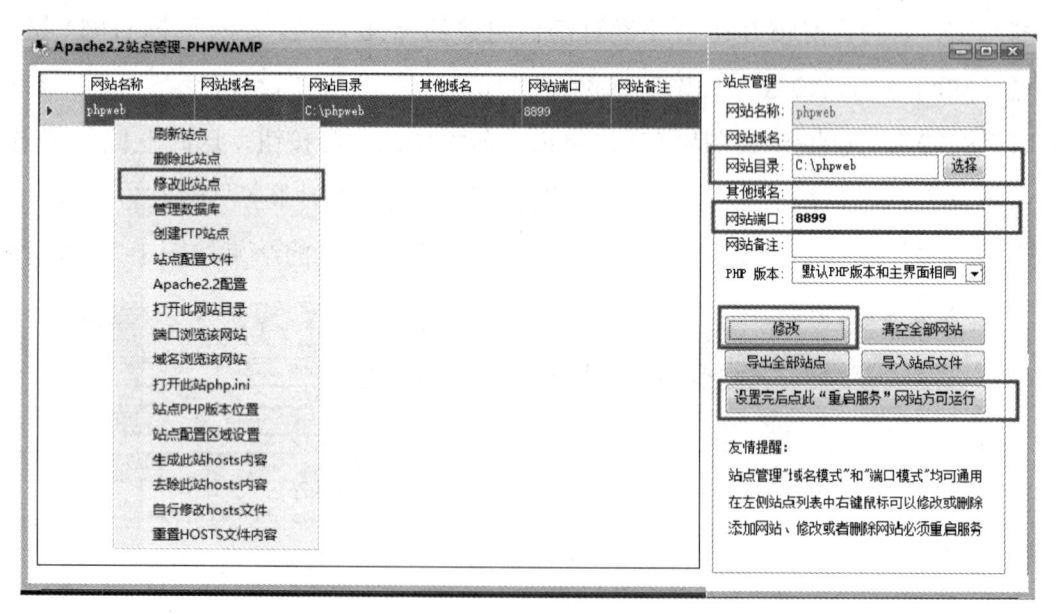

图 1-2-11 修改已经完成的网站搭建参数

完成上述步骤可以在 Windows 服务器系统中架设 WAMP 站点，按照网站的规划参数包括 Web 站点文件夹路径、Web 测试 IP 地址及端口号，可按规划架设多个 WAMP 站点，需要注意的是架设多个网站站点，端口号必须是不同的、闲置的、未占用的。

思考与练习

一、填空题

WAMP 是一种用于在 Windows 服务器下搭建动态网站和服务器的_____。它由四个主要组件组成，即_____、_____、_____和_____，每个组件都扮演着关键的角色。WAMP 提供 Web 应用_____所需的核心功能。

二、叙述题

1. 简述 WAMP 中 Windows 平台的作用。
2. 简述 WAMP 中 Apache 的作用。
3. 简述 WAMP 中 MySQL 的作用。
4. 简述 WAMP 中 PHP 的作用。
5. 叙述 WAMP 的特点。

任务三

创建 PHP 动态网页

任务描述

工程师小明展现了出色的技术能力，成功在公司的 WAMP 上完成了网站环境的安装和部署任务。他及时向部门负责人汇报了工作，获得了领导的肯定和认可。部门负责人决定让他加入网站设计开发团队，并给予他新的任务——创建测试网站。这项任务的目的是让工程师小明在日常工作中能够深入地涉足设计和开发领域。通过这个任务，工程师小明将进一步提升自己的技能，增加工作经验，并为公司的网站开发工作贡献自己的才华和创意。工程师小明对这个新的任务很感兴趣并充满热情，下定决心充分发挥自己的才能来完成此次任务。他将运用自己的技术专长和创造力，确保测试网站具备卓越的功能和良好的用户体验。部门负责人对工程师小明的能力充满信心，并期待他在设计和开发工作中取得令人满意的成果。这次任务不仅为工程师小明提供了施展才华的舞台，也为部门带来了创新和发展的机会。通过积极参与网站的设计开发，工程师小明将不断成长，为公司的网站建设做出更大的贡献。

任务分析

工程师小明接到任务后，对任务进行了分析，需要按照以下步骤完成任务。

（1）网站规划参数。Web 站点路径：C:\phpweb。Web 测试 IP 地址：127.0.0.1。Web 测试端口号：8899。

（2）动态网页文件命名。工程师小明将动态网页文件命名为"010301.php"，以便进行代码文件的组织和管理。

（3）熟悉 WAMP 环境和 Dreamweaver 软件。工程师小明仔细研究了 WAMP 环境和 Dreamweaver 软件的功能和特性，确保自己熟悉这些工具。

（4）配置 WAMP 环境中的 PHP 参数。为了满足测试网站的需求，工程师小明在 WAMP 环境中进行了必要的配置，确保 PHP 参数的正确设置。

（5）使用 Dreamweaver 软件设计测试页面。工程师小明利用 Dreamweaver 软件的强大功能，在可视化界面下设计和制作了测试页面。页面的文件名为"010301.php"。

（6）页面设计。工程师小明注重页面的简洁性和易用性，采用清晰的布局设计。页面内容仅有一句话"这是第一个网站页面！Hello World！"。

（7）测试调试验收。完成设计后，工程师小明进行了全面的测试、调试和验收工作，确保页面在各种浏览器和设备上的兼容性和正常显示，并记录主要技术参数。

方法和步骤

1. 启动运行 WAMP 环境

单击"启动默认环境"按钮，状态处显示绿色的"Apache 2.2 已启动[√] MySQL 已经启动[√]"。"启动默认环境"状态如图 1-3-1 所示。

2. 站点管理

在集成环境 PHPWAMP_IN3 中，单击"相关设置"菜单，选择"站点管理"选项，再选择"Apach 2.2 站点管理"选项，如图 1-3-2 所示。

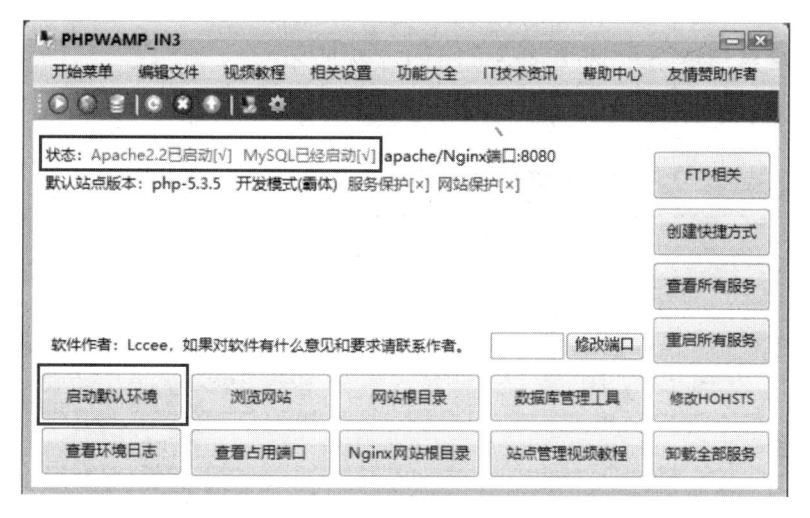

图 1-3-1 "启动默认环境"状态

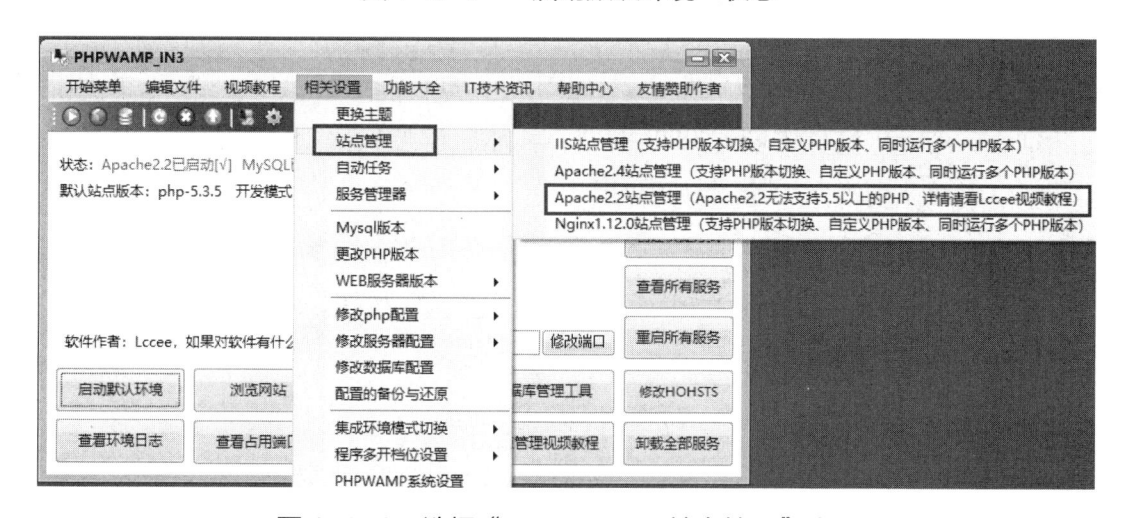

图 1-3-2 选择"Apache 2.2 站点管理"选项

弹出"站点管理"对话框，如图 1-3-3 所示，在对话框右侧输入网站名称"phpweb"、网站目录"c:\phpweb"、网站端口"8899"，其他参数保持默认。先单击"添加新站点"按钮，再单击"设置完成后点此'重启服务'网站方可运行"按钮。

图 1-3-3 "站点管理"对话框

添加新网站后重启服务完成页面，如图 1-3-4 所示。

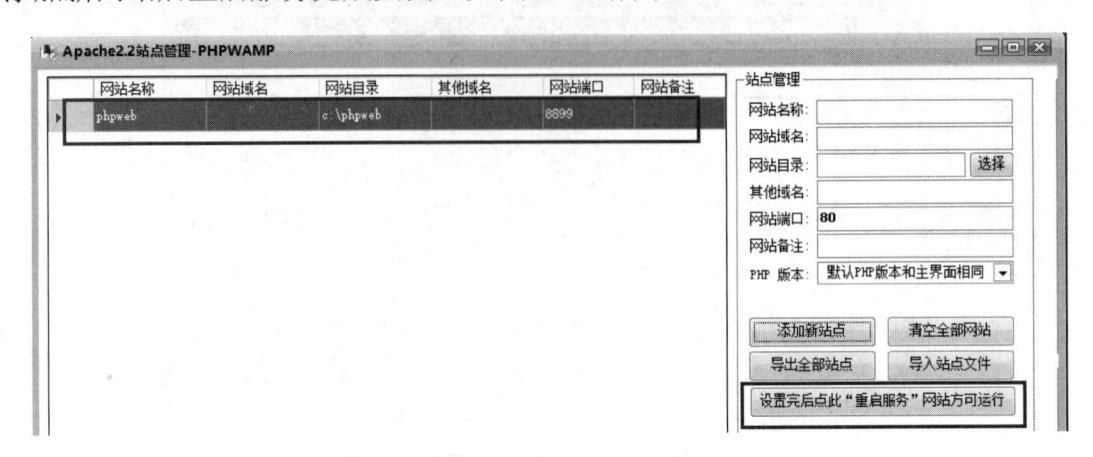

图 1-3-4　添加新网站后重启服务完成页面

按<Windows+D>组合键返回桌面，启动运行 Dreamweaver 软件成功后，单击"站点"选项，在 Dreamweaver 软件中创建 PHP 网站，具体操作见项目一任务一。如果网站已经创建好了，可以跳过此步骤。

单击"文件"菜单，选择"新建"选项，打开"新建文档"对话框。新建文档创建 PHP 主要选项参数界面，如图 1-3-5 所示，单击"创建"按钮。

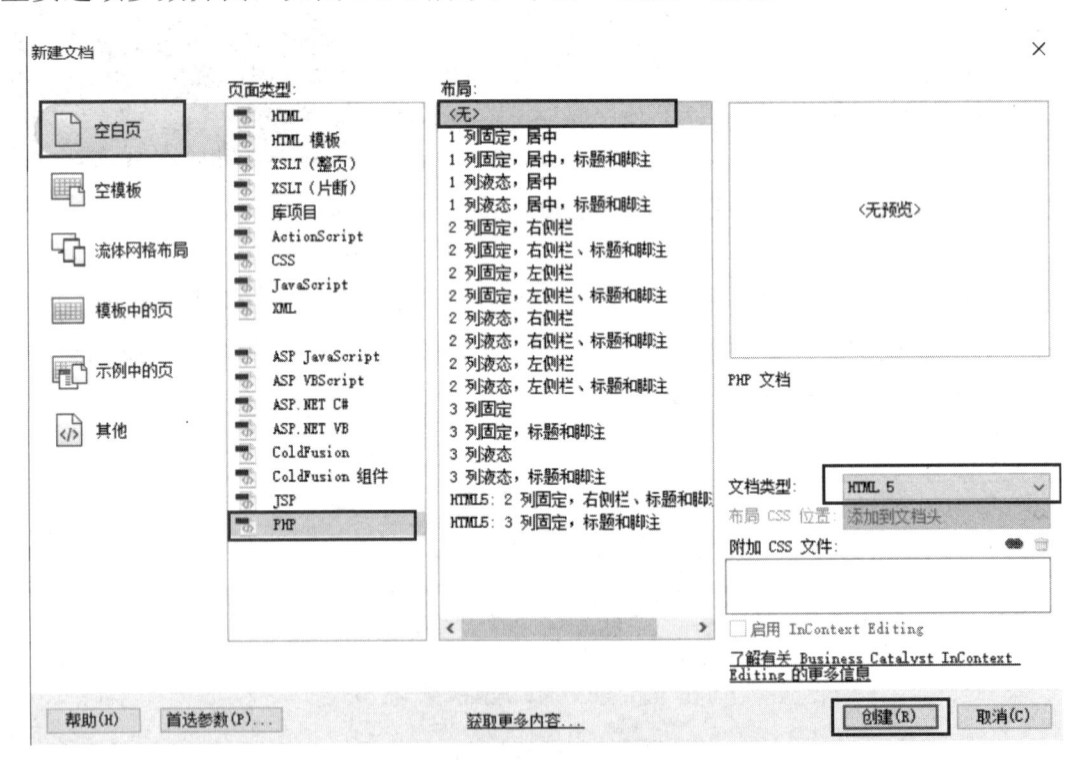

图 1-3-5　新建文档创建 PHP 主要选项参数界面

3. 保存文件

单击"文件"菜单，选择"保存"选项，弹出"另存为"对话框，如图 1-3-6 所示，文件名处输入"010301",单击"保存"按钮。

图 1-3-6 "另存为"对话框

4. 插入代码

单击"窗口"菜单,选择"插入"选项,调出插入面板,在插入面板中选择"PHP"选项,单击 PHP 选项中的"<?"按钮,在源代码编辑区域插入<body> <?php ?> </body>等代码,如图 1-3-7 所示。

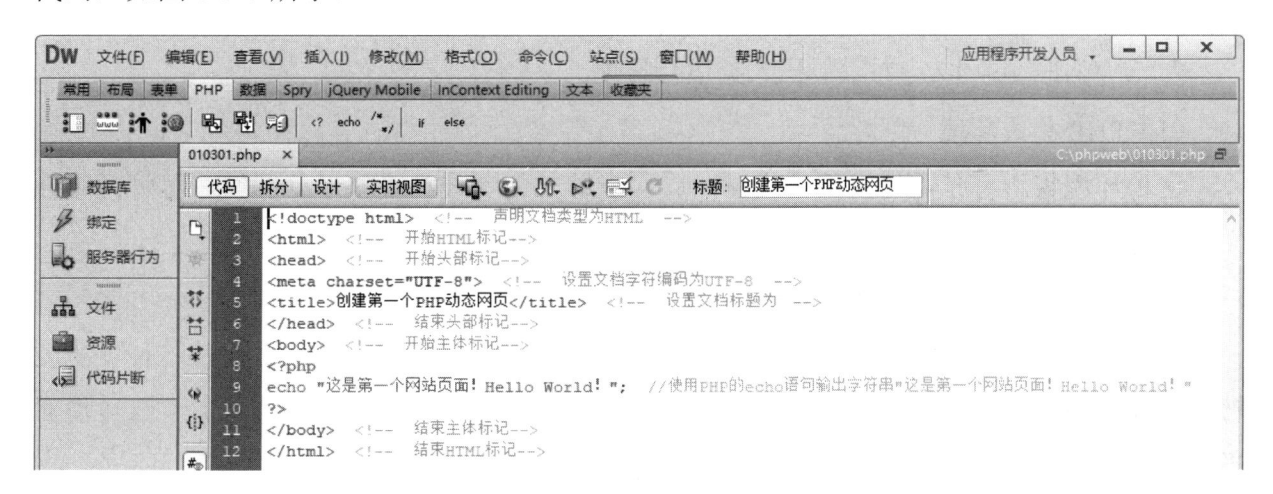

图 1-3-7 源代码编辑区域插入<body><?php ?></body>等代码

动态网页"010301.php"详细源代码如下。

01. <!doctype html>   <!-- 声明文档类型为HTML -->
02. <html>   <!-- 开始HTML标记-->
03. <head>   <!-- 开始头部标记-->
04. <meta charset="UTF-8">   <!-- 设置文档字符编码为UTF-8 -->
05. <title>创建第一个PHP动态网页</title>   <!-- 设置文档标题 -->
06. </head>   <!-- 结束头部标记-->
07. <body>   <!-- 开始主体标记-->

08. <?php
09. echo "这是第一个网站页面！Hello World！";   //使用PHP的echo语句输出字符串"这是第一个网站页面！Hello World！"
10. ?>
11. </body>   <!-- 结束主体标记-->
12. </html>   <!-- 结束HTML标记-->

输入完成后，按<Ctrl+S>组合键或选择"文件"菜单中的"保存"选项进行保存。按F12键进行网页浏览，效果如图1-3-8所示。

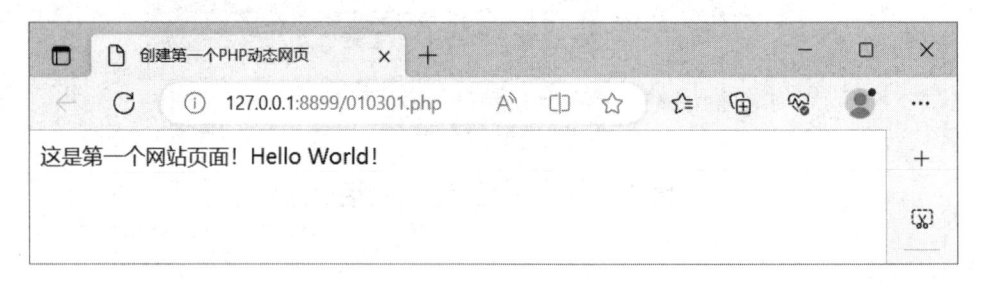

图1-3-8　网页浏览效果

相关知识与技能

1. WAMP还可以分为以下三大类运行环境

（1）PHP集成环境

这种环境将所有必需的组件集成在一起，能够方便安装和直接运行网站。尽管无须独立安装各个组件，但为了满足各种正常运行的需求，有时仍需要额外安装配套运行库等。

（2）PHP独立安装版环境

这种环境需要WAMP自行独立安装各个组件，操作相对繁琐且耗时。但是这种环境能够提升WAMP的配置能力，并有助于深入了解每个组件的功能。需要注意的是，该环境对于新手来说不推荐，原因是安装与卸载操作可能稍显麻烦。

（3）PHP绿色集成环境

相对而言，这是一种"绿色"的PHP集成环境。其中已经内置了VC运行库等必备的运行库，因此无须额外安装相关库，只需解压后即可直接运行使用。而在不需要时，关闭服务即可停止运行系统，不会在系统中有任何残留。PHP绿色集成环境具有便捷性和高效性。

上述三种类型的环境在不同的应用场景下具有各自的优势和劣势，用户可以根据自己的需求和熟练程度来选择合适的WAMP运行环境。

2. PHP集成环境的选择——是集成版，还是绿色集成版

当前大多数PHP集成环境并非纯绿色环境。在安装后，需要额外进行VC运行库的安

装。对于不太了解 PHP 集成环境的用户来说，卸载操作并不方便。特别是在安装多个 PHP 集成环境的情况下，即使使用集成环境自带的卸载功能，卸载过程仍然困难重重，可能会导致未知错误，甚至影响到后续的 PHP 集成环境的安装和使用。

WAMP 是目前最便捷、最专业的 PHP 集成环境之一，它提供了开发模式和运营模式，并可用于服务器环境。它是唯一一款支持自定义设置的环境，可以根据需求自由定制 32 位和 64 位的所有 PHP 历史版本，自动智能匹配 32 位和 64 位系统所需的相关依赖，并实现完美运行。

此外，WAMP 还提供了强大的常用工具，如强制修改任何环境的 MySQL 密码、端口去除、强制解除占用、端口扫描及乱码解除等功能。

3. PHP 集成环境特点

（1）功能多样性

WAMP 支持多功能站点管理系统，包括 IIS、Nginx 和 Apache，能够同时运行无限个不同的 PHP 版本。

（2）强大自定义能力

支持无限添加 PHP 和 MySQL 版本，无须担心系统位数和各种依赖，软件会自动匹配所需依赖。

（3）环境稳定性

集成的 PHP、MySQL 和 Web 服务器等均为完整版，未经过简化或删减，相较于其他集成环境更加稳定。

（4）学习成本低

WAMP 提供完整的使用文档，由软件作者亲自编辑，讲解内容通俗易懂，能快速入门。

（5）智能自动性

WAMP 自带的"强制解除环境阻碍"功能可以自动解决大部分系统引起的各种环境错误。

（6）运行保证性

WAMP 自带宕机重启功能，当网站服务宕机时会自动重启，确保 Apache 和 Nginx 等服务正常运行。

（7）错误排查便利

WAMP 一旦发生启动失败等错误，会友好地显示提示信息并提供完整的解决方案。

（8）系统兼容性

WAMP 的环境全面匹配 32 位和 64 位系统，并能智能匹配 32 位和 64 位系统所需的 DLL 和 VC 运行库，无须安装其他环境依赖。

（9）软件便捷性

WAMP 高度集成，能够在系统缺失 DLL 和 VC 运行库的情况下正常运行，无须安装各种环境依赖。

（10）配置方便性

WAMP 修改某个站点的 PHP 配置文件时只需要右键打开即可，系统会自动打开该站点对应的配置文件。

（11）强大的功能

WAMP 提供强大的常用工具，如强制修改任何环境的 MySQL 密码、去除端口限制、解除占用、端口扫描和乱码解除等。此外，站点管理功能也很强大，添加扩展和修改配置都非常简单。

（12）IIS 站点一键配置

支持同时运行无限个 PHP 版本，无限自定义 MySQL 和 PHP 版本。

（13）Nginx 站点一键配置

支持同时运行无限个 PHP 版本，无限自定义 MySQL 和 PHP 版本。

（14）Apache 站点一键配置

支持同时运行无限个 PHP 版本，无限自定义 MySQL 和 PHP 版本。

4. 简单的 PHP 网页代码的基本结构解析

例如，"ex1301.php"代码如下。

```
01. <!doctype html> <!-- 声明文档类型为HTML -->
02. <html> <!-- 开始HTML标记-->
03. <head> <!-- 开始头部标记-->
04. <meta charset="UTF-8"> <!-- 设置文档字符编码为UTF-8 -->
05. <title>创建第一个PHP动态网页</title> <!--设置文档标题为"创建第一个PHP动态网页" -->
06. </head> <!-- 结束头部标记-->
07. <body> <!-- 开始主体标记-->
08. <?php
09. echo "这是第一个网站页面！Hello World！";    //使用PHP的echo语句输出字符串
10. ?>
11. </body> <!-- 结束主体标记-->
12. </html> <!-- 结束HTML标记-->
```

下面对上述的 PHP 和 HTML 代码结构含义功能进行解释。

（1）声明文档类型为 HTML，浏览显示时就知道这是 HTML 文档了。代码示例：<!doctype html>。

（2）开始 HTML 标记，表示整个 HTML 文档的开始。代码示例：<html>。

（3）开始头部标记，包含与文档相关的元信息。代码示例：<head>。

（4）设置文档字符编码为"UTF-8"，确保文档中可以正确显示各种字符。代码示例：<meta charset="UTF-8">。

（5）设置文档标题为"创建第一个 PHP 动态网页"，将显示在浏览器的标题栏或标签页上。代码示例：<title>创建第一个PHP动态网页</title>。

（6）结束头部标记，头部部分结束。代码示例：</head>。

（7）开始主体标记，包含文档的可见内容。代码示例：<body>。

（8）使用 PHP 的开始标记，用于嵌入 PHP 代码。代码示例：<?php。

（9）使用 PHP 的 echo 语句输出字符串"这是第一个网站页面！Hello World！"，将在网页中显示这个文本内容。代码示例：echo "这是第一个网站页面！Hello World！"。

（10）PHP 代码的结束标记。代码示例：?>。

（11）结束主体标记，主体部分结束。代码示例：</body>。

（12）结束 HTML 标记，表示整个 HTML 文档结束。代码示例：</html>。

通过这些代码，可以定义基础的 HTML 文档结构，包括文档类型声明、头部信息设置、文档标题设置及主体内容的展示。在主体部分，还可以使用 PHP 嵌入代码，实现动态的内容输出。这样的 HTML 基础代码结构可以构建网页，并控制其外观和功能。

思考与练习

叙述题

1．WAMP 环境还可以分为三大类运行环境，请分别说明这三类环境。

2．简述 PHP 集成环境的特点。

3．举例说明 PHP 网页代码的基本结构，并简要说明每一条语句的作用。

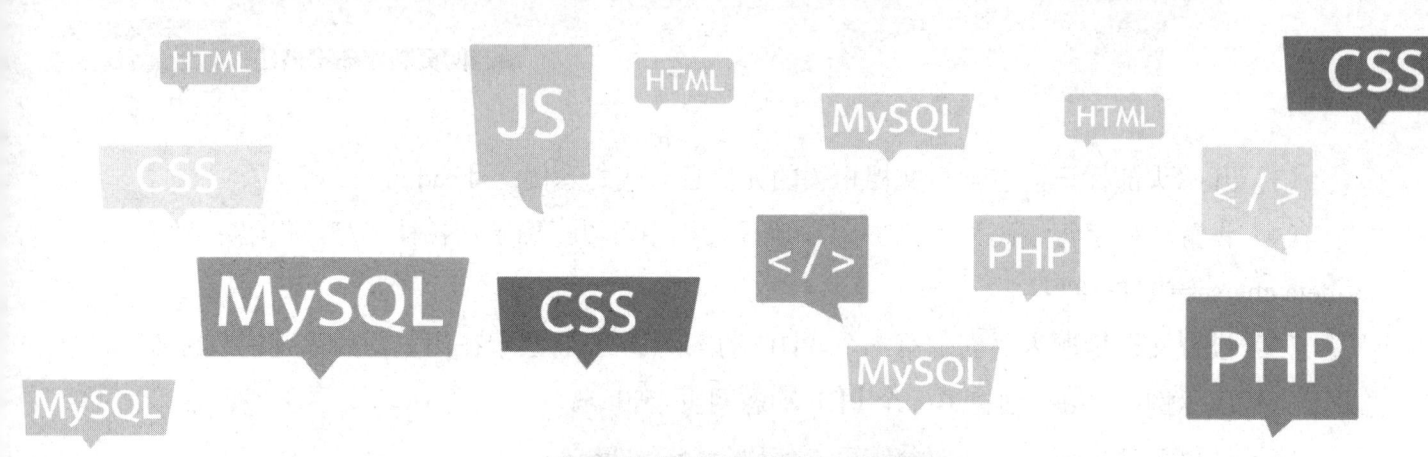

项目二

动态网页基础控件与流程控制

项目引言

本项目完成了一系列动态网页设计任务，涵盖了简易产品数量求和、折扣收费计算、闰年判断、简易等级评定、阶乘计算等内容。通过这些任务，学生能够掌握 PHP 编程基础语句。在这个过程中，学生不仅能学习在网页上输出文本和注释语句的方法，还能学习常见的数据类型，如字符串、整数、浮点数、布尔值、数组、对象等，以及数据的表示方法、数组的操作、常量的定义和字符串的连接等操作技能。此外，学生还能深入学习各种运算符的应用，包括算术、赋值、递增递减、比较和逻辑运算符，以及不同数据类型的表达方式、表达式在动态网页中的作用和上述运算符综合运算的优先级；在条件判断语句方面，能够学习 if、if-else、if-else if 和 Switch 等逻辑条件判断的用法，另外还可以学习循环语句，包括 for、while、do-while 和 foreach 语句，以及掌握分支判断、循环类型的各种应用场景。通过本项目各个施工任务的学习，学生可以掌握 PHP 编程语句的基本格式、功能和基础技能。

能力目标

◆ 掌握常用数据的表示方法
◆ 熟悉运算符优先级并掌握表达式使用方法
◆ 掌握变量声明和变量初始赋值方法
◆ 掌握条件分支语句格式与设计动态网页技能
◆ 掌握循环语句格式与设计动态网页技能

任务一

设计简易产品数量求和动态网页

任务描述

根据公司网络信息部门对新进人员的要求，部门经理向工程师小明布置了以下工作任务：设计并开发一个动态网页，该网页能够实现简易产品数量求和功能，也就是简易加法计算器功能。这个功能需要在公司网站的运维过程中使用，能够处理网站中的简单加法问题。工程师小明需要掌握 PHP 编程语言和相关技术，以确保完成这项任务。该动态网页的开发包括网站的基础设计和实现，并且需要确保其能够在网站上正确执行加法计算功能。完成任务后，工程师小明还需要对该动态网页进行测试和调试，确保其正常运行并满足预期功能。

任务描述设计页面效果，如图 2-1-1 所示。

图 2-1-1　任务描述设计页面效果

任务分析

工程师小明被部门经理指派任务，要求他快速查找技术资料，设计一个能够实现简易产品数量求和的动态网页。为了完成任务，他做了以下工作。

（1）网站规划参数。Web 站点路径：C:\phpweb，Web 测试 IP 地址：127.0.0.1，Web 测试端口号：8899。

（2）动态网页文件命名。工程师小明将动态网页文件命名为"020101.php"，以便进行代码文件的组织和管理。

（3）查找资料。工程师小明将利用图书馆和互联网资源查找相关技术资料，以获取必

要的知识和技能。

（4）表单控件选择输入和显示。为了实现加法计算器的功能，工程师小明将选择适合的表单控件，利用这些控件来实现上午生产产品数量、下午生产产品数量和全天生产产品数量等文字提示功能，并且利用相关控件来完成页面设计，使用适当的控件来实现用户输入数值和显示运算结果的功能。

（5）加法运算。工程师小明将使用控件、PHP 代码来完成加法运算的逻辑。

（6）确保网页结果的正确性，任务施工结束时要进行测试与验收，记录主要施工技术参数。

方法和步骤

1. 准备工作

按照网站规划参数进行配置。Web 站点主目录：C:\phpweb，测试 IP 地址：127.0.0.1，测试端口号：8899。参照项目一中任务一、任务二、任务三，配置并启动 WAMP 环境，配置 Dreamweaver 软件。如果已经配置并启动 WAMP 环境和 Dreamweaver 软件，此步骤可以略过。

2. 创建"020101.php"动态网页

（1）确认准备工作无误，启动 Dreamweaver 软件，单击"文件"菜单，选择"创建"选项，弹出"新建文档"对话框，参照如图 2-1-2 所示的"新建文档"对话框参数进行设置。

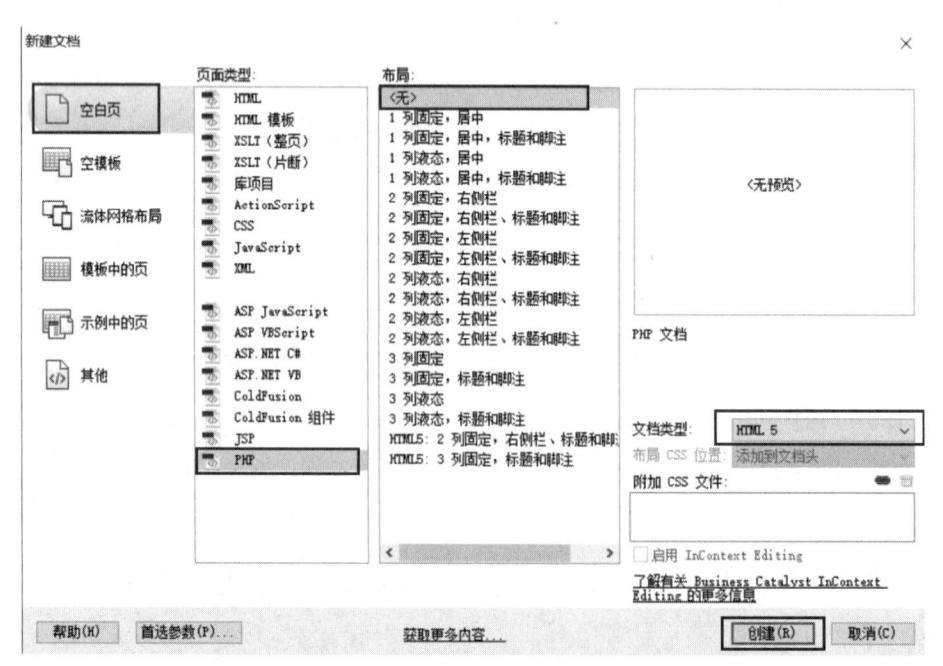

图 2-1-2　"新建文档"对话框参数设置

（2）单击"文件"菜单，选择"保存"选项，弹出"另存为"对话框，文件名处输入"020101"，单击"保存"按钮，如图 2-1-3 所示。

图 2-1-3　"另存为"对话框

3. 在"020101.php"动态网页中设计标题、表单与控件

在打开"020101.php"网页状态下，选择"设计""拆分""代码"选项，切换到方便设计编辑的视图。

（1）输入网页标题"设计加法运算动态网页"。

（2）单击"窗口"菜单，选择"插入"选项，调出插入面板，在插入面板中选择"form"选项，调出 form 面板，单击 form 面板中的"常规"按钮，弹出"form-常规"对话框，操作处输入"020101.php"，方法处选择"post"选项，单击"确定"按钮。"form-常规"对话框，如图 2-1-4 所示。

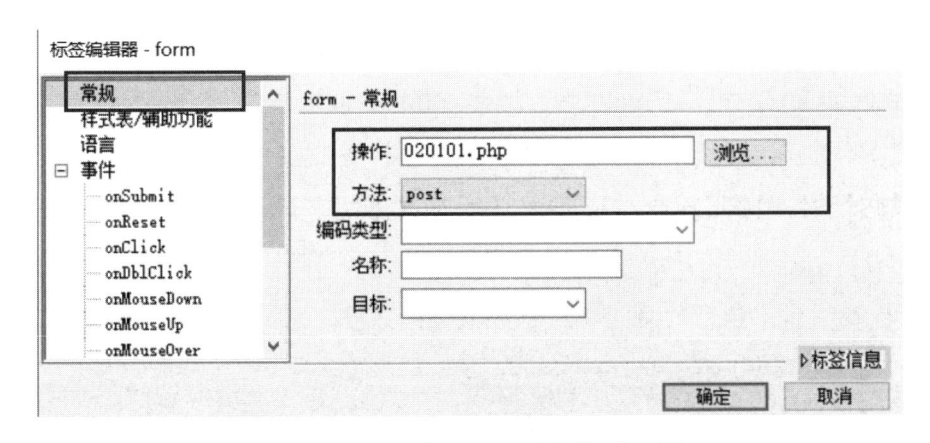

图 2-1-4　"form-常规"对话框

(3)参照图 2-1-1 在表单中插入三个"文本框"或"文本域"的控件输入框,三个文本框输入框控件见源代码第 22、25、28 行,插入"按钮"控件,见源代码第 30 行。

(4)分别在三个文本字段控件输入框的左侧输入"上午生产产品数量:""下午生产产品数量:""全天生产产品数量:"。为了排版需要,在三个文本字段控件右侧分别按<Shift+Enter>组合键,这个组合键就是 HTML 源代码"
",作用是产生换行。

(5)单击"按钮"按钮,在属性面板中的值处输入"计算全天产品数量",对照源代码第 30 行。动态网页拆分视图,如图 2-1-5 所示。

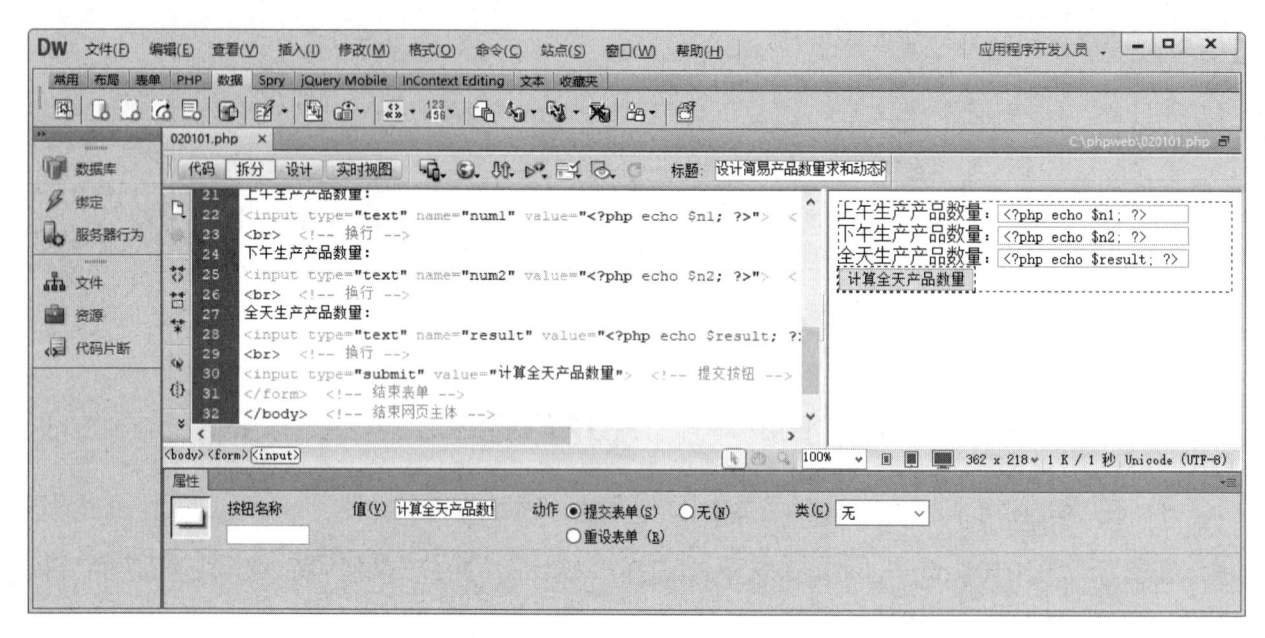

图 2-1-5　动态网页拆分视图

3. 在"020101.php"动态网页中输入 PHP 源代码

(1)单击"窗口"菜单,选择"插入"选项,调出插入面板,在插入面板中选择"PHP"选项,调出 PHP 面板,单击 PHP 面板中的"<?"按钮或"echo"按钮,在源代码编辑区域需要的位置自动插入<?php ?>和<?php echo ?>代码块。

(2)参照源代码第 22、25、28 行,在控件参数中输入"value="<?php echo $n1; ?>""、"value="<?php echo $n2; ?>""、"value="<?php echo $result; ?>""。

(3)参照源代码第 7~18 行,输入 PHP 源代码(注意:为节约设计,注释可以省略,正式技术资料归档时,按照行业规范要求必须有详细规范的注释)。

4. "020101.php"动态网页源代码

01. <!DOCTYPE html>　<!-- 声明文档类型为HTML -->

02. <html>　<!-- 开始HTML文档 -->

03. <head>　<!-- 开始头部区域 -->

```
04. <meta charset="UTF-8">       <!-- 设置字符编码为UTF-8 -->
05. <title>设计简易产品数量求和动态网页</title>   <!-- 设置网页标题 -->
06. </head>    <!-- 结束头部区域 -->
07. <?php                               //PHP代码开始标签
08. $n1 = "";                           // 初始化变量n1
09. $n2 = "";                           // 初始化变量n2
10. $result = "";                       // 初始化变量result
11. if (isset($_REQUEST['num1']))       // 检查是否存在请求参数num1
12. {
13. $n1 = $_REQUEST['num1'];            // 获取请求参数num1的值
14. $n2 = $_REQUEST['num2'];            // 获取请求参数num2的值
15. $result = $n1 + $n2;                // 计算n1和n2的和
16. echo "<br>全天生产产品数量为：", $result;   // 输出计算结果
17. }
18. ?> <!--PHP代码结束标签 -->
19. <body>    <!-- 开始网页主体 -->
20. <form action="020101.php" method="post">   <!-- 创建表单，提交到020101.php，使用POST方法 -->
21. 上午生产产品数量：
22. <input type="text" name="num1" value="<?php echo $n1; ?>">
<!-- 输入框，用于输入上午生产数量 -->
23. <br>    <!-- 换行 -->
24. 下午生产产品数量：
25. <input type="text" name="num2" value="<?php echo $n2; ?>">
<!-- 输入框，用于输入下午生产数量 -->
26. <br>    <!-- 换行 -->
27. 全天生产产品数量：
28. <input type="text" name="result" value="<?php echo $result; ?>">
<!-- 输入框，用于显示全天生产数量 -->
29. <br>    <!-- 换行 -->
30. <input type="submit" value="计算全天产品数量">    <!-- 提交按钮 -->
31. </form>   <!-- 结束表单 -->
32. </body>   <!-- 结束网页主体 -->
33. </html>   <!-- 结束HTML文档 -->
```

"020101.php"动态网页拆分视图，如图 2-1-6 所示。

"020101.php"动态网页运行结果，如图 2-1-7 所示。

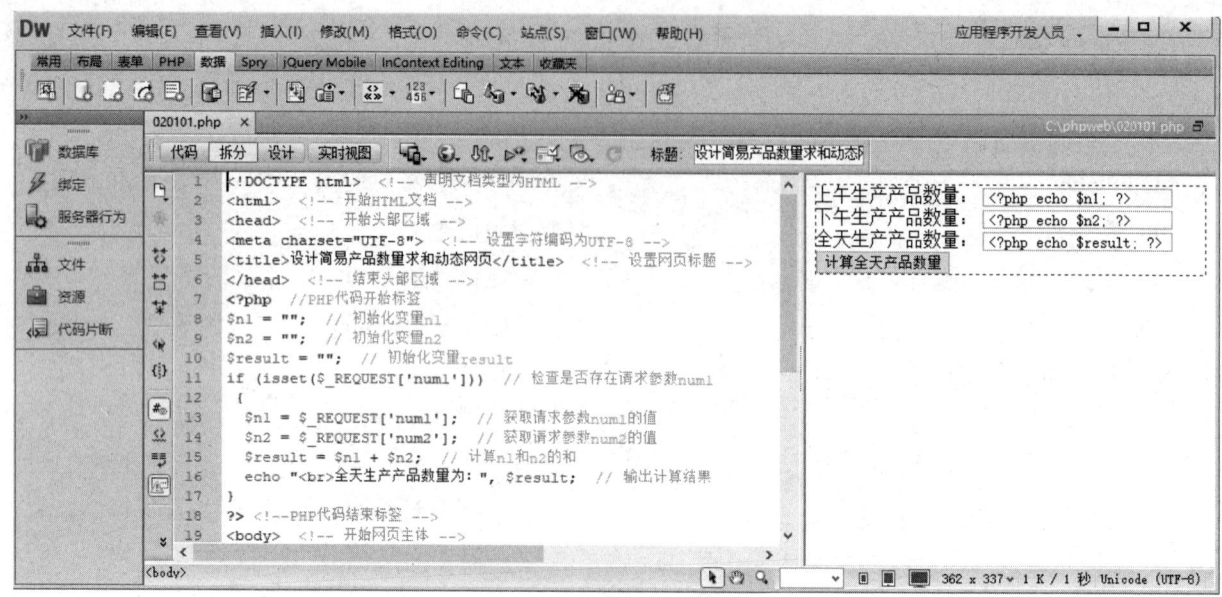

图 2-1-6 "020101.php" 动态网页拆分视图

图 2-1-7 "020101.php" 动态网页运行结果

相关知识与技能

编写 PHP 动态网页时，有一些基础方法技能，下面介绍一些重要的数据类型表示方法，以及常量和变量的使用。

1. 基础指令 echo 和 print 的区别

在浏览器中，PHP 有两种输出文本的基础指令 echo 和 print，二者是有区别的。

（1）echo 和 print 返回值不同

print 是语言结构，返回值为 1，可以在表达式中使用，如$result = print "Hello";。其中，print 的"Hello"返回值会将变量$result 赋值为 1。echo 是语句，不返回任何值，因此 echo 不能在表达式中使用。

（2）echo 和 print 参数数量不同

print 只能接受参数，格式里没有括号。echo 可以一次输出多个参数，格式里可以用逗号分隔多个参数，并且可以使用括号。

（3）echo 和 print 速度和性能不同

echo 执行速度通常比 print 稍微快一些，因为 echo 没有返回值，而且可以输出多个字符串，不需要将它们连接在一起。print 返回值为 1，所以会稍微慢一些。

例如，"ex2101.php"代码。

```
01. <!doctype html> <!-- 声明文档类型为HTML -->
02. <html> <!-- 开始HTML标记 -->
03. <head> <!-- 开始头部标记 -->
04. <meta charset="UTF-8"> <!-- 设置文档字符编码为UTF-8 -->
05. <title>echo</title> <!-- 设置文档标题 -->
06. </head> <!-- 结束头部标记 -->
07. <body> <!-- 开始主体标记 -->
08. <?php
09. echo "<h2>PHP 很有趣!</h2>";         // 在网页中输出标题为"PHP 很有趣！"的二级标题
10. echo "Hello world!<br>";              // 在网页中输出"Hello world!"并换行
11. echo "我要学 PHP!<br>";               // 在网页中输出"我要学 PHP!"并换行
12. echo "这是一个","字符串，","使用了","多个","参数。";
                                          // 输出多个字符串并拼接在一起
13. ?>
14. </body> <!-- 结束主体标记 -->
15. </html> <!-- 结束HTML标记 -->
```

例如，"ex2102.php"代码。

```
01. <!doctype html> <!-- 声明文档类型为HTML -->
02. <html> <!-- 开始HTML标记 -->
03. <head> <!-- 开始头部标记 -->
04. <meta charset="UTF-8"> <!-- 设置文档字符编码为UTF-8 -->
05. <title>变量与print</title> <!-- 设置文档标题 -->
06. </head> <!-- 结束头部标记 -->
07. <body> <!-- 开始主体标记 -->
08. <?php
09. $txt1 = "一种非常流行的Web编程语言是 PHP";   // 定义变量$txt1并赋值
10. $txt2 = "集团公司和学校";                    // 定义变量$txt2并赋值为"RUNOOB.COM"
11. $cars = array("比亚迪", "蔚来", "吉利");     // 定义数组$cars并赋值
12. print $txt1;                                 // 输出变量$txt1的值
13. print "<br>";                                // 输出换行
14. print "在 $txt2 学习 PHP ";                  // 输出带有变量$txt2的字符串
15. print "<br>";                                // 输出换行
16. print "我喜欢国货精品的品牌是 {$cars[0]}";   // 输出数组$cars的第一个元素
17. ?>
```

18. `</body>` `<!-- 结束主体标记 -->`
19. `</html>` `<!-- 结束HTML标记 -->`

2. PHP 中的注释

注释有两种方法，即使用"//"和"/**/"符号对，其中"//"只能进行单行注释。

例如，"ex2103.php"代码。

```
01. <!doctype html> <!-- 声明文档类型为HTML -->
02. <html> <!-- 开始HTML标记 -->
03. <head> <!-- 开始头部标记 -->
04. <meta charset="UTF-8"> <!-- 设置文档字符编码为UTF-8 -->
05. <title>PHP 中的注释</title> <!-- 设置文档标题 -->
06. </head> <!-- 结束头部标记 -->
07. <body> <!-- 开始主体标记 -->
08. <?php       // PHP代码开始标签
09.             // 这是PHP单行注释
10. /*
11. 这是
12. PHP 多行
13. 注释
14. */
15. ?>    <!-- PHP代码结束标签-->
16. </body> <!-- 结束主体标记 -->
17. </html> <!-- 结束HTML标记 -->
```

3. PHP 数据类型

PHP 支持的数据类型有字符串（String）、整型（Integer）、浮点型（Float）、布尔型（Boolean）、数组（Array）等。

（1）PHP 字符串

字符串是一串字符的序列，就像"Hello world!"，可以将任何文本放在单引号和双引号中。

例如，"ex2104.php"代码。

```
01. <!doctype html> <!-- 声明文档类型为HTML -->
02. <html> <!-- 开始HTML标记 -->
03. <head> <!-- 开始头部标记 -->
04. <meta charset="UTF-8"> <!-- 设置文档字符编码为UTF-8 -->
05. <title>PHP字符串</title> <!-- 设置文档标题 -->
06. </head> <!-- 结束头部标记 -->
07. <body> <!-- 开始主体标记 -->
```

```
08. <?php                    // PHP代码开始标签
09. $x = "Hello world!";     // 定义变量$x,并赋值为字符串"Hello world!"
10. echo $x;                 // 输出变量$x的值
11. echo "<br>";             // 输出HTML换行符
12. $x = 'Hello world!';     // 将变量$x的值更改为字符串'Hello world!'
13. echo $x;                 // 输出变量$x的值
14. ?> <!-- PHP代码结束标签-->
15. </body> <!-- 结束主体标记 -->
16. </html> <!-- 结束HTML标记 -->
```

(2) PHP 整数与进制数

整数是一种常见的数据类型，用于存储没有小数部分的数值。PHP 支持多种进制表示法表示整数，包括二进制、八进制、十进制和十六进制。整数是没有小数的数字，可以是正数或负数。整数必须至少有一个数字，且不能包含逗号或空格。

二进制（Binary）：二进制表示法使用 0b 前缀，后面跟着一串由 0 和 1 组成的数字。例如，在 PHP 5.4 以上的高版本中，二进制 0b1010 表示十进制数值 10，而在 PHP 早期的低版本中用 bindec(1010)表示。

八进制（Octal）：八进制表示法使用 0 前缀，后面跟着一串由 0 到 7 组成的数字。例如，0123 表示十进制数值 83。

十进制（Decimal）：十进制是常用的数字表示法，没有前缀，直接写数字即可。例如，123 表示十进制数值 123。

十六进制（Hexadecimal）：十六进制表示法使用 0x 前缀，后面跟着一串由 0 到 9 的数字和 A 到 F 组成的字母，字母不区分大小写。例如，0x1A 表示十进制数值 26。

例如，"ex2105.php" 代码。

```
01. <!doctype html> <!-- 声明文档类型为HTML -->
02. <html> <!-- 开始HTML标记 -->
03. <head> <!-- 开始头部标记 -->
04. <meta charset="UTF-8"> <!-- 设置文档字符编码为UTF-8 -->
05. <title>PHP 整数</title> <!-- 设置文档标题 -->
06. </head> <!-- 结束头部标记 -->
07. <body> <!-- 开始主体标记 -->
08. <?php                    // PHP代码开始标签
09. $x = 5 985;              // 定义变量$x,并赋值为整数5 985
10. var_dump($x);            // 输出变量$x的类型和值
11. echo "<br>";             // 输出HTML换行符
12. $x = -345;               // 定义变量$x,并赋值为负数-345
13. var_dump($x);            // 输出变量$x的类型和值
```

```
14. echo "<br>";                    // 输出HTML换行符
15. $x = 0x8C;                      // 定义变量$x，并赋值为十六进制数0x8C
16. var_dump($x);                   // 输出变量$x的类型和值
17. echo "<br>";                    // 输出HTML换行符
18. $x = 047;                       // 定义变量$x，并赋值为八进制数047
19. var_dump($x);                   // 输出变量$x的类型和值
20. ?>  <!-- PHP代码结束标签 -->
21. </body> <!-- 结束主体标记 -->
22. </html> <!-- 结束HTML标记 -->
```

例如，"ex2106.php"代码。

```
01. <!doctype html> <!-- 声明文档类型为HTML -->
02. <html> <!-- 开始HTML标记 -->
03. <head> <!-- 开始头部标记 -->
04. <meta charset="UTF-8"> <!-- 设置文档字符编码为UTF-8 -->
05. <title>PHP 整数</title> <!-- 设置文档标题 -->
06. </head> <!-- 结束头部标记 -->
07. <body> <!-- 开始主体标记 -->
08. <?php                           // PHP代码开始标签
09. $n1 = 123;                      // 定义变量$n1，并赋值为十进制数123
10. $n2 = 0123;                     // 定义变量$n2，并赋值为八进制数0123
11. $n3 = 0x123;                    // 定义变量$n3，并赋值为十六进制数0x123
12. $n4 = bindec(1010);             // 正确的方式来定义二进制数值
13. echo "<br>n1=" . $n1;           // 输出变量$n1的值，并换行
14. echo "<br>n2=" . $n2;           // 输出变量$n2的值，并换行
15. echo "<br>n3=" . $n3;           // 输出变量$n3的值，并换行
16. echo "<br>n4=" . $n4;           // 输出变量$n4的值，并换行
17. ?>   <!-- PHP代码结束标签 -->
18. </body> <!-- 结束主体标记 -->
19. </html> <!-- 结束HTML标记 -->
```

例如，"ex2107.php"代码，演示将十进制整数转换为二进制、八进制和十六进制的形式，并在HTML页面中输出结果。这段代码使用decbin( )函数将十进制数转换为二进制的形式，使用decoct( )函数将十进制数转换为八进制的形式，以及使用dechex( )函数将十进制数转换为十六进制的形式。

```
01. <!doctype html> <!-- 声明文档类型为HTML -->
02. <html> <!-- 开始HTML标记 -->
03. <head> <!-- 开始头部标记 -->
04. <meta charset="UTF-8"> <!-- 设置文档字符编码为UTF-8 -->
05. <title>PHP 整数</title> <!-- 设置文档标题为"无标题文档" -->
```

```
06. </head> <!-- 结束头部标记 -->
07. <body> <!-- 开始主体标记 -->
08. <?php                    // PHP代码开始标签
09. $n1 = 123;               // 定义变量$n1，并赋值为整数123
10. $v1 = decbin($n1);       // 使用decbin函数将$n1转换为二进制数，并赋值给变量$v1
11. $v2 = decoct($n1);       // 使用decoct函数将$n1转换为八进制数，并赋值给变量$v2
12. $v3 = dechex($n1);       // 使用dechex函数将$n1转换为十六进制数，并赋值给变量$v3
13. echo "<br>v1 = 0b" . $v1; // 输出变量$v1的二进制值，并换行
14. echo "<br>v2 = 0" . $v2;  // 输出变量$v2的八进制值，并换行
15. echo "<br>v3 = 0x" . $v3; // 输出变量$v3的十六进制值，并换行
16. ?> <!-- PHP代码结束标签 -->
17. </body> <!-- 结束主体标记 -->
18. </html> <!-- 结束HTML标记 -->
```

例如，"ex2108.php"代码，演示将不同进制的数字字符串转换为十进制整数，并输出转换结果。代码中使用bindec( )函数将二进制字符串转换为十进制形式，使用octdec( )函数将八进制字符串转换为十进制形式，以及使用hexdec( )函数将十六进制字符串转换为十进制形式。

```
01. <!doctype html> <!-- 声明文档类型为HTML -->
02. <html> <!-- 开始HTML标记 -->
03. <head> <!-- 开始头部标记 -->
04. <meta charset="UTF-8"> <!-- 设置文档字符编码为UTF-8 -->
05. <title>PHP 整数</title> <!-- 设置文档标题 -->
06. </head> <!-- 结束头部标记 -->
07. <body> <!-- 开始主体标记 -->
08. <?php                    // PHP代码开始标签
09. $n1 = "100";             // 将字符串"100"当作二进制数字字符串
10. $n2 = "17";              // 将字符串"17"当作八进制数字字符串
11. $n3 = "1b";              // 将字符串"1b"当作十六进制数字字符串
12. echo "<br>二进制100转换为10进制为："  . bindec($n1);   // 换行输出$n1转换为十进制的结果
13. echo "<br>8进制17转换为10进制为："  . octdec($n2);    // 换行输出$n2转换为十进制的结果
14. echo "<br>16进制1b转换为10进制为："  . hexdec($n3);   // 换行输出将$n3转换为十进制的结果
15. ?>   <!-- PHP代码结束标签 -->
16. </body> <!-- 结束主体标记 -->
17. </html> <!-- 结束HTML标记 -->
```

（3）PHP 浮点型

浮点型（浮点数）是计算机科学中的一种数据类型，用于表示实数（包括整数和小数）的近似值。浮点数的名称源于它们的表示方式，即数字的小数点可以在任意位置"浮动"，

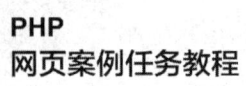

从而可以表示非常大或非常小的数，以及有限或无限的小数部分。浮点数通常由两部分组成：尾数和指数。尾数是浮点数中的有效数字部分，它表示数字的整数部分和小数部分。尾数通常用科学记数法表示，可以是正数、负数、小数或零。指数用于调整浮点数的大小范围，它表示在浮点数中移动小数点的位数。指数可以是正数、负数或零，以及整数或小数。简单地说浮点数就是带有小数部分的数字，也可以用指数形式表示。检查数据类型用 var_dump( )函数和 gettype( )函数。var_dump( )函数用于输出变量的详细信息，包括数据类型、值、长度（如果适用）、数组元素等，它的输出非常详细，适用于调试和分析变量内容。gettype( )函数是仅返回变量的数据类型，以字符串形式表示，它只提供了数据类型的基本信息，适用于获取变量的数据类型。

例如，"ex2109.php" 代码。

```
01. <!doctype html> <!-- 声明文档类型为HTML -->
02. <html> <!-- 开始HTML标记 -->
03. <head> <!-- 开始头部标记 -->
04. <meta charset="UTF-8"> <!-- 设置文档字符编码为UTF-8 -->
05. <title>PHP 浮点型</title> <!-- 设置文档标题 -->
06. </head> <!-- 结束头部标记 -->
07. <body> <!-- 开始主体标记 -->
08. <?php                   // PHP代码开始标签
09. $x = 10.365;            // 将浮点数10.365赋值给变量$x
10. var_dump($x);           // 打印$x的类型和值
11. echo "<br>";            // 输出换行
12. $x = 2.4e3;             // 将科学记数法表示的浮点数2.4e3赋值给变量$x，表示为2400
13. var_dump($x);           // 打印$x的类型和值
14. echo "<br>";            // 输出换行
15. $x = 8E-5;              // 将科学记数法表示的浮点数8E-5赋值给变量$x，表示为0.00008
16. var_dump($x);           // 打印$x的类型和值
17. ?> <!-- PHP代码结束标签 -->
18. </body> <!-- 结束主体标记 -->
19. </html> <!-- 结束HTML标记 -->
```

（4）PHP 布尔型

布尔型是计算机编程中的一种基本数据类型，只有两个可能的取值，即 true 和 false，分别表示真和假。布尔型通常用于条件判断和逻辑运算，如 if 语句、循环控制、逻辑操作等，用于决定程序在不同情况下的行为。布尔型用于逻辑运算，如逻辑与&&、逻辑或||、逻辑非!等。这些运算用于组合和比较布尔值，以便进行更为复杂的条件判断。逻辑与（AND）操作，使用&&或 AND 运算符表示，当且仅当所有操作数都为 true 时返回 true，

如果有操作数为false则返回false。逻辑或（OR）操作，使用||或OR运算符表示，当一个或多个操作数为true时返回true，如果所有操作数都为false则返回false。逻辑非（NOT）操作，使用!运算符表示，当且仅当操作数为false时返回true，当且仅当操作数为true时返回false。

例如，"ex2110.php"代码。

```
01. <!doctype html> <!-- 声明文档类型为HTML -->
02. <html> <!-- 开始HTML标记 -->
03. <head> <!-- 开始头部标记 -->
04. <meta charset="UTF-8"> <!-- 设置文档字符编码为UTF-8 -->
05. <title>PHP 布尔型</title> <!-- 设置文档标题 -->
06. </head> <!-- 结束头部标记 -->
07. <body> <!-- 开始主体标记 -->
08. <?php                           // PHP代码开始标签
09. $a = true;
10. $b = false;
11.                                 // 逻辑与（AND）操作
12. $jieguo = $a && $b;
13. echo "<br>a AND b: ";
14. var_dump($jieguo);              // 输出：bool(false)
15.                                 // 逻辑或（OR）操作
16. $jieguo = $a || $b;
17. echo "<br>a OR b: ";
18. var_dump($jieguo);              // 输出：bool(true)
19.                                 // 逻辑非（NOT）操作
20. $jieguoA = !$a;
21. $jieguoB = !$b;
22. echo "<br>NOT a: ";
23. var_dump($jieguoA);             // 输出：bool(false)
24. echo "<br>NOT b: ";
25. var_dump($jieguoB);             // 输出：bool(true)
26.                                 // 混合逻辑运算
27. $hunhe1 = $a && $b || !$a;     // (true && false) || !true = false || false = false
28. $hunhe2 = $a && ($b || !$a);   // true && (false || !true) = true && false = false
29. echo "<br>hunhe 1: ";
30. var_dump($hunhe1);              // 输出：bool(false)
31. echo "<br>hunhe 2: ";
32. var_dump($hunhe2);              // 输出：bool(false)
33. ?> <!-- PHP代码结束标签 -->
```

34. </body> <!-- 结束主体标记 -->

35. </html> <!-- 结束HTML标记 -->

（5）PHP 数组

数组可以在变量中存储多个值。在以下示例中创建数组，使用 var_dump( )函数返回数组的数据类型和值。

例如，"ex2111.php"代码。

```
01. <!doctype html> <!-- 声明文档类型为HTML -->
02. <html> <!-- 开始HTML标记 -->
03. <head> <!-- 开始头部标记 -->
04. <meta charset="UTF-8"> <!-- 设置文档字符编码为UTF-8 -->
05. <title>PHP 数组</title> <!-- 设置文档标题为"无标题文档" -->
06. </head> <!-- 结束头部标记 -->
07. <body> <!-- 开始主体标记 -->
08. <?php                                   // PHP代码开始标签
09. $cars=array("HAWEI","Haier","GREE");    // 创建包含三个元素的数组，并将其赋值给变量$cars
10. var_dump($cars);                        // 显示数组$cars的类型和值
11. ?> <!-- PHP代码结束标签 -->
12. </body> <!-- 结束主体标记 -->
13. </html> <!-- 结束HTML标记 -->
```

（6）PHP 中的字符串变量

字符串变量是一种用于表示文本数据的数据类型。它可以包含字母、数字、符号及特殊字符，如换行符和制表符。字符串变量在编程中广泛用于处理文本、消息、URL、文件路径等信息。可以使用单引号或双引号来定义字符串变量。单引号用于定义简单的字符串，其中的内容会原样输出，而双引号可以解析变量和转义字符。

① 单引号格式：$str1='Hello,world!';$str2='It\'s a sunny day.';。

② 双引号格式：$name="John";$greeting="Hello, $name!";。

③ 转义字符在双引号字符串中可以使用反斜杠（\）来插入，如\"表示双引号，\\表示反斜杠。转义字符允许在字符串中插入特殊字符，而不会与字符串的定义和结构冲突。

④ 可以使用点号（.）进行字符串连接，将多个字符串合并。连接后的字符串包含变量、常量和文字。

⑤ 可以使用内置函数 strlen( )获取字符串的长度（字符数）。

例如，"ex2112.php"代码。

```
01. <!doctype html> <!-- 声明文档类型为HTML -->
02. <html> <!-- 开始HTML标记 -->
03. <head> <!-- 开始头部标记 -->
```

04. `<meta charset="UTF-8">` <!-- 设置文档字符编码为UTF-8 -->
05. `<title>`PHP 字符串`</title>` <!-- 设置文档标题 -->
06. `</head>` <!-- 结束头部标记 -->
07. `<body>` <!-- 开始主体标记 -->
08. `<?php`   // PHP代码开始标签
09.   // 定义变量
10. `$hi = "你好";`
11. `$wd = "世界";`
12. `$hw = $hi . ", " . $wd;`
13.   // 获取字符串长度
14. `$abc = "短";`
15. `$xyz = "长";`
16. `$chang = strlen($abc . $xyz);`   // 计算连接后的字符串长度
17.   // 字符串替换
18. `$txt = "我喜欢苹果和橙子。";`
19. `$old = "苹果";`
20. `$new = "香蕉";`
21. `$gai = str_replace($old, $new, $txt);` // 将字符串中的 $old 替换为 $new
22.   // 输出结果
23. `echo "<p>$hw</p>";`   // 输出问候语句
24. `echo "<p>连接字符串长度：$chang</p>";` // 输出连接后的字符串长度
25. `echo "<p>修改后文本：$gai</p>";`   // 输出替换后的文本
26. `?>`   <!-- PHP代码结束标签 -->
27. `</body>` <!-- 结束主体标记 -->
28. `</html>` <!-- 结束HTML标记 -->

4．常量

常量是简单值的标识符，该值在脚本中不能改变。常量由英文字母、下画线和数字组成，但数字不能作为首字母出现（常量名不需要加$修饰符）。注意：常量在整个脚本中都可以使用。设置常量，使用 define( )函数，函数语法如下。

bool define(string $name,mixed $value[,bool $case_insensitive=false])

该函数有以下三个参数。

（1）name：必选参数，常量名称，即标识符。

（2）value：必选参数，常量的值。

（3）case_insensitive：可选参数，如果设置为 true，则该常量大小写不敏感。默认是大小写敏感的。

5. 常量与变量功能区分

在 PHP 中，常量和变量都是用于存储数据的工具，但它们在使用方式和功能上有显著的区别。变量以$符号开头，可以存储动态变化的数据，其值可以在脚本运行过程中被修改，适用于存储用户输入、计算结果等动态内容。常量则通过 define() 函数定义，一旦设置，其值不能被修改，通常用于存储固定不变的数据，如配置信息、数学常数等。

思考与练习

叙述题

1. 语句 echo 和 print 作用是什么，二者有什么区别。
2. 请叙述 PHP 中如何进行注释。
3. 请叙述 PHP 中如何表示二进制、八进制、十进制和十六进制。
4. 请叙述什么是布尔型数据，说明布尔型逻辑运算有几种，分别是什么，并总结一下布尔型逻辑运算的规律是什么。
5. 总结 PHP 中的字符串变量运算有几种，分别是什么。
6. 创建动态网页"xt2101.php"，代码中定义四个变量，变量含义为四个城市人口的数量，要求将变量的值显示在动态网页上。四个数据：假设上海人口 2 500.1 万、北京人口 2 171 万、重庆人口 3 017 万、广州人口 1 350.9 万。

任务二

设计折扣收费运算动态网页

任务描述

根据策划方案，公司计划在国庆节期间通过网上商城开展购物优惠活动。为了适应活动需求，需要重新设计金额结算动态网页。部门经理给网络信息部门的工程师小明布置编写折扣动态网页的工作任务，以配合公司活动。工程师小明负责设计公司网页，文件名为"020201.php"。该网页将展示折扣信息，并且要满足活动要求。通过该网页，用户可以参与购物活动并享受相应的优惠折扣。同时，该网页将与金额结算动态网页紧密配合，确保用户的折扣优惠能够正确地应用于购物车中的商品。工程师小明将负责网页的外观用户界面和代码设计，以确保网页整体风格与公司品牌契合，并且提供良好的用户体验。这个折扣动态网页是公司活动的重要组成部分，将在国庆节期间向广大用户展示优惠商品和折扣信息，提升用户参与度并优化购物体验。任务描述设计页面效果，如图2-2-1所示。

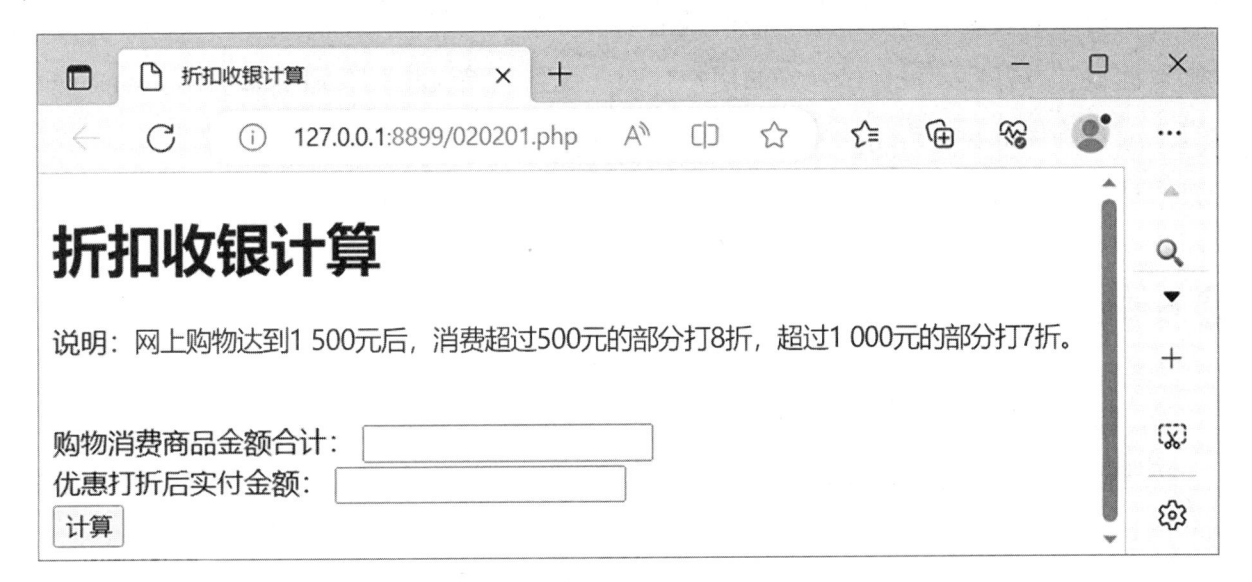

图 2-2-1　任务描述设计页面效果

任务分析

工程师小明与销售部沟通了解本次折扣促销活动的功能需求。该活动要求在网上购物达到 1 500 元后，消费超过 500 元的部分打 8 折，超过 1 000 元的部分打 7 折，并计算实际应付款额。基于此，工程师小明将编写动态网页，该网页文件命名为"020201.php"，用于计算用户的实际付款金额。以下是网页的设计概要步骤。

（1）网站规划参数。Web 站点路径：C:\phpweb，测试 IP 地址：127.0.0.1，Web 测试端口号：8899。

（2）动态网页文件命名。工程师小明将动态网页文件命名为"020201.php"，以便进行代码文件的组织和管理。

（3）用户输入购物金额。用户在网页上输入购物金额。

（4）计算折扣金额，根据公司规定的折扣规则，网页将计算出超过 500 元和 1 000 元的部分所享受的折扣金额。

（5）计算实际应付款金额。网页将根据用户输入的购物金额和折扣金额，计算出用户

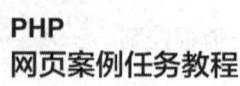

实际应付的款项金额。

（6）显示结果。网页将显示用户实际应付款金额，并提供清晰的页面展示。

（7）确保网页结果的正确性，任务施工结束时要进行测试与验收，记录主要施工技术参数。

通过这个动态网页，用户可以方便地输入购物金额并了解他们实际需要支付的金额。这将提供给用户直观的参考，帮助他们做出购物决策。工程师小明将确保网页的计算准确性和页面设计友好性，以提供良好的用户体验。此外，网页将与公司的金额结算动态网页无缝集成，确保准确的折扣计算和付款操作。通过这个动态网页的设计和实现，公司将能够有效地展开折扣促销活动，并为用户提供便利的购物体验。

方法和步骤

1. 准备工作

按照网站规划参数进行配置。Web 站点路径：C:\phpweb，Web 测试 IP 地址：127.0.0.1，Web 测试端口号：8899。参照项目一中的任务一、任务二、任务三，配置并启动 WAMP 环境，配置好 Dreamweaver 网站环境。如果已经配置并启动 WAMP 环境和 Dreamweaver 软件，此步骤可以略过。

2. 创建"020201.php"动态网页

确认准备工作无误，启动 Dreamweaver 软件，单击"文件"菜单，选择"新建"选项，单击"创建"按钮。再单击"文件"菜单，选择"保存"选项，弹出"另存为"对话框，文件名处输入"020201"，单击"保存"按钮。

3. 在"020201.php"动态网页中设计标题、表单与控件

（1）输入网页标题"折扣收银计算"。

（2）单击"窗口"菜单，选择"插入"选项，调出插入面板，在插入面板中选择"form"选项，调出 form 面板，单击 form 面板中的"常规"按钮，弹出"form-常规"对话框，操作处输入"020201.php"，方法处选择"post"选项。标题"折扣收银计算"属性面板，单击"确定"按钮。

（3）在表单 form 区域中输入标题"折扣收银计算"，按<Shift+Enter>组合键换行，选中标题"折扣收银计算"文字，单击"窗口"菜单，选择"属性"选项，调出属性面板，HTML 属性格式处选择"标题 1"选项。标题"折扣收银计算"属性面板，如图 2-2-2 所示。

图 2-2-2 标题"折扣收银计算"属性面板

（4）在标题"折扣收银计算"下面一行输入"说明：网上购物达到 1 500 元后，消费超过 500 元的部分打 8 折，超过 1 000 元的部分打 7 折。"按<Shift+Enter>组合键换行。

（5）插入表单面板中两个"文本字段"控件，注意两个文本字段控件间按<Shift+Enter>组合键换行，在文本字段控件左侧分别输入"购物消费商品金额合计："、"优惠打折后实付金额："。

（6）注意换行，插入"按钮"控件，属性改为"计算"。

4. 在"020201.php"动态网页中输入 PHP 源代码

（1）单击"窗口"菜单，选择"插入"选项，调出插入面板，在插入面板中选择"PHP"选项，调出 PHP 面板，单击 PHP 面板中的"<?"按钮或"echo"按钮，在源代码编辑区域需要的位置自动插入<?php ?>和<?php echo ?>代码块。

（2）参照源代码第 28、31 行，在控件参数中输入"value="<?php echo $n1; ?>""、"value="<?php echo $result; ?>""。

（3）参照源代码第 8～21 行，输入 PHP 源代码（注意：为节约时间，注释可以省略，正式技术资料归档时，按照行业规范要求必须有详细规范的注释）。

5. "020201.php"动态网页源代码

```
01. <!doctype html>    <!-- 声明文档类型为HTML -->
02. <html>    <!-- 定义HTML的文档根元素 -->
03. <head>    <!-- 包含文档的元数据 -->
04. <meta charset="UTF-8">    <!-- 设置字符编码为UTF-8 -->
05. <title>折扣收银计算</title>    <!-- 设置网页标题 -->
06. </head>    <!-- 结束头部区域 -->
07. <body>    <!-- 页面主体内容开始 -->
08. <?php                              // PHP代码开始标签
09. $n1 = "";                          // 初始化变量n1
10. $result = "";                      // 初始化变量result
11. if( isset($_REQUEST['num1']) )     // 检查是否存在名为num1的请求参数
12. {
13. $n1 = $_REQUEST['num1'];           // 获取请求参数num1的值
14. if ($n1<=500)                      // 如果消费金额小于等于500
15. {$result = $n1;}                   // 不打折，直接返回原金额
```

16. if ($n1>500 and $n1<=1 000)   // 如果消费金额在500到1 000之间
17. {$result = 500+($n1-500)*0.8;}   // 超过500的部分打8折
18. if ($n1>1 000)   // 如果消费金额大于1 000
19. {$result = 500+500*0.8+($n1-1 000)*0.7;} // 超过1 000的部分打7折
20. }
21. ?> <!-- PHP代码标签结束 -->
22. <body>   <!-- 页面主体内容开始 -->
23. <form action="020201.php" method="post">   <!-- 定义表单，提交到020201.php，使用POST方法 -->
24. <h1>折扣收银计算</h1>   <!-- 显示标题 -->
25. <p>说明：网上购物达到1 500后，消费超过500元的部分打8折，超过1 000元的部分打7折。</p> <!-- 显示说明文字 -->
26.
   <!-- 换行 -->
27. 购物消费商品金额合计：   <!-- 输入框前的提示 -->
28. <input type="text" name="num1" value="<?php echo $n1; ?>">   <!-- 输入框，用于输入购物金额 -->
29.
   <!-- 换行 -->
30. 优惠打折后实付金额：   <!-- 输出框前的提示 -->
31. <input type="text" name="result" value="<?php echo $result; ?>">   <!-- 输出框，用于显示计算结果 -->
32.
   <!-- 换行 -->
33. <input type="submit" value="计算">   <!-- 提交按钮 -->
34. </h1>   <!-- 结束标题 -->
35. </form>   <!-- 表单结束 -->
36. </body>   <!-- 页面主体内容结束 -->
37. </html>   <!-- HTML文档结束 -->

"020201.php"动态网页拆分视图，如图2-2-3所示。

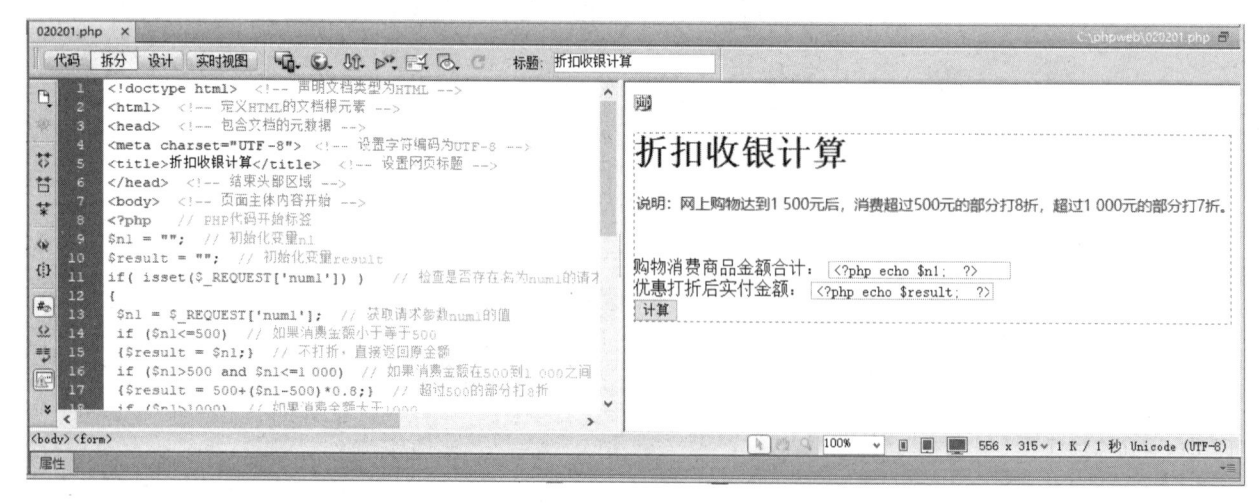

图2-2-3 "020201.php"动态网页拆分视图

"020201.php"动态网页运行结果，如图2-2-4所示。

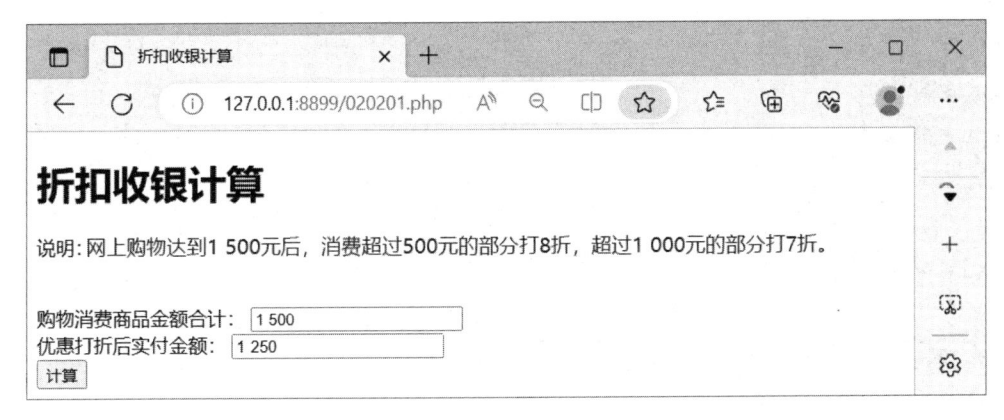

图 2-2-4 "020201.php"动态网页运行结果

相关知识与技能

1. 算术运算符

（1）加法+：用于将两个值相加。

（2）减法-：用于从一值中减去另一值。

（3）乘法*：用于将两个值相乘。

（4）除法/：用于将一值除以另一值。

（5）取余%：用于返回数除以另一数后的余数。

（6）自增++：将变量的值增加1。

（7）自减--：将变量的值减少1。

（8）指数 pow( )：用于指数计算，如 pow(2, 3)，意思是计算2的3次方，结果为8。早期PHP版本用 2**3 来表示2的3次方。

例如，"ex2201.php"代码。

```
01. <!doctype html> <!-- 声明文档类型为HTML -->
02. <html> <!-- 开始HTML标记 -->
03. <head> <!-- 开始头部标记 -->
04. <meta charset="UTF-8"> <!-- 设置文档字符编码为UTF-8 -->
05. <title>算术运算符</title> <!-- 设置文档标题为"无标题文档" -->
06. </head> <!-- 结束头部标记 -->
07. <body> <!-- 开始主体标记 -->
08. <?php                         // PHP代码开始标签
09. $a = 10;                      // 设置变量 a 的值为 10
10. $b = 5;                       // 设置变量 b 的值为 5
11. $sum = $a + $b;               // 计算 a 和 b 的和
12. $diff = $a - $b;              // 计算 a 和 b 的差
```

```
13. $prod = $a * $b;              // 计算 a 和 b 的乘积
14. $quo = $a / $b;               // 计算 a 除以 b 的商
15. $rem = $a % $b;               // 计算 a 除以 b 的余数
16. $a++;                         // 自增变量 a，将其增加 1
17. $b--;                         // 自减变量 b，将其减少 1
18. $exp = pow($a, $b);           // 使用 pow() 函数计算 a 的 b 次方
19.                               // 输出计算结果和解释
20. echo "和： " . $sum . "<br>";   // 输出和的值
21. echo "差： " . $diff . "<br>";  // 输出差的值
22. echo "乘积： " . $prod . "<br>"; // 输出乘积的值
23. echo "商： " . $quo . "<br>";   // 输出商的值
24. echo "余数： " . $rem . "<br>"; // 输出余数的值
25. echo "自增后的 a： " . $a . "<br>";  // 输出自增后的 a 的值
26. echo "自减后的 b： " . $b . "<br>";  // 输出自减后的 b 的值
27. echo "指数运算： " . $exp . "<br>";  // 输出指数运算的值
28. ?>    <!-- PHP代码结束标签 -->
29. </body> <!-- 结束主体标记 -->
30. </html> <!-- 结束HTML标记 -->
```

2. 赋值运算符

（1）赋值=：用于将右边的值赋给左边的变量。

（2）加法赋值+=：用于将右边的值加到左边的变量上，并将结果赋给左边的变量。

（3）减法赋值-=：用于从左边的变量中减去右边的值，并将结果赋给左边的变量。

（4）乘法赋值*=：用于将左边的变量乘以右边的值，并将结果赋给左边的变量。

（5）除法赋值/=：用于将左边的变量除以右边的值，并将结果赋给左边的变量。

（6）取余赋值%=：用于将左边的变量除以右边的值的余数，并将结果赋给左边的变量。

（7）连接赋值.=：用于将右边的字符串连接到左边的字符串，并将结果赋给左边的变量。

例如，"ex2202.php" 代码，演示了使用不同赋值运算符得到的不同结果。

```
01. <!doctype html> <!-- 声明文档类型为HTML -->
02. <html> <!-- 开始HTML标记 -->
03. <head> <!-- 开始头部标记 -->
04. <meta charset="UTF-8"> <!-- 设置文档字符编码为UTF-8 -->
05. <title>赋值运算符示例</title> <!-- 设置文档标题 -->
06. </head> <!-- 结束头部标记 -->
07. <body> <!-- 开始主体标记 -->
08. <?php                     // PHP代码开始标签
09. $a = 10;                  // 设置变量 a 的值为 10
10. $b = 5;                   // 设置变量 b 的值为 5
```

11.   // 赋值运算符
12. $c = $a;   // 将变量 a 的值赋给变量 c
13.   // 加法赋值
14. $a += $b;   // 将 b 的值加到 a，现在 a 的值为 15
15.   // 减法赋值
16. $b -= 3;   // 从 b 中减去 3，现在 b 的值为 2
17.   // 乘法赋值
18. $a *= $b;   // 将 b 的值乘以 a，现在 a 的值为 30
19.   // 除法赋值
20. $b /= 2;   // 将 b 的值除以 2，现在 b 的值为 1
21.   // 取余赋值
22. $a %= $b;   // 将 a 除以 b 的余数赋给 a，现在 a 的值为 0
23.   // 连接赋值
24. $name = "小明工程师";
25. $message = "加油, ";
26. $message .= $name;   // 将 name 的值连接到 message，现在 message 的值为 "加油, 小明工程师"
27.   // 输出结果
28. echo "a: " . $a . "<br>";   // 输出变量 a 的值
29. echo "b: " . $b . "<br>";   // 输出变量 b 的值
30. echo "c: " . $c . "<br>";   // 输出变量 c 的值
31. echo "message: " . $message ."
"; // 输出变量 message 的值
32. ?> <!-- PHP代码结束标签 -->
33. </body> <!-- 结束主体标记 -->
34. </html> <!-- 结束HTML标记 -->

3. PHP 递增/递减运算符

递增和递减运算符是在编程中常见的运算符，用于在变量上增加或减少其值。它们有前缀形式和后缀形式，分别用于在使用变量之前或之后进行增加或减少的操作。

（1）递增运算符++：用于将变量的值增加 1。它可以在变量前（前缀形式）或变量后（后缀形式）使用，影响的是在何时进行值的增加操作。

前缀形式：++$x。首先将变量$x 的值增加 1，然后将新值赋给变量$x，最后在表达式中使用变量$x 的新值。

后缀形式：$x++。首先在表达式中使用变量$x 的当前值，然后将变量$x 的值增加 1，最后将新值赋给变量$x。

（2）递减运算符--：用于将变量的值减少 1。它可以在变量前（前缀形式）或变量后（后缀形式）使用，同样影响的是在何时进行值的减少操作。

前缀形式：--$x。首先将变量$x 的值减少 1，然后将新值赋给变量$x，最后在表达式中使用变量$x 的新值。

后缀形式：$x--。首先在表达式中使用变量$x 的当前值，然后将变量$x 的值减少 1，最后将新值赋给变量$x。

递增/递减运算符通常用于循环或需要追踪计数的情况。值得注意的是，虽然递增和递减运算符可以在许多情况下使用，但在某些复杂表达式中，需要注意其使用方式，以确保得到预期的结果。

例如，"ex2203.php"代码，演示了使用递增/递减运算符得到的结果。

```
01. <!doctype html> <!-- 声明文档类型为HTML -->
02. <html> <!-- 开始HTML标记 -->
03. <head> <!-- 开始头部标记 -->
04. <meta charset="UTF-8"> <!-- 设置文档字符编码为UTF-8 -->
05. <title>递增和递减运算符示例</title> <!-- 设置文档标题 -->
06. </head> <!-- 结束头部标记 -->
07. <body> <!-- 开始主体标记 -->
08. <?php                                        // PHP代码开始标签
09. $y = 5;                                      // 设置变量 y 的值为 5
10.                                              // 前缀递增
11. $py = ++$y;                                  // 前缀递增：先$y+1，然新值赋值给py
12. echo "前缀递增后的 y 值： " . $py ."<br>";   // 输出结果变量和 y 的新值
13.                                              // 重置变量 y 的值
14. $y = 5;
15.                                              // 后缀递增
16. $ypost = $y++;                               // 后缀递增：先赋值给ypost，然后增加 $y+1
17. echo "后缀递增后的 y 值： " . $ypost ."<br>"; // 输出结果变量和 y 的原始值
18.                                              // 重置变量 y 的值
19. $y = 5;
20.                                              // 前缀递减
21. $my = --$y;                                  // 前缀递减：先减少 $y，然后新值赋值给my
22. echo "前缀递减后的 y 值： " . $my ."<br>";   // 输出结果变量和 y 的新值
23.                                              // 重置变量 y 的值
24. $y = 5;
25.                                              // 后缀递减
26. $ypre = $y--;                                // 后缀递减：先赋值给ypre，然后减少 $y-1
27. echo "后缀递减后的 y 值： " . $ypre ."<br>"; // 输出结果变量和 y 的原始值
28. ?> <!-- PHP代码结束标签 -->
29. </body> <!-- 结束主体标记 -->
30. </html> <!-- 结束HTML标记 -->
```

4. PHP 比较运算符

比较运算符是用于比较两个值之间关系的特殊运算符。比较运算通过返回布尔值（true 或 false）表示比较的结果。比较运算符常用在条件语句中判断不同的条件，根据比较结果来控制程序的流程。

（1）相等==：检查两个值是否相等，不考虑数据类型。如果两个值相等，则返回 true，否则返回 false。

（2）全等===：检查两个值是否相等，并且判断数据类型是否也相同。如果值和类型都相等，则返回 true，否则返回 false。

（3）不相等!=：检查两个值是否不相等，不考虑数据类型。如果两个值不相等，则返回 true，否则返回 false。

（4）不全等!==：检查两个值是否不相等，或者数据类型是否不同。如果值和类型不相等，则返回 true，否则返回 false。

（5）大于>：检查左边的值是否大于右边的值。如果左边的值大于右边的值，则返回 true，否则返回 false。

（6）小于<：检查左边的值是否小于右边的值。如果左边的值小于右边的值，则返回 true，否则返回 false。

（7）大于或等于⩾：检查左边的值是否大于或等于右边的值。如果左边的值大于或等于右边的值，则返回 true，否则返回 false。

（8）小于或等于⩽：检查左边的值是否小于或等于右边的值。如果左边的值小于或等于右边的值，则返回 true，否则返回 false。

比较运算符示例，如图 2-2-5 所示。

图 2-2-5　比较运算符示例

例如，"ex2204.php"代码，演示了使用一些比较运算符得到的不同结果。

```
01. <!doctype html> <!-- 声明文档类型为HTML -->
02. <html> <!-- 开始HTML标记 -->
03. <head> <!-- 开始头部标记 -->
04. <meta charset="UTF-8"> <!-- 设置文档字符编码为UTF-8 -->
05. <title>比较运算符示例</title> <!-- 设置文档标题 -->
06. </head> <!-- 结束头部标记 -->
07. <body> <!-- 开始主体标记 -->
08. <?php                       // PHP代码开始标签
09. $aa = 10;
10. $bb = 5;
11.                             // 相等
12. $eq = $aa == $bb;           // $aa 等于 $bb，结果为 false
13.                             // 全等
14. $id = $aa === $bb;          // $aa 和 $bb 的值和类型都不相等，结果为 false
15.                             // 不相等
16. $neq = $aa != $bb;          // $aa 不等于 $bb，结果为 true
17.                             // 不全等
18. $nid = $aa !== $bb;         // $aa 和 $bb 的值和类型都不相等，结果为 true
19.                             // 大于
20. $gt = $aa > $bb;            // $aa 大于 $bb，结果为 true
21.                             // 小于
22. $lt = $aa < $bb;            // $aa 小于 $bb，结果为 false
23.                             // 大于或等于
24. $gte = $aa >= $bb;          // $aa 大于或等于 $bb，结果为 true
25.                             // 小于或等于
26. $lte = $aa <= $bb;          // $aa 小于或等于 $bb，结果为 false
27.                             // 输出结果
28. echo "相等：    " . ($eq ? 'true' : 'false') . "<br>";
29. echo "全等：    " . ($id ? 'true' : 'false') . "<br>";
30. echo "不相等：   " . ($neq ? 'true' : 'false') . "<br>";
31. echo "不全等：   " . ($nid ? 'true' : 'false') . "<br>";
32. echo "大于：    " . ($gt ? 'true' : 'false') . "<br>";
33. echo "小于：    " . ($lt ? 'true' : 'false') . "<br>";
34. echo "大于或等于：  " . ($gte ? 'true' : 'false') . "<br>";
35. echo "小于或等于：  " . ($lte ? 'true' : 'false') . "<br>";
36. ?><!-- PHP代码结束标签 -->
37. </body> <!-- 结束主体标记 -->
38. </html> <!-- 结束HTML标记 -->
```

5. PHP 逻辑运算符

逻辑运算符用于在条件语句中对多个条件进行逻辑操作。它们允许组合多个条件以生成更复杂的逻辑表达式。

（1）与（&&或 AND）：逻辑与运算符用于在两个条件都为 true 时返回 true。可以使用 && 或 AND 进行逻辑与操作。如果两个条件中至少有一个为 false，则返回 false。

（2）或（||或 OR）：逻辑或运算符用于在两个条件中至少有一个为 true 时返回 true。可以使用||或 OR 进行逻辑或操作。如果两个条件都为 false，则返回 false。

（3）非（!或 NOT）：逻辑非运算符用于取反条件的值。如果条件为 false，则返回 true；如果条件为 true，则返回 false。可以使用!或 NOT 进行逻辑非操作。

（4）异或（XOR）：异或运算符用于在两个条件中仅有一个为 true 时返回 true，如果两个条件都为 true 或都为 false，则返回 false。可以使用 XOR 进行逻辑异或操作。

逻辑运算结果示例，如图 2-2-6 所示。

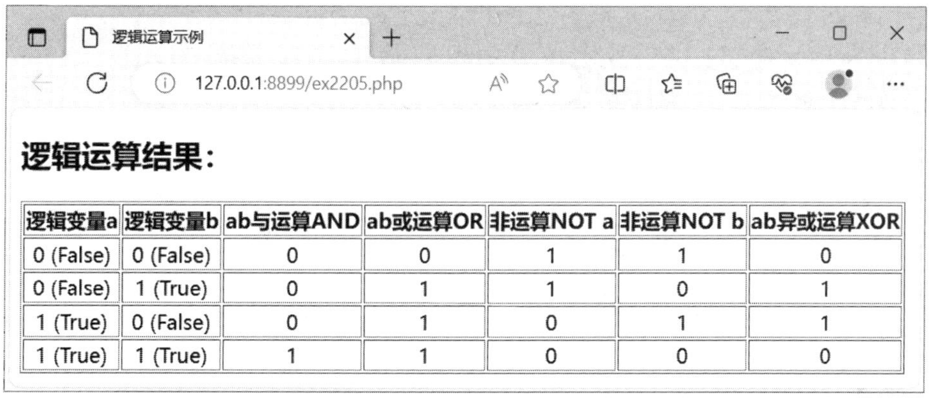

图 2-2-6　逻辑运算结果示例

例如，"ex2205.php" 代码，演示了使用一些逻辑运算符得到的不同结果。

```
01. <!DOCTYPE html> <!-- 声明文档类型为HTML -->
02. <html> <!-- 开始HTML文档 -->
03. <head> <!-- 开始头部区域 -->
04. <meta charset="UTF-8"> <!-- 设置字符编码为UTF-8 -->
05. <title>逻辑运算示例</title> <!-- 页面标题 -->
06. </head> <!-- 结束头部区域 -->
07. <body> <!-- 开始网页主体 -->
08. <?php                        // PHP代码开始标签 定义4个逻辑变量
09. $a0 = 0;                     // 赋值为 0，表示逻辑值 False
10. $a1 = 1;                     // 赋值为 1，表示逻辑值 True
11. $b0 = 0;                     // 赋值为 0，表示逻辑值 False
12. $b1 = 1;                     // 赋值为 1，表示逻辑值 True
```

13.   // 逻辑与操作
14. $and00 = ($a0 && $b0);   // 0 && 0 = 0 (False)
15. $and01 = ($a0 && $b1);   // 0 && 1 = 0 (False)
16. $and10 = ($a1 && $b0);   // 1 && 0 = 0 (False)
17. $and11 = ($a1 && $b1);   // 1 && 1 = 1 (True)
18.   // 逻辑或操作
19. $or00 = ($a0 || $b0);   // 0 || 0 = 0 (False)
20. $or01 = ($a0 || $b1);   // 0 || 1 = 1 (True)
21. $or10 = ($a1 || $b0);   // 1 || 0 = 1 (True)
22. $or11 = ($a1 || $b1);   // 1 || 1 = 1 (True)
23.   // 逻辑非操作
24. $not_a0 = (!$a0);   // 非 0 = 1 (True)
25. $not_a1 = (!$a1);   // 非 1 = 0 (False)
26. $not_b0 = (!$b0);   // 非 0 = 1 (True)
27. $not_b1 = (!$b1);   // 非 1 = 0 (False)
28.   // 逻辑异或操作
29. $xor00 = ($a0 xor $b0);   // 0 异或 0 = 0 (False)
30. $xor01 = ($a0 xor $b1) ;   // 0 异或 1 = 1 (True)
31. $xor10 = ($a1 xor $b0);   // 1 异或 0 = 1 (True)
32. $xor11 = ($a1 xor $b1);   // 1 异或 1 = 0 (False)
33. ?> <!-- PHP代码结束标签 -->
34. <h2>逻辑运算结果：</h2> <!-- 显示标题 -->
35. <table border="1"> <!-- 创建表格 -->
36. <tr> <!-- 表头行 -->
37. <th align="center">逻辑变量a</th>
38. <th align="center">逻辑变量b</th>
39. <th align="center">ab与运算AND</th>
40. <th align="center">ab或运算OR</th>
41. <th align="center">非运算NOT a</th>
42. <th align="center">非运算NOT b</th>
43. <th align="center">ab异或运算XOR</th>
44. </tr>
45. <tr>
46. <td align="center">0 (False)</td>
47. <td align="center">0 (False)</td>
48. <td align="center"><?php echo ($and00 ? "1" : "0"); ?></td>
49. <td align="center"><?php echo ($or00 ? "1" : "0"); ?></td>
50. <td align="center"><?php echo ($not_a0 ? "1" : "0"); ?></td>
51. <td align="center"><?php echo ($not_b0 ? "1" : "0"); ?></td>

52. <td align="center"><?php echo ($xor00 ? "1" : "0"); ?></td>
53. </tr>
54. <tr>
55. <td align="center">0 (False)</td>
56. <td align="center">1 (True)</td>
57. <td align="center"><?php echo ($and01 ? "1" : "0"); ?></td>
58. <td align="center"><?php echo ($or01 ? "1" : "0"); ?></td>
59. <td align="center"><?php echo ($not_a0 ? "1" : "0"); ?></td>
60. <td align="center"><?php echo ($not_b1 ? "1" : "0"); ?></td>
61. <td align="center"><?php echo ($xor01 ? "1" : "0"); ?></td>
62. </tr>
63. <tr>
64. <td align="center">1 (True)</td>
65. <td align="center">0 (False)</td>
66. <td align="center"><?php echo ($and10 ? "1" : "0"); ?></td>
67. <td align="center"><?php echo ($or10 ? "1" : "0"); ?></td>
68. <td align="center"><?php echo ($not_a1 ? "1" : "0"); ?></td>
69. <td align="center"><?php echo ($not_b0 ? "1" : "0"); ?></td>
70. <td align="center"><?php echo ($xor10 ? "1" : "0"); ?></td>
71. </tr>
72. <tr>
73. <td align="center">1 (True)</td>
74. <td align="center">1 (True)</td>
75. <td align="center"><?php echo ($and11 ? "1" : "0"); ?></td>
76. <td align="center"><?php echo ($or11 ? "1" : "0"); ?></td>
77. <td align="center"><?php echo ($not_a1 ? "1" : "0"); ?></td>
78. <td align="center"><?php echo ($not_b1 ? "1" : "0"); ?></td>
79. <td align="center"><?php echo ($xor11 ? "1" : "0"); ?></td>
80. </tr>
81. </table>
82. </body> <!-- 结束网页主体 -->
83. </html> <!-- 结束HTML文档 -->

6. 运算符优先级

在 PHP 中运算符具有不同的优先级，优先级会影响表达式的计算顺序，括号( )中的优先计算，相同级别按照从左到右的顺序进行计算。以下是常见运算符从高到低的优先级说明。

（1）最高优先级运算符：括号( )。

（2）第二级运算符：逻辑非!、递增++和递减--、正号+和负号-，以及类型转换运算符

(int)、(float)、(string)、(array)、(object)和(bool)。

（3）第三级运算符：乘法*、除法/和取余%。

（4）第四级运算符：加法+和减法-。

（5）第五级比较运算符：全相等===、相等==、不全等!==、不相等!=、大于>、小于<、大于或等于≥、小于或等于≤。

（6）第六级逻辑运算符：逻辑与&&、逻辑或||。

（7）最低优先级运算符：赋值=。

思考与练习

叙述题

1．请按照从高到低的顺序写出运算符的优先级。
2．请写出 PHP 逻辑运算符的作用与功能，并举例说明。
3．请写出 PHP 比较运算符的作用与功能，并举例说明。
4．请写出赋值运算符的作用与功能，并举例说明。
5．请写出算术运算符的作用与功能，并举例说明。

任务三

设计判断闰年动态网页

任务描述

根据部门经理的任务要求，现在需要开发名为"020301.php"的动态网页，用于自动判断某年是平年还是闰年，以便进行工作计划安排。为了完成这个任务，公司指派了工程师小明负责设计和开发该网页。要求在动态网页的设计中，使用条件分支语句对输入的条件进行判断。在这个任务中要实现自动判断某年是平年或闰年的功能，因此需要"020301.php"动态网页接收用户输入的年份作为条件，并通过特定的算法来进行判断。通过这种方式，动态网页能够根据用户输入的年份自动判断是平年还是闰年，并将结果返回给部门负责人。这项任务的完成将为部门负责人提供有价值的信息，帮助他们更好地制订工作计划。

任务描述设计页面效果，如图 2-3-1 所示。

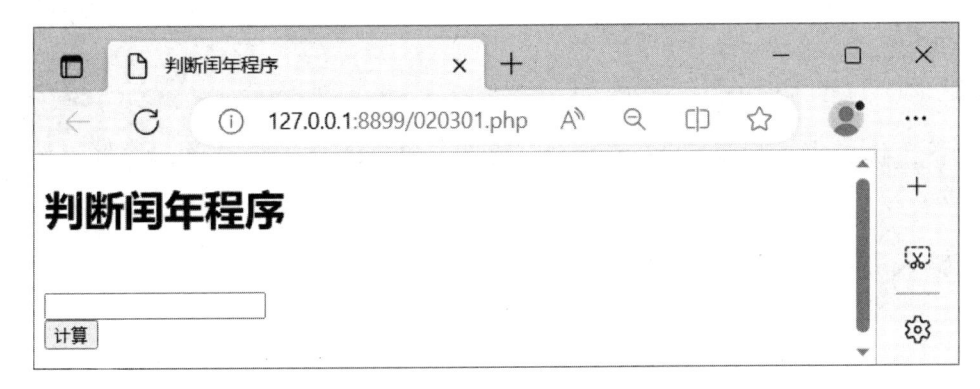

图 2-3-1　任务描述设计页面效果

任务分析

为了完成这项任务，工程师小明需要设计和编写名为"020301.php"的动态网页。该网页将接收输入的年份作为条件，并通过特定的算法判断输入的年份是平年还是闰年。网页设计将按照以下步骤进行。

（1）网站规划参数。Web 站点路径：C:\phpweb，Web 测试 IP 地址：127.0.0.1，Web 测试端口号：8899。

（2）动态网页文件命名为"020301.php"。

（3）利用表单中的控件获取用户输入的年份，作为输入条件。

（4）设计合适的算法判断输入的年份是否为闰年。根据公历规则，闰年有特定的条件，能够被 4 整除但不能被 100 整除，或者能够被 400 整除的年份，即为闰年。工程师小明将使用这些条件进行判断，如果用户输入的年份符合闰年的条件，则动态网页将返回相应的结果，提示该年份是闰年；如果用户输入的年份不符合闰年的条件，则动态网页将返回相应的结果，提示该年份是平年。

（5）为确保网页结果的正确性，任务施工结束时要进行测试与验收，记录主要施工技术参数。

方法和步骤

1. 准备工作

按照网站规划参数进行配置。Web 站点路径：C:\phpweb，Web 测试 IP 地址：127.0.0.1，Web 测试端口号：8899。参照项目一中的任务一、任务二、任务三，配置并启动 WAMP 环

境，配置好 Dreamweaver 软件。如果已经配置并启动 WAMP 环境和 Dreamweaver 软件，此步骤可以略过。

2. 创建"020301.php"动态网页

确认准备工作无误，启动 Dreamweaver 软件，单击"文件"菜单，选择"新建"选项，单击"创建"按钮。再单击"文件"菜单，选择"保存"选项，弹出"另存为"对话框，在文件名处输入"020301"，单击"保存"按钮。

3. 在"020301.php"动态网页中设计标题、表单与控件

（1）输入网页标题"判断闰年程序"。

（2）单击"窗口"菜单，选择"插入"选项，调出插入面板，在插入面板中选择"表单"选项，调出表单面板，单击表单面板中的"表单"按钮，弹出"表单 form"对话框，操作处输入"020301.php"，方法处选择"post"选项，单击"确定"按钮。

（3）在表单 form 区域中输入标题"判断闰年程序"，按<Shift+Enter>组合键换行，选中标题"判断闰年程序"文字，单击"窗口"菜单，选择"属性"选项，调出属性面板，HTML 属性格式处选择"标题 1"，如图 2-3-2 所示。

图 2-3-2　标题"判断闰年程序"属性面板参数设置

（4）在标题"判断闰年程序"行尾处换行，插入输入框控件，见源代码第 14 行，行尾再换行插入"按钮"控件，见源代码第 16 行，修改"按钮"控件属性为"计算"。

4. 在"020301.php"动态网页中输入 PHP 源代码

（1）单击"窗口"菜单，选择"插入"选项，调出插入面板，在插入面板中选择"PHP"选项，调出 PHP 面板，单击 PHP 面板中的"<?"按钮或"echo"按钮，在源代码编辑区域需要的位置自动插入<?php ?>和<?php echo ?>代码块。

（2）参照源代码第 14 行，在输入框控件参数中输入"value="<?php echo $n1; ?>""。

（3）参照源代码第 7～9 行、第 19～34 行，输入 PHP 源代码（注意：为节约时间，注释可以省略，正式技术资料归档时，按照行业规范要求必须有详细规范的注释）。

5. "020301.php"动态网页源代码

```
01. <!doctype html>    <!-- 声明文档类型为HTML -->
02. <html>    <!-- HTML文档的根元素 -->
```

03. <head>　　<!-- 文档头部开始 -->
04. <meta charset="UTF-8">　　<!-- 设置字符编码为UTF-8 -->
05. <title>判断闰年程序</title>　　<!-- 设置页面标题 -->
06. </head>　　<!-- 文档头部结束 -->
07. <?php　　　　　　　　　　　　　　　　　　　　　　　// PHP代码开始标签
08. $n1 = "";　　　　　　　　　　　　　　　　　　　　　// 初始化变量$n1
09. ?> <!-- PHP代码结束标签 -->
10. <body>　　<!-- 页面主体开始 -->
11. <form action="020301.php" method="post">　　<!-- 定义表单，提交到020301.php -->
12. <h1>判断闰年程序</h1>　　<!-- 显示标题 -->
13.
　　<!-- 换行 -->
14. <input type="text" name="num1" value="<?php echo $n1;　?>">　　<!-- 输入框，显示变量$n1 -->
15.
　　<!-- 换行 -->
16. <input type="submit" value="计算">　　<!-- 提交按钮 -->
17. </form>
18. <h1>　　<!-- 格式控制 -->
19. <?php　　　　　　　　　　　　　　　　　　　　　　　// PHP代码开始标签
20. $n1 = "";　　　　　　　　　　　　　　　　　　　　　// 初始化变量$n1
21. $result = "";　　　　　　　　　　　　　　　　　　　// 初始化变量$result
22. if(isset($_REQUEST['num1']))　　　　　　　　　　　// 检查是否有名为num1的请求
23. {
24. $n1 = $_REQUEST['num1'];　　　　　　　　　　　　　// 获取用户输入的年份
25. if ($n1 % 4 == 0 and $n1 % 100 != 0 or $n1 % 400 == 0)　　// 判断是否为闰年
26. {
27. echo "您输入的".$n1."年是闰年";　　　　　　　　　　// 输出闰年结果
28. }
29. else
30. {
31. echo "您输入的".$n1."年是平年";　　　　　　　　　　// 输出平年结果
32. }
33. }
34. ?> <!-- PHP代码结束标签 -->
35. </h1>　　<!-- 显示结果的标题结束 -->
36. </body>　　<!-- 页面主体结束 -->
37. </html>　　<!-- HTML文档结束 -->

"020301.php"动态网页拆分视图，如图2-3-3所示。

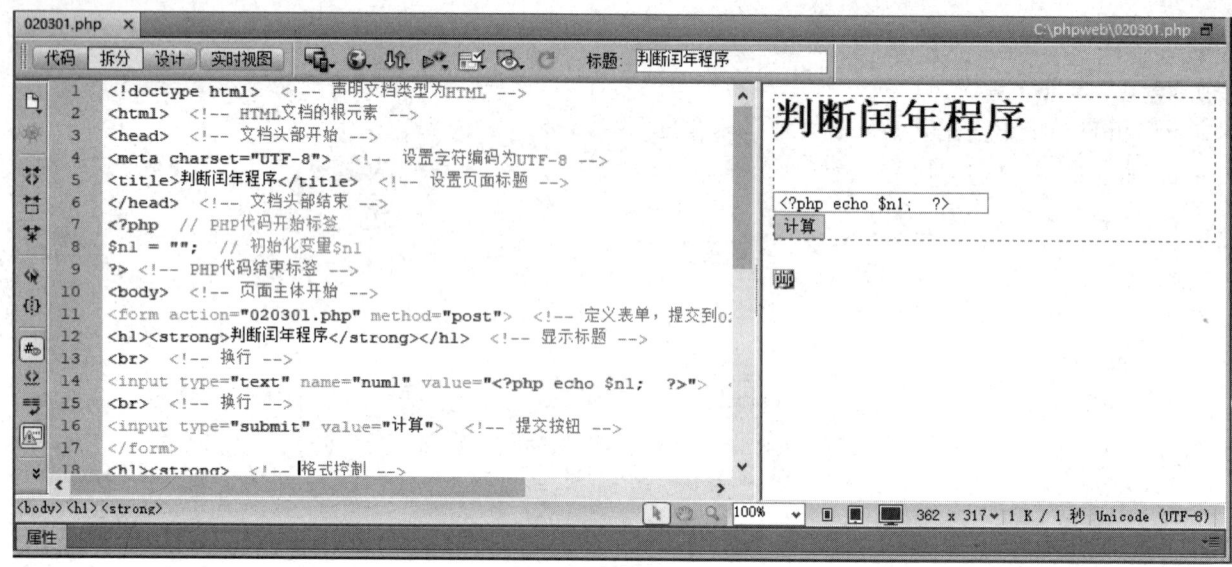

图 2-3-3 "020301.php"动态网页拆分视图

"020301.php"动态网页运行结果，如图 2-3-4 所示。

图 2-3-4 "020301.php"动态网页运行结果

相关知识与技能

一般情况下，动态网页中的代码按照出现的顺序依次执行，叫作"顺序执行"。当动态网页执行到某一种特殊情况，必须执行不同的代码时，就可以使用条件判断语句，将动态网页的执行顺序引到另一个流程。

1. if 语句

当执行语句只有一条时，可以采取如下格式。

```
if(条件表达式)
{
    动态网页语句代码
}
```

if 语句逻辑流程，如图 2-3-5 所示。

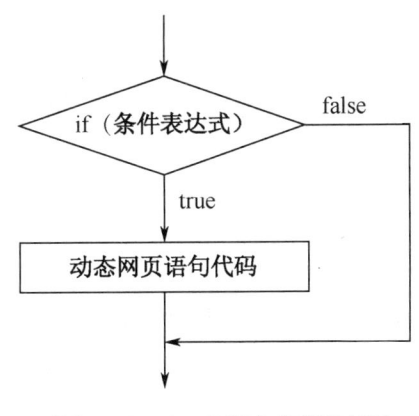

图 2-3-5　if 语句逻辑流程

例如，"ex2301.php"代码，可以判断一个数是偶数还是奇数。

```
01. <!doctype html> <!-- 声明文档类型为HTML -->
02. <html> <!-- 开始HTML标记 -->
03. <head> <!-- 开始头部标记 -->
04. <meta charset="UTF-8"> <!-- 设置文档字符编码为UTF-8 -->
05. <title>判断一个数是否是偶数还是奇数示例</title> <!-- 设置文档标题 -->
06. </head> <!-- 结束头部标记 -->
07. <body> <!-- 开始主体标记 -->
08. <?php                                    // PHP代码开始标签
09. $x=130;                                  // 初始化变量$x
10. if($x%2==0) echo $x."这是一个偶数";      // 如果$x是偶数，则输出$x是偶数的消息
11. if($x%2==1) echo $x."这是一个奇数";      // 如果$x是奇数，则输出$x是奇数的消息
12. ?><!-- PHP代码结束标签 -->
13. </body> <!-- 结束主体标记 -->
14. </html> <!-- 结束HTML标记 -->
```

2. if-else 分支

这种分支结构的格式如下。

```
01. if(条件表达式)
02. {
03.     动态网页语句代码1;
04. }
05. else
06. {
07.     动态网页语句代码2;
08. }
```

这种分支结构根据条件表达式的值来执行代码块。若条件为真，则执行动态网页语句代码 1；若条件为假，则执行动态网页语句代码 2。

if-else 语句逻辑流程，如图 2-3-6 所示。

```
                    true    if（条件表达式）   false
  动态网页语句代码1  ←————              ————→  动态网页语句代码2
```

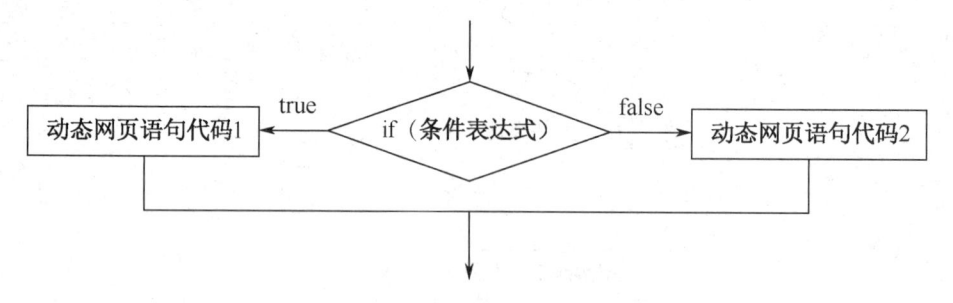

图 2-3-6 if-else 语句逻辑流程

特别说明，if-else 语句除了有标准格式，还有两种简略格式表示方法。

```
//标准格式
if (isset($_REQUEST['num1']))
{
    $num1 = $_REQUEST['num1'];
}
else
{
    $num1 = "";
}

//简略表示方法一，8行合为一行，但是可读性较差。
if (isset($_REQUEST['num1'])) $num1 = $_REQUEST['num1']; else $num1 = "";
//简略表示方法二，8行合为一行，但是可读性较差。
$num1 = isset($_REQUEST['num1']) ? $_REQUEST['num1'] "";
```

例如，"ex2302.php"代码，判断一个数是否大于 200 并显示判断结果。

```
01. <!doctype html>  <!-- 声明文档类型为HTML -->
02. <html>  <!-- 开始HTML标记 -->
03. <head>  <!-- 开始头部标记 -->
04. <meta charset="UTF-8">  <!-- 设置文档字符编码为UTF-8 -->
05. <title>判断一个数是否大于200并显示判断结果</title>  <!-- 设置文档标题 -->
06. </head>  <!-- 结束头部标记 -->
07. <body>  <!-- 开始主体标记 -->
08. <?php                              // PHP代码开始标签
09. $abc = 110;                        // 初始化变量 $abc
10. if ($abc > 200)                    // 如果 $abc 大于 200
11. {
12.     echo $abc . "大于200";         // 输出 $abc 大于 200 的消息
13. }
14. else
15. {
```

```
16. echo $abc . "小于200";              // 输出 $abc 小于 200 的消息
17. }
18. ?><!-- PHP代码结束标签 -->
19. </body> <!-- 结束主体标记 -->
20. </html> <!-- 结束HTML标记 -->
```

例如，"ex2303.php"代码，计算语文、英语、数学、物理四科成绩的平均分。若平均分大于或等于60，就显示平均分数，并显示"合格"的信息；若平均分小于60，就显示平均分数，并显示"不及格"的信息。

```
01. <!doctype html> <!-- 声明文档类型为HTML -->
02. <html> <!-- 开始HTML标记 -->
03. <head> <!-- 开始头部标记 -->
04. <meta charset="UTF-8"> <!-- 设置文档字符编码为UTF-8 -->
05. <title>判断平均分是否及格</title> <!-- 设置文档标题 -->
06. </head> <!-- 结束头部标记 -->
07. <body> <!-- 开始主体标记 -->
08. <?php                              // PHP代码开始标签
09. $a = 69;                           // 初始化变量 $a
10. $b = 47;                           // 初始化变量 $b
11. $c = 85;                           // 初始化变量 $c
12. $d = 58;                           // 初始化变量 $d
13. $pan;                              // 声明变量 $pan
14. $pan = ($a + $b + $c + $d) / 4;    // 计算平均分数并赋值给变量 $pan
15. if ($pan >= 60)                    // 判断平均分数是否大于等于 60
16. {
17. echo ("你的平均分数：" . $pan ."<br>");  // 输出平均分数及格的消息
18. echo ("及格" ."<br>");             // 输出及格的消息
19. }
20. else
21. {
22. echo ("你的平均分数：" . $pan ."<br>");  // 输出平均分数不及格的消息
23. echo ("不及格" ."<br>");           // 输出不及格的消息
24. }
25. ?><!-- PHP代码结束标签 -->
26. </body> <!-- 结束主体标记 -->
27. </html> <!-- 结束HTML标记 -->
```

3. 多条件分支 if...else if...else 语句

当动态网页需要实现多条选择执行过程进度时，可以在 if-else 结构中使用 else-if 语句，其格式如下。

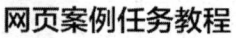

```
01. if (条件1表达式)
02.      {
03.          语句代码1
04.      }
05. else if (条件2表达式)
06.      {
07.          语句代码2
08.      }
09. ……
10. else if (条件n表达式)
11.      {
12.          语句代码n
13.      }
14. else
15.      {
16.          语句代码n+1
17.      }
```

多条件分支 if...else if...else 语句逻辑流程，如图 2-3-7 所示。

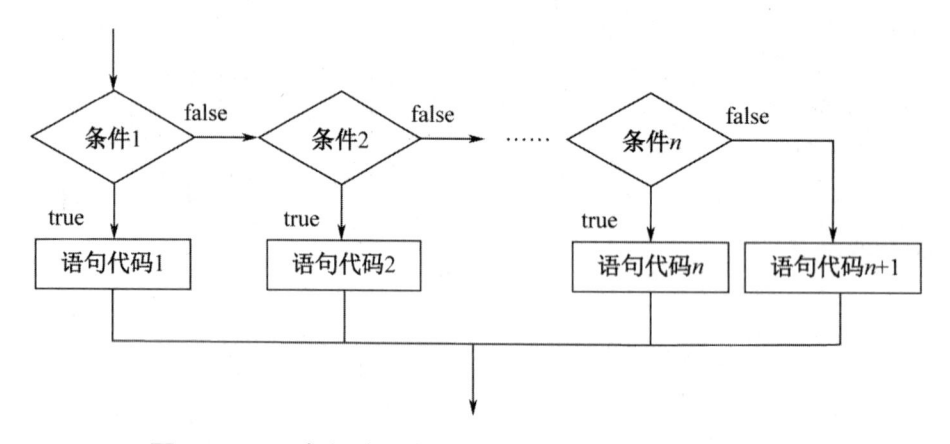

图 2-3-7　多条件分支 if...else if...else 语句逻辑流程

例如，"ex2304.php"代码，定义了四个变量$a、$b、$c、$d，分别表示基本工资、提成比例、补贴和奖金。根据不同的情况判断工资等级，如果总工资大于 1 500 元，显示"高级"等级和总工资；如果总工资大于 1 000 元但不超过 1 500 元，显示"中级"等级和总工资；如果总工资大于 500 元但不超过 1 000 元，显示"初级"等级和总工资；如果总工资不超过 500 元，显示"见习入门级"等级和总工资。

"ex2304.php"参考核心源代码如下。

```
01. <!doctype html> <!-- 声明文档类型为HTML -->
02. <html> <!-- 开始HTML标记 -->
03. <head> <!-- 开始头部标记 -->
```

```
04. <meta charset="UTF-8"> <!-- 设置文档字符编码为UTF-8 -->
05. <title>进制转换器示例</title> <!-- 设置文档标题 -->
06. </head> <!-- 结束头部标记 -->
07. <body> <!-- 开始主体标记 -->
08. <?php                      // PHP代码开始标签
09. $a = 1 200;                 // 基本工资
10. $b = 0.1;                   // 提成比例
11. $c = 500;                   // 补贴
12. $d = 200;                   // 奖金
13. $pan = $a + $c + $d + ($a * $b);
14. if ($pan > 1 500) {
15. echo "您的工资等级为高级，总工资为：" . $pan . " 元";
16. } else if ($pan > 1 000) {
17. echo "您的工资等级为中级，总工资为：" . $pan . " 元";
18. } else if ($pan > 500) {
19. echo "您的工资等级为初级，总工资为：" . $pan . " 元";
20. } else {
21. echo "您的工资等级为见习入门级，总工资为：" . $pan . " 元";
22. }
23. ?><!-- PHP代码结束标签 -->
24. </body> <!-- 结束主体标记 -->
25. </html> <!-- 结束HTML标记 -->
```

拓展训练与提高

例如，创建"ex2305.php"动态网页，使用系统进制转换函数 bindec( )、decbin( )在页面中实现进制转换的功能，要求实现从二进制、八进制、十六进制到十进制的转换，以及从十进制到二进制、八进制、十六进制的转换（总计 6 种转换）。"ex2305.php"动态网页效果，如图 2-3-8 所示。

图 2-3-8 "ex2305.php"动态网页效果

"ex2305.php"参考核心源代码如下。

```
01. <!doctype html>  <!-- 声明文档类型为HTML -->
02. <html>  <!-- 开始HTML标记 -->
03. <head>  <!-- 开始头部标记 -->
04. <meta charset="UTF-8">  <!-- 设置文档字符编码为UTF-8 -->
05. <title>多条件分支示例</title>  <!-- 设置文档标题 -->
06. </head>  <!-- 结束头部标记 -->
07. <body>  <!-- 开始主体标记 -->
08. <?php                                // PHP代码开始标签
09. $v1 = "";                            // 输入的数值
10. $fuhao = "+";                        // 选择的操作符
11. $result = "";                        // 转换结果
12. if ($_POST) {                        // 如果有 POST 数据
13. $v1 = $_POST['v1'];                  // 获取输入的数值
14. $fuhao = $_POST["yunsuanfu"];        // 获取选择的操作符
15.                                      // 根据选择的操作符进行进制转换
16. if ($fuhao === "1") {
17. $result = decbin($v1);               // 十进制转二进制
18. } else if ($fuhao === "2") {
19. $result = decoct($v1);               // 十进制转八进制
20. } else if ($fuhao === "3") {
21. $result = dechex($v1);               // 十进制转十六进制
22. } else if ($fuhao === "4") {
23. $result = bindec($v1);               // 二进制转十进制
24. } else if ($fuhao === "5") {
25. $result = octdec($v1);               // 八进制转十进制
26. } else if ($fuhao === "6") {
27. $result = hexdec($v1);               // 十六进制转十进制
28. }
29. }
30. ?><!-- PHP代码结束标签 -->
31. <!-- 在表单中显示进制转换器 -->
32. <form action="" method="post">
33. 进制转换器：
34. <br /><input type="text" name="v1" value="<?php echo $v1; ?>" />
35. <select name="yunsuanfu">
36. <option value="1" <?php if ($fuhao == "1") { echo "selected"; } ?>>10to2 </option>
37. <option value="2" <?php if ($fuhao == "2") { echo "selected"; } ?>>10to8 </option>
38. <option value="3" <?php if ($fuhao == "3") { echo "selected"; } ?>>10to16 </option>
```

39. `<option value="4" <?php if ($fuhao == "4") { echo "selected"; } ?>>2to10 </option>`
40. `<option value="5" <?php if ($fuhao == "5") { echo "selected"; } ?>>8to10 </option>`
41. `<option value="6" <?php if ($fuhao == "6") { echo "selected"; } ?>>16to10 </option>`
42. `</select>`
43. `<input type="submit" value=" 转换 " />`
44. `<input type="text" name="v3" value="<?php echo $result; ?>" />`
45. `</form>`
46. `</body>` `<!-- 结束主体标记 -->`
47. `</html>` `<!-- 结束HTML标记 -->`

思考与练习

叙述题

1. 画出 if 语句逻辑流程图，并解释说明。

2. 画出 if-else 语句逻辑流程图，并解释说明。

3. 画出多条件分支 if...else if...else 语句逻辑流程图，并解释说明。

4. 小球从空中掉下来，请根据给定的条件及相关的自由落体规律，解决以下问题。

（1）如果已知小球掉落时的初始高度为 1 000 m，求其触地瞬间的速度；

（2）如果已知小球落地瞬间的速度为 1 000 m/s，求其掉落时的初始高度。

已知自由落体公式：自由落体的速度 $v=gt$，自由落体的位移 $h=\frac{1}{2}gt^2$。其中 g 是重力加速度，在地球上 $g \approx 9.8 \text{ m/s}^2$，$v$ 是速度（m/s），h 是高度（m），t 是时间（s）。

任务四

设计简易等级评定动态网页

任务描述

公司需要对每位员工的工作情况进行全面评价，由于信息维护工作量比较大，手动进行打分并将其转换为等级的过程非常耗时。因此，公司负责人希望借助技术手段简化评估流程。为此，信息部门负责人委派工程师小明设计名为"020401.php"的动态网页，以满

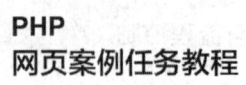

足评分转换为对应等级的功能需求。部门经理提出任务要求，希望该动态网页能够将百分制分数转换为对应的等级（A、B、C、D、E）。通过这个简单而高效的工具，部门负责人能够快速而准确地评估员工的绩效，提高工作效率。工程师小明被要求以专业技术为基础，按照部门负责人的需求，设计简洁、易于使用的页面，并确保动态网页的稳定性和可靠性。如果这个动态网页成功实施，将大幅提升评估的效率，帮助部门负责人更好地管理团队，推动公司信息化工作的顺利进行。任务描述设计页面效果，如图2-4-1所示。

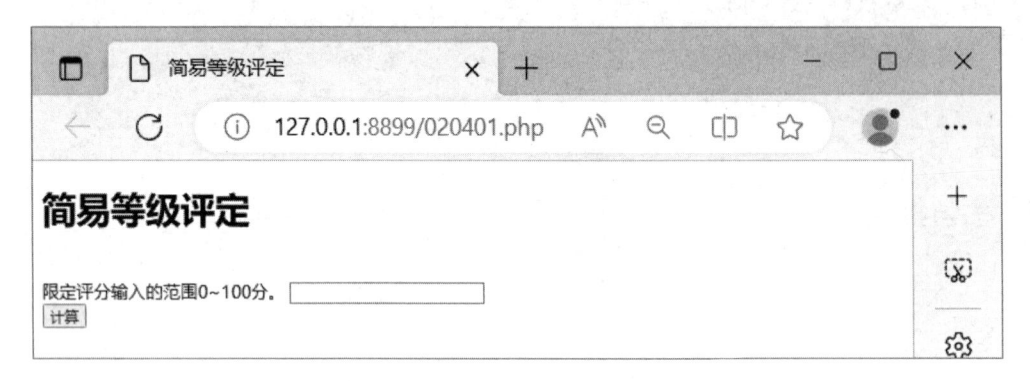

图 2-4-1　任务描述设计页面效果

任务分析

根据部门经理的需求和转换规则，工程师小明进行了详细分析。为了满足需求，工程师小明设计了名为"020401.php"的动态网页。该动态网页允许用户在页面上输入百分制的分数，并根据特定的转换规则将其转换为对应的等级。

1. 转换规则

（1）分数在 90 及以上（包含 90）转换为等级 A。

（2）分数在 80 至 89 之间转换为等级 B。

（3）分数在 70 至 79 之间转换为等级 C。

（4）分数在 60 至 69 之间转换为等级 D。

（5）分数低于 60 转换为等级 E。

通过这个动态网页，部门经理和其他员工可以输入分数并轻松获取对应的等级。这种自动化的转换过程将极大地简化评估流程，提高工作效率。工程师小明采用了专业技术，确保该动态网页的稳定性和可靠性。他将页面设计得简洁明了，使用户能够轻松操作和获取转换结果。这个任务的成功实施将使部门经理能够快速而准确地评估员工的工作情况。同时，该动态网页还具备可扩展性和复用性，可用于将来的评估任务，为公司持续提供价值。

2. 网站规划参数

Web 站点路径：C:\phpweb，Web 测试 IP 地址：127.0.0.1，Web 测试端口号：8899。工程师小明编写的动态网页名为"020401.php"。为确保网页输出结果的正确性，任务施工结束时要进行测试与验收，记录主要施工技术参数。

方法和步骤

1. 准备工作

按照网站规划参数进行配置。Web 站点路径：C:\phpweb，Web 测试 IP 地址：127.0.0.1，Web 测试端口号：8899。参照项目一中的任务一、任务二、任务三，配置并启动 WAMP 环境，配置好 Dreamweaver 软件，如果已经配置并启动 WAMP 环境和 Dreamweaver 软件，此步骤可以略过。

2. 创建"020401.php"动态网页

确认准备工作无误，启动 Dreamweaver 软件，单击"文件"菜单，选择"新建"选项，单击"创建"按钮。再单击"文件"菜单，选择"保存"选项，弹出"另存为"对话框，在文件名处输入"020401"，单击"保存"按钮。

3. 在"020401.php"动态网页中设计标题、表单与控件

（1）输入网页标题"简易等级评定"。

（2）单击"窗口"菜单，选择"插入"选项，调出插入面板，在插入面板中选择"form"选项，调出 form 面板，单击 form 面板中的"form"按钮，弹出"form-常规"对话框，操作处输入"020401.php"，方法处选择"post"选项，单击"确定"按钮。

（3）在表单 form 区域中输入标题"简易等级评定"，按<Shift+Enter>组合键换行，选中标题"简易等级评定"文字，单击"窗口"菜单，选择"属性"选项，调出属性面板，HTML 属性格式处选择"标题 1"选项。标题"简易等级评定"属性面板，如图 2-4-2 所示。

图 2-4-2　标题"简易等级评定"属性面板

（4）在标题"简易等级评定"下面一行输入"限定评分输入的范围 0～100 分。"，插入 form 面板中"文本字段"控件，按回车键换行。

（5）插入"按钮"控件，属性改为"计算"。

4. 在"020401.php"动态网页中输入PHP源代码

（1）单击"窗口"菜单，选择"插入"选项，调出插入面板，在插入面板中选择"PHP"选项，调出PHP面板，单击PHP面板中的"<?"按钮或"echo"按钮，在源代码编辑区域需要的位置自动插入<?php ?>和<?php echo ?>代码块。

（2）参照源代码第15行，在控件参数中输入"value="<?php echo isset($_REQUEST['num1'])?$_REQUEST['num1']:""?>""。

（3）参照源代码第7~9行、第15行、第20~47行，输入PHP源代码（注意:为节约时间，注释可以省略，正式技术资料归档时，按照行业规范要求必须有详细规范的注释）。

5. "020401.php"动态网页源代码

```
1. <!doctype html>    <!-- 声明文档类型为HTML -->
2. <html>    <!-- 定义HTML文档的根元素 -->
3. <head>    <!-- 定义文档头部 -->
4. <meta charset="UTF-8">    <!-- 设置字符编码为UTF-8 -->
5. <title>简易等级评定</title>    <!-- 设置页面标题 -->
6. </head>    <!-- 文档头部结束 -->
7. <?php                          // PHP代码开始标签
8. $n1 = "";                      // 初始化变量$n1为空字符串
9. ?> <!-- PHP代码结束标签 -->
10. <body>    <!-- 定义页面主体 -->
11. <form action="020401.php" method="post">    <!-- 定义表单，提交到020401.php -->
12. <h1><strong>简易等级评定</strong></h1>    <!-- 显示标题 -->
13. <br>    <!-- 换行 -->
14. 限定评分输入的范围0~100分。    <!-- 提示用户输入评分范围 -->
15. <input type="text" name="num1" value="<?php echo isset($_REQUEST['num1']) ? $_REQUEST['num1'] : "" ?>">    <!-- 输入框，用于输入评分 -->
16. <br>    <!-- 换行 -->
17. <input type="submit" value="计算">    <!-- 提交按钮 -->
18. </form>
19. <h1><strong>    <!-- 显示评定结果 -->
20. <?php                         // PHP代码开始标签
21. $n1 = "";                     // 初始化变量$n1为空字符串
22. $result = "";                 // 初始化变量$result为空字符串
23. if( isset($_REQUEST['num1']) )    // 检查是否存在用户输入的评分
24. {
25. $pingfen = $_REQUEST['num1'];    // 获取用户输入的评分
```

26. $fenduan = floor($pingfen / 10);   // 计算评分段
27. switch ($fenduan)   // 根据评分段评定等级
28. {
29.   case 10:   // 评分段为10
30.   echo "你的等级是：A";   // 输出等级A
31.   break;
32.   case 9:   // 评分段为9
33.   echo "你的等级是：A";   // 输出等级A
34.   break;
35.   case 8:   // 评分段为8
36.   echo "你的等级是: B";   // 输出等级B
37.   break;
38.   case 7:   // 评分段为7
39.   echo "你的等级是: C";   // 输出等级C
40.   break;
41.   case 6:   // 评分段为6
42.   echo "你的等级是: D";   // 输出等级D
43.   break;
44.   default: // 其他情况
45.   echo "你的等级是：E";   // 输出等级E
46.   break;
47. }}?>   <!-- PHP代码结束标签 -->
48. </strong></h1>   <!-- 结束评定结果显示 -->
49. </body>   <!-- 页面主体结束 -->
50. </html>   <!-- HTML文档结束 -->

"020401.php"动态网页拆分视图，如图2-4-3所示。

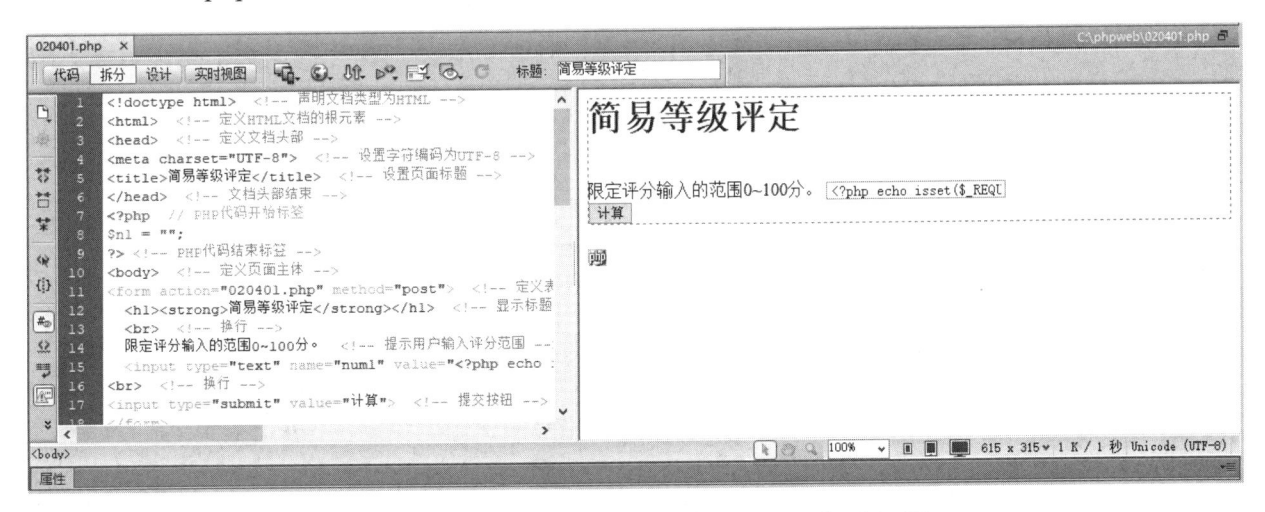

图2-4-3　"020401.php"动态网页拆分视图

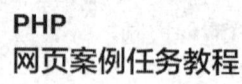

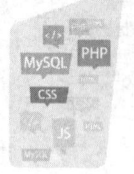

"020401.php"动态网页运行结果，如图 2-4-4 所示。

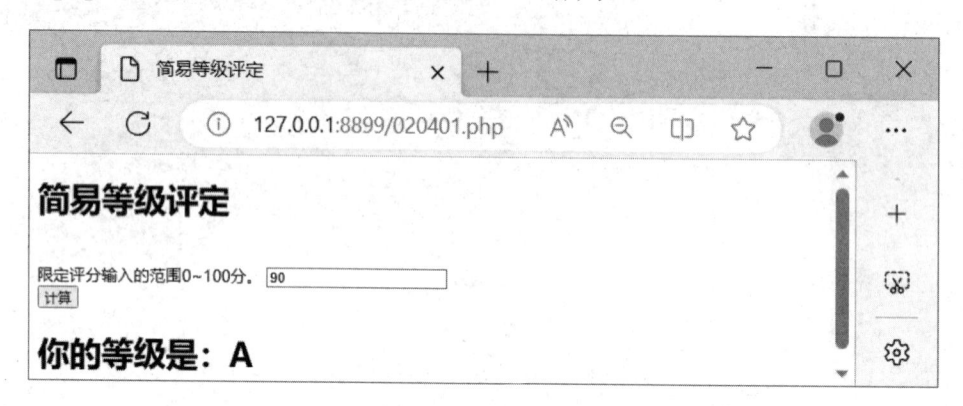

图 2-4-4　"020401.php"动态网页运行结果

相关知识与技能

在任务中的动态网页，若使用 if-else 语句来实现，代码会有很多重复，不方便阅读，并且不易维护。在实际动态网页执行过程中，当发生多种状况时，会产生不同的结果，也就是平时所说的"如果……就……；如果……就……；如果……就……"等多种情况，这时可以用 switch 语句来满足动态网页需求。switch 语句也叫情况语句，其作用就是根据表达式的多种情况取值来选择要执行的代码块。

1. switch 语句格式

```
switch ($expression) {
    case $value1:
        //当$expression等于$value1时执行的代码块
        break;
    case $value2:
        //当$expression等于$value2时执行的代码块
        break;
        //...
    case $valueN:
        //当$expression等于$valueN时执行的代码块
        break;
    default:
        //如果$expression与所有的$value都不匹配时执行的代码块
        break;
}
```

2. 解释语句格式

（1）switch 关键字后面要接判断的表达式，即$expression，它可以是变量、常量或表达式。

（2）接下来是多个 case 分支，用来检查表达式的值与不同的$value 是否相等。如果相等，就会执行相应的代码块。

（3）每个 case 后面的代码块是用花括号{ }括起来的，表示在匹配到对应的分支时要执行的代码。

（4）每个 case 分支的最后都要使用 break 语句来跳出 switch 语句，防止继续执行下一个分支的代码块。

（5）可以在 switch 语句的末尾添加 default 分支，用来处理没有匹配到任何分支的情况。default 代码块会在表达式的值与所有分支的值都不匹配时执行。

3. 执行流程解释

（1）当动态网页执行到 switch 语句时，它会按顺序检查表达式的值与哪个分支的值是匹配的。

（2）如果找到匹配的分支，动态网页会执行该分支的代码块，并且在代码块的末尾遇到 break 时跳出 switch 语句。

（3）如果没有匹配的分支，动态网页会执行默认分支中的代码（如果存在），或者直接跳过 switch 语句。

4. switch 语句简易流程

switch 语句简易流程，如图 2-4-5 所示。

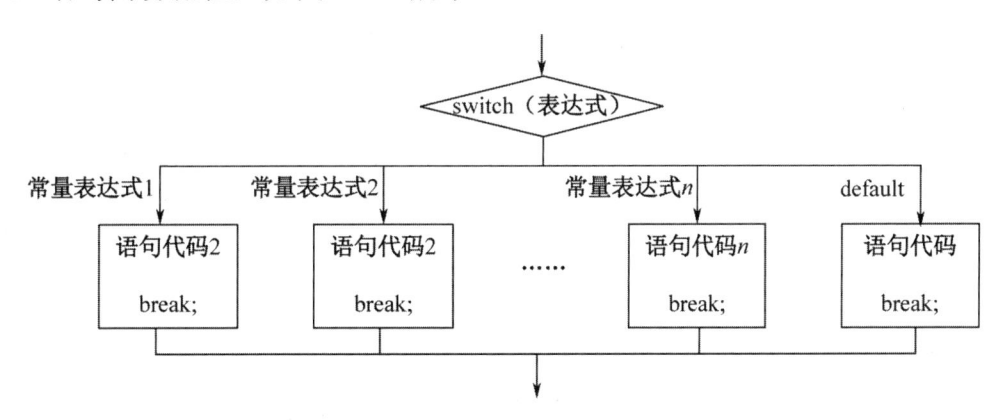

图 2-4-5 switch 语句简易流程

例如，"ex2401.php" 代码，在该程序中 switch 语句定义了四个变量$a、$b、$c、$d，分别表示基本工资、提成比例、补贴和奖金。根据不同的情况判断工资等级，如果总工资大于 1 500 元，显示 "高级" 等级和总工资；如果总工资大于 1 000 元但不超过 1 500 元，

显示"中级"等级和总工资;如果总工资大于500元但不超过1 000元,显示"初级"等级和总工资;如果总工资不超过500元,显示"见习入门级"等级和总工资。

"ex2401.php"参考核心源代码如下。

```
01. <!doctype html> <!-- 声明文档类型为HTML -->
02. <html> <!-- 开始HTML标记 -->
03. <head> <!-- 开始头部标记 -->
04. <meta charset="UTF-8"> <!-- 设置文档字符编码为UTF-8 -->
05. <title>switch语句示例</title> <!-- 设置文档标题 -->
06. </head> <!-- 结束头部标记 -->
07. <body> <!-- 开始主体标记 -->
08. <?php                            // PHP代码开始标签
09. $a = 1200;                       // 基本工资
10. $b = 0.15;                       // 提成比例
11. $c = 200;                        // 补贴
12. $d = 300;                        // 奖金
13. $he = $a + ($a * $b) + $c + $d;  // 计算总工资
14. $pan = "";                       // 初始化工资等级变量
15.                                  // 使用 switch 语句根据总工资确定工资等级
16. switch ($he) {
17.   case ($he > 1 500):            // 如果总工资大于1 500
18.     $pan = "高级";                // 工资等级为"高级"
19.     break;
20.   case ($he > 1 000):            // 如果总工资大于1 000
21.     $pan = "中级";                // 工资等级为"中级"
22.     break;
23.   case ($he > 500):              // 如果总工资大于500
24.     $pan = "初级";                // 工资等级为"初级"
25.     break;
26.   default:                       // 其他情况
27.     $pan = "见习入门级";           // 工资等级为"见习入门级"
28. }
29.                                  // 输出结果
30. echo "总工资:$he 元<br>";         // 输出总工资
31. echo "工资等级:$pan";             // 输出工资等级
32. ?> <!-- PHP代码结束标签 -->
33. </body> <!-- 结束主体标记 -->
34. </html> <!-- 结束HTML标记 -->
```

"ex2401.php"源代码定义了$a、$b、$c、$d、$he 等变量，用于计算员工的总工资，之后使用 switch 语句判定员工的工资等级并显示。

（1）$a = 1200;：设置基本工资为 1 200 元。

（2）$b = 0.15;：设置提成比例为 0.15。

（3）$c = 200;：设置补贴为 200 元。

（4）$d = 300;：设置奖金为 300 元。

（5）$he = $a + ($a * $b) + $c + $d;：计算员工的总工资，包括基本工资、提成比例、补贴和奖金。

（6）$pan = "";：初始化工资等级变量。

（7）使用 switch 语句根据总工资确定工资等级。

（8）case ($he > 1500):：如果总工资大于 1 500 元，设置工资等级为"高级"。

（9）case ($he > 1000):：如果总工资大于 1 000 元但小于或等于 1 500 元，设置工资等级为"中级"。

（10）case ($he > 500):：如果总工资大于 500 元但小于或等于 1 000 元，设置工资等级为"初级"。

（11）default:：如果前面的条件都不满足，即总工资小于等于 500 元，设置工资等级为"见习入门级"。

（12）echo 语句：输出计算结果。

（13）echo"总工资：$he 元
";：输出员工的总工资。

（14）echo"工资等级：$pan";：输出员工的工资等级。

拓展训练与提高

1. 用 PHP 脚本演示浮点数比较的解决方法

在该方法中，为了解决浮点数比较可能出现的精度问题，将$v3 和$v1+$v2 的结果都乘以 10 000，并使用 round( )函数将乘以 10 000 的结果四舍五入为整数，然后再进行比较。如果相等，则输出字符串"相等 2"，否则输出字符串"不相等 2"。这段代码的目的是展示在某些情况下，由于浮点数的精度问题，直接比较浮点数可能会产生误差。浮点数通过乘以足够大的数，将其转换为整数进行比较，可以解决这个问题。这种方法可以在需要比较浮点数时使用，通过比较其整数避免由于浮点数精确误差产生不相等的问题。

（1）例如，"ex2402.php"代码，脚本演示浮点数之间比较的解决方法。

01. <!doctype html> <!-- 声明文档类型为HTML -->

```
02. <html>           <!-- 开始HTML标记 -->
03. <head>           <!-- 开始头部标记 -->
04. <meta charset="UTF-8">   <!-- 设置文档字符编码为utf-8 -->
05. <title>浮点数之间比较01示例</title>   <!-- 设置文档标题 -->
06. </head>          <!-- 结束头部标记 -->
07. <body>           <!-- 开始主体标记 -->
08. <?php                    // PHP代码开始标签
09. $v1 = 0.1;               // 定义变量$v1并赋值为0.1
10. $v2 = 0.2;               // 定义变量$v2并赋值为0.2
11. $v3 = 0.3;               // 定义变量$v3并赋值为0.3
12. if( $v3 == $v1 + $v2)    // 判断$v3是否等于$v1 + $v2
13. {echo "相等1";}          // 如果条件成立，输出"相等1"
14. else
15. {echo "不相等1";}        // 如果条件不成立，输出"不相等1"
16. echo "<h1>下面来对其做"正确的比较方式"</h1>";   // 输出标题
17.                          // 假设目前需要精确到小数点后4位，
18.                          // 那么就乘以10 000，然后转换为整数去比较
19. if( round($v3 * 10 000) == round( ($v1 + $v2) * 10 000 ) )
                             // 将浮点数乘以10 000后四舍五入为整数，再进行比较
20. {echo "相等2";}          // 如果条件成立，输出"相等2"
21. else
22. {echo "不相等2";}?>      <!-- PHP代码结束标签 -->
23. </body>          <!-- 结束主体标记 -->
24. </html>          <!-- 结束HTML标记 -->
```

在代码中先定义了三个浮点数变量$v1、$v2 和$v3，然后进行了两种不同的比较方式，以说明浮点数比较中的精度问题。先使用$v3 == $v1 + $v2 进行比较，但由于浮点数精度问题，这两者在计算机内部被判定为不相等。然后展示了一种更精确的比较方式，即通过将浮点数乘以较大的数，如10 000，将其转换为整数后再进行比较，从而规避了精度误差导致不相等的问题。

（2）例如，"ex2403.php"代码，脚本演示浮点数之间比较的解决办法。

```
01. <!doctype html>    <!-- 声明文档类型为HTML -->
02. <html>     <!-- 开始HTML标记 -->
03. <head>     <!-- 开始头部标记 -->
04. <meta charset="utf-8">    <!-- 设置文档字符编码为utf-8 -->
05. <title>浮点数之间比较02示例</title>    <!-- 设置文档标题 -->
06. </head>    <!-- 结束头部标记 -->
07. <body>     <!-- 开始主体标记 -->
```

```
08. <?php                        // PHP代码开始标签
09. $v1 = 0.1;                   // 定义变量$v1并赋值为0.1
10. $v2 = 0.2;                   // 定义变量$v2并赋值为0.2
11. $v3 = 0.3;                   // 定义变量$v3并赋值为0.3
12. switch (true) {              // 使用switch语句进行条件判断
13. case ($v3 == $v1 + $v2):     // 判断$v3是否等于$v1 + $v2
14. echo "相等1";                // 如果条件成立,输出"相等1"
15. break;
16. default:
17. echo "不相等1";              // 如果条件不成立,输出"不相等1"
18. break;
19. }
20. echo "<h1>下面来对其做"正确的比较方式"</h1>";// 输出标题,说明接下来的正确比较方式
21.                              // 假设目前需要精确到小数点后4位,那么就乘以10 000,然后转换为整数去比较
22. switch (true) {  // 使用switch语句进行条件判断
23. case (round($v3 * 10 000) == round(($v1 + $v2) * 10 000)):
                                 // 将浮点数乘以10 000后四舍五入为整数,再进行比较
24. echo "相等2";                // 如果条件成立,输出"相等2"
25. break;
26. default:
27. echo "不相等2";              // 如果条件不成立,输出"不相等2"
28. break;
29. }
30. ?> <!-- PHP代码结束标签 -->
31. </body>   <!-- 结束主体标记 -->
32. </html>   <!-- 结束HTML标记 -->
```

本例中把"ex2403.php"代码转换为使用 switch 语句编写,并且逻辑保持不变。这种方法同样有效地演示了浮点数之间比较时的解决方法,以及如何通过乘以较大的数转换为整数来解决精度问题。还在 switch 语句中使用了 case 条件来判断,如果条件满足则执行相应的代码块,否则执行 default 的代码块,这种做法也让代码更加结构化和易读。总体来说,代码在演示浮点数比较解决方法方面表现得很好,使用了适当的控制结构,注释也很清晰,易于理解,这将为需要处理浮点数的开发任务提供有价值的参考。

(3)例如,"ex2404.php"代码,用于输入成绩,使用 if 语句判断成绩是否及格,并在网页上显示相应的提示信息。

```
01. <!DOCTYPE html><!-- 声明文档类型为HTML -->
02. <html><!-- HTML文档的根元素 -->
```

03. `<head>` <!-- HTML文档的头部，用于定义文档的元数据 -->
04. `<meta charset="UTF-8">` <!-- 指定文档的字符编码为UTF-8，以支持显示中文字符 -->
05. `<title>`成绩判断示例`</title>` <!-- 设置文档标题为"成绩判断示例" -->
06. `</head>` <!-- 头部结束标签 -->
07. `<body>` <!-- HTML文档的主体部分，包含要显示在网页上的内容 -->
08. `<?php`   // PHP代码开始
09. `if(isset($_POST['chengji'])) {`   // 检查是否接收到名为"chengji"的表单数据
10. `$cj = $_POST['chengji'];`   // 将接收到的"chengji"表单数据存储到变量$cj中
11. `// var_dump($cj);`   // 打印变量$cj的值，用于调试
12. `echo "<br>";`   // 在网页中输出一个换行符，用于换行显示后续内容
13.   // 如果输入的是数字
14. `if(is_numeric($cj)) {`   // 判断$cj是否是一个数字
15. `if($cj >= 60) {`   // 如果$cj大于或等于60
16. `echo "ok，及格了";`   // 在网页中输出"ok，及格了"
17. `} else {`
18. `echo "不及格，补考吧";`   // 在网页中输出"不及格，补考吧"
19. `}`
20. `} else {`
21. `echo "请输入有效的成绩，别玩了！";`   // 在网页中输出"请输入有效的成绩，别玩了！"
22. `}`
23. `}`
24. `?>`
25. `<form action="" method="post">` <!-- 创建表单，数据将通过POST方法提交到当前页面 -->
26. 请输入成绩：`<input type="text" name="chengji">` <!-- 创建文本输入框输入成绩 -->
27. `<input type="submit" value="提交">` <!-- 创建一个提交按钮，显示文本为"提交" -->
28. `</form>`
29. `</body>` <!-- 主体部分结束标签 -->
30. `</html>` <!-- HTML文档结束标签 -->

（4）例如，"ex2405.php"代码，用于输入成绩，并使用switch语句对成绩进行判断，并在网页上显示相应的提示信息。

01. `<!DOCTYPE html>` <!-- 声明文档类型为HTML -->
02. `<html>` <!-- HTML文档的根元素 -->
03. `<head>` <!-- HTML文档的头部，用于定义文档的元数据 -->
04. `<meta charset="UTF-8">` <!-- 指定文档的字符编码为UTF-8，以支持显示中文字符 -->
05. `<title>`成绩判断示例`</title>` <!-- 设置文档标题为"成绩判断示例" -->
06. `</head>` <!-- 头部结束标签 -->
07. `<body>` <!-- HTML文档的主体部分，包含要显示在网页上的内容 -->
08. `<?php`

```
09. if(isset($_POST['chengji'])) {              // 检查是否接收到名为"chengji"的表单数据
10. $cj = $_POST['chengji'];                    // 将接收到的"chengji"表单数据存储到变量$cj中
11. // var_dump($cj);                            // 打印变量$cj的值，用于调试
12. echo "<br>";                                 // 在网页中输出一个换行符，用于换行显示后续内容
13. switch(true) {
14. case is_numeric($cj) && $cj >= 60:
15. echo "ok，及格了";                           // 在网页中输出"ok，及格了"
16. break;
17. case is_numeric($cj) && $cj < 60:
18. echo "不及格，补考吧";                       // 在网页中输出"不及格，补考吧"
19. break;
20. default:
21. echo "请输入有效的成绩，别玩了！";            // 在网页中输出"请输入有效的成绩，别玩了！"
22. }
23. }
24. ?>
25. <form action="" method="post"><!-- 创建表单，数据将通过POST方法提交到当前页面 -->
26. 请输入成绩：<input type="text" name="chengji"><!-- 创建文本输入框输入成绩 -->
27. <input type="submit" value="提交"><!-- 创建一个提交按钮，显示文本为"提交" -->
28. </form>
29. </body><!-- 主体部分结束标签 -->
30. </html><!-- HTML文档结束标签 -->
```

上面 PHP 代码段的作用是处理用户通过表单提交的数据。

① if(isset($_POST['chengji']))：检查是否接收到名为"chengji"的表单数据。

② $cj = $_POST['chengji'];：将接收到的"chengji"表单数据存储到变量$cj中。

③ switch(true)：开始 switch 语句，根据条件判断不同的情况。

④ case is_numeric($cj) && $cj >= 60:：如果成绩是数字并且大于或等于60。

⑤ echo "ok，及格了";：在网页中输出"ok，及格了"。

⑥ break;：结束这个 case 分支。

⑦ case is_numeric($cj) && $cj < 60:：如果成绩是数字并且小于60。

⑧ echo "不及格，补考吧";：在网页中输出"不及格，补考吧"。

⑨ break;：结束这个 case 分支。

⑩ default:：如果前面的条件都不满足，即成绩不是数字。

⑪ echo "请输入有效的成绩，别玩了！";：在网页中输出"请输入有效的成绩，别玩了！"。

⑫ }：最后用右花括号结束 switch 语句。

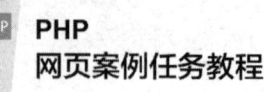

思考与练习

叙述题

1. 画出 switch 语句简易流程图。
2. 写出 switch 语句格式。
3. 解释 switch 语句，并说明 switch 执行流程。
4. 设计动态网页，文件名为"xt2401.php"，在网页的左上角输入班级、姓名、学号，用户在页面输入月份，使用 switch 语句，能够在页面输出该月份的天数。
5. 设计动态网页，文件名"xt2402.php"，在网页的左上角输入班级、姓名、学号，用户在网页上输入年龄，能根据输入的年龄判断并显示为老年人（大于 60 岁）、中年人（30～60 岁）、青年人（18～30 岁）、未成年人（小于 18 岁），使用 switch 语句，能在页面输出结果。

任务五

设计阶乘计算动态网页

任务描述

公司网络信息部门经常需要承担各种统计任务，其中大部分统计任务都涉及对重复数字的加法、减法、乘法、除法等操作。为了提高工作效率，部门负责人委派工程师小明解决这个问题，要求他利用循环语句，通过动态网页来完成这项任务。工程师小明采取了一种创新的方法，他设计了名为"020501.php"的动态网页，专门用于执行阶乘计算。通过这个动态网页，可以实现阶乘运算。小明利用循环语句，使得操作可以反复进行，以满足部门的统计需求。这个动态网页不仅简化了对重复数字的操作，还提供了灵活的功能扩展。工程师小明设计了友好的用户页面，使得其他部门成员可以轻松地输入参数并获取计算结果。同时，他还加入了错误处理机制，确保输入的数字符合要求，并提供清晰的错误提示信息。通过工程师小明的努力，网络信息部门现在可以利用这个动态网页快速、准确地完成各种统计工作，不仅提高了工作效率，还减轻了部门成员的工作负担。这个创新解决方案不仅满足了部门负责人的要求，还展示了工程师小明的技术能力和创造力，为公司的数字化转型贡献了一份力量。

任务描述设计页面效果，如图 2-5-1 所示。

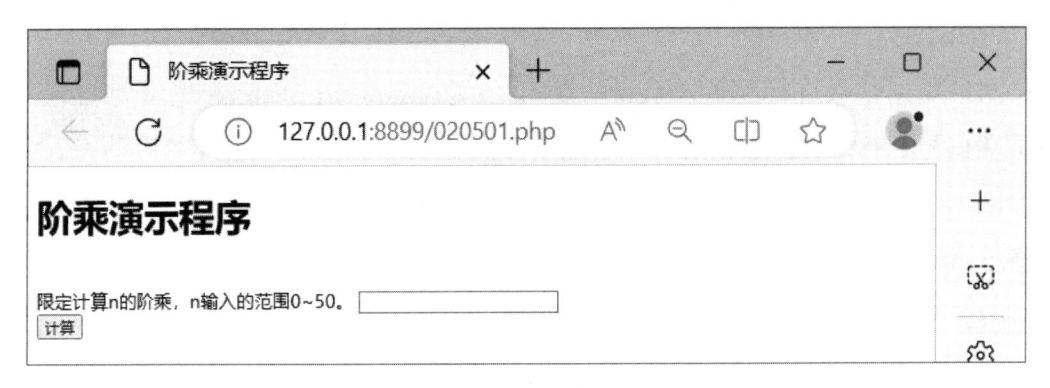

图 2-5-1　任务描述设计页面效果

任务分析

任务描述要求工程师小明通过查找资料实现阶乘计算功能，并在网页上显示计算结果。以下是任务的主要要点。

（1）网站规划参数。Web 站点路径：C:\phpweb，Web 测试 IP 地址：127.0.0.1，Web 测试端口号：8899。

（2）网页文件命名为"020501.php"。

（3）阶乘计算：阶乘是数学中的概念，如 10 的阶乘表示为 1×2×3×4×5×6×7×8×9×10。我们需要编写动态网页计算输入数字的阶乘。

（4）输入限制：网页上的输入框应当限制输入数字不大于 65，以确保计算过程的有效性。

（5）根据任务要求，工程师小明将通过查找资料并编写"020501.php"动态网页实现阶乘计算功能。这个动态网页将接收用户在页面输入的数字，并通过计算生成相应数字的阶乘结果。同时，该动态网页将确保用户输入的数字不超过 65，以保证计算的准确性。最后，该动态网页将显示计算得到的阶乘结果。

（6）为确保网页结果的正确性，任务施工结束时要进行测试与验收，记录主要施工技术参数。

通过这个任务，工程师小明将展示他的技术能力和研究能力，同时提供方便实用的工具，使部门成员能够快速、准确地进行阶乘计算。这将提高部门的工作效率，并推动公司的数字化转型进程。

方法和步骤

1. 准备工作

按照网站规划参数进行配置，Web 站点路径：C:\phpweb，Web 测试 IP 地址：127.0.0.1，Web 测试端口号：8899。参照项目一中任务一、任务二、任务三，配置并启动 WAMP 环境，配置好 Dreamweaver 软件，如果已经配置并启动 WAMP 环境和 Dreamweaver 软件，此步骤可以略过。

2. 创建"020501.php"动态网页

确认准备工作无误，启动 Dreamweaver 软件，单击"文件"菜单，选择"新建"选项，单击"创建"按钮，再单击"文件"菜单，选择"保存"选项，弹出"另存为"对话框，文件名处输入"020501"，单击"保存"按钮。

3. 在"020501.php"动态网页中设计标题、表单与控件

（1）输入网页标题"阶乘演示程序"。

（2）单击"窗口"菜单，选择"插入"选项，调出插入面板，在插入面板中选择"form"选项，调出 form 面板，单击 form 面板中的"form"按钮，弹出"form-常规"对话框，操作处输入"020501.php"，方法处选择"post"选项，单击"确定"按钮。

（3）在表单 form 区域中输入标题"阶乘演示程序"，按<Shift+Enter>组合键换行，选中标题"阶乘演示程序"文字，单击"窗口"菜单，选择"属性"选项，调出属性面板，HTML 属性格式处选择"标题 1"选项，如图 2-5-2 所示。

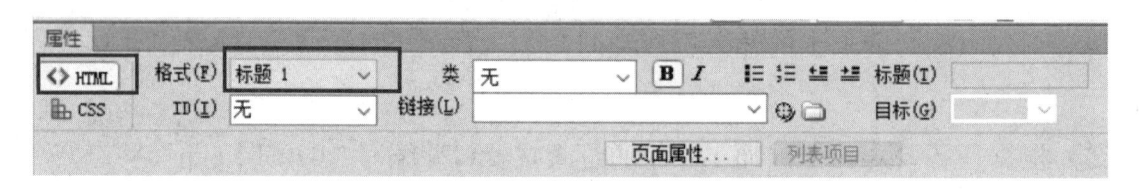

图 2-5-2　标题"阶乘演示程序"属性面板

（4）在标题"阶乘演示程序"下面一行，输入文字"限定计算 n 的阶乘，n 输入的范围 0~50。"，插入输入框控件，见源代码第 15 行，按<Shift+Enter>组合键换行，插入"按钮"控件，见源代码第 17 行，修改"按钮"控件属性为"计算"，按回车键换行。

4. 在"020501.php"动态网页中输入 PHP 源代码

（1）单击"窗口"菜单，选择"插入"选项，调出插入面板，在插入面板中选择"PHP"选项，调出 PHP 面板，单击 PHP 面板中的"<?"按钮或"echo"按钮，在源代码编辑区域

需要的位置自动插入<?php ?>和<?php echo ?>代码块。

（2）参照源代码第 15 行，在控件参数中输入"value="<?php echo isset($_REQUEST['num1'])?$_REQUEST['num1']: ""?>""。作用是判断一下，如果计算过某个数 X 的阶乘，那么 X 这个数需要在本输入框中显示出来，如果没有就不显示。

（3）参照源代码第 7~9 行、第 15 行、第 20~31 行，输入 PHP 源代码（注意：为节约时间，注释可以省略，正式技术资料归档时，行业规范要求必须有详细规范的注释）。

5. "020501.php" 动态网页源码

```
01. <!doctype html>    <!-- 声明文档类型为HTML -->
02. <html>    <!-- 定义HTML文档的根元素 -->
03. <head>    <!-- 定义文档头部 -->
04. <meta charset="UTF-8">    <!-- 设置字符编码为UTF-8 -->
05. <title>阶乘演示程序</title>    <!-- 设置页面标题 -->
06. </head>    <!-- 文档头部结束 -->
07. <?php                           // PHP代码开始标签
08. $n = "";                        // 初始化变量$n
09. ?><!--PHP代码结束标签 -->
10. <body>    <!-- 页面主体开始 -->
11. <form action="020501.php" method="post">    <!-- 定义表单，提交到020501.php -->
12.    <h1><strong>阶乘演示程序</strong></h1>    <!-- 显示标题 -->
13.    <br>    <!-- 换行 -->
14.    限定计算n的阶乘，n输入的范围0~50。    <!-- 提示用户输入范围 -->
15.    <input type="text" name="num1" value="<?php echo isset($_REQUEST['num1']) ? $_REQUEST['num1'] : "" ?>">    <!-- 输入框，用于输入数字 -->
16.    <br>    <!-- 换行 -->
17.    <input type="submit" value="计算">    <!-- 提交按钮 -->
18. </form>
19. <h1><strong>    <!-- 显示计算结果 -->
20.    <?php                        // PHP代码开始标签
21. $x = 1;                         // 初始化变量$x为1
22. if( isset($_REQUEST['num1']) )  // 检查是否有名为num1的请求
23. {
24. $n = $_REQUEST['num1'];         // 获取用户输入的数字
25.    for($i=1;$i<=$n-1;$i++)      // 循环计算阶乘
26.    {
27. $x*=($i+1);                     // 累乘计算阶乘
28.    }
29.    echo "$n 的阶乘 = $x"."\n";  // 输出结果
```

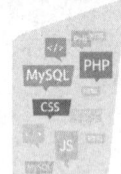

30. }
31. ?> <!--PHP代码结束标签 -->
32.   </strong></h1>   <!-- 结束显示结果 -->
33. </body>   <!-- 页面主体结束 -->
34. </html>   <!-- HTML文档结束 -->

"020501.php"动态网页拆分视图，如图2-5-3所示。

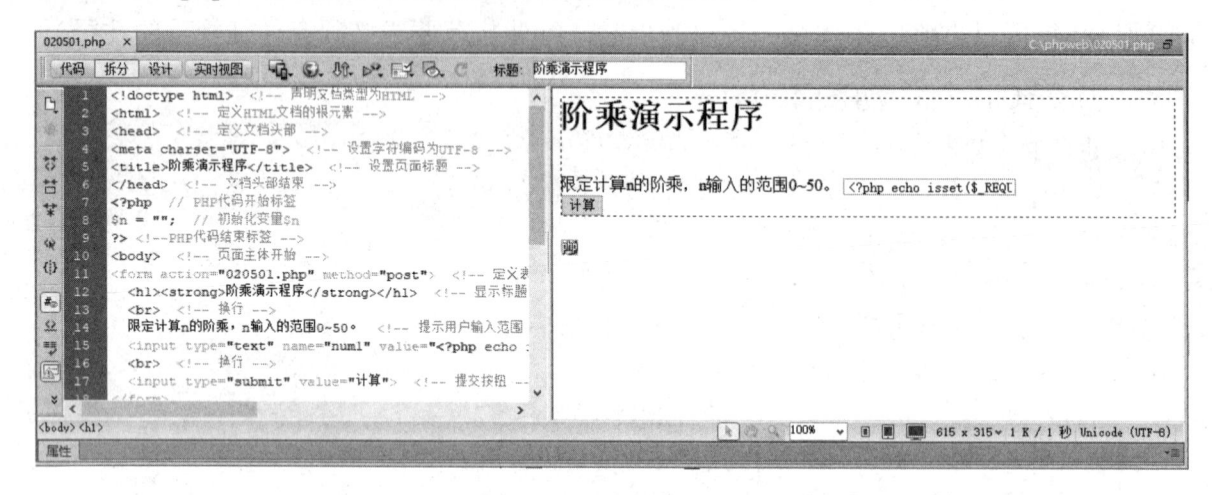

图2-5-3 "020501.php"动态网页拆分视图

"020501.php"动态网页运行结果，如图2-5-4所示。

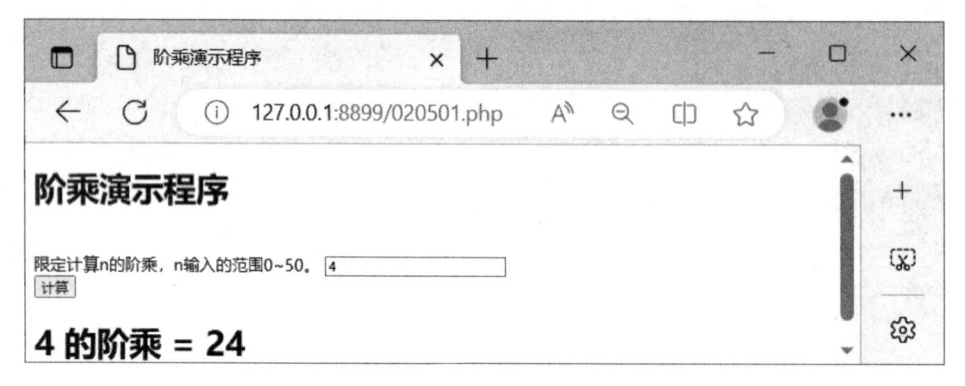

图2-5-4 "020501.php"动态网页运行结果

相关知识与技能

循环语句用于代码段的重复执行。PHP 中提供了 4 种循环语句：for 循环语句、while 循环语句、do-while 循环语句和 foreach 循环语句，一般情况下它们可以相互替换。

1. for 循环语句

for 循环语句是这 4 种循环语句中最为灵活的一种，其格式如下。

01. for (初始化计数变量;循环条件表达式;修改计数变量值)

```
02. {
03.     循环体代码语句块
04. }
```

它的执行顺序如下。

（1）先执行循环初始化表达式。

（2）使用循环条件进行判断是否满足循环条件的要求。

（3）若循环条件不存在，或其值为 true，则执行循环迭代表达式改变循环控制变量。

（4）执行循环体语句。

（5）再次判断循环条件，若其值为 false，则循环终止；若其值为 true，则重复执行第（3）、（4）步，直至不满足循环条件，退出循环为止。

上述 for 循环语句流程，如图 2-5-5 所示。

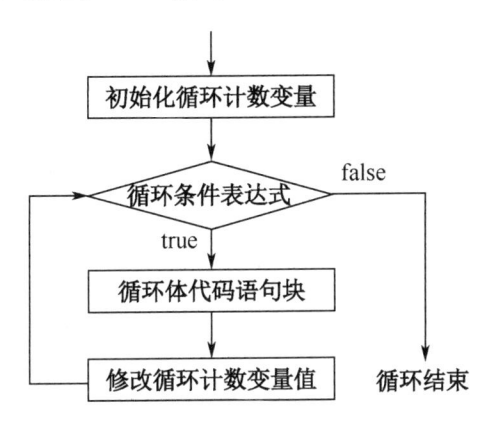

图 2-5-5　for 循环语句流程

例如，编写一页面显示 1+2+3+4+5+…+100 的值，使用 for 循环语句。"ex2501.php" 动态网页代码如下。

```
01. <!DOCTYPE html>    <!-- 声明文档类型为HTML -->
02. <html>             <!-- HTML文档的根元素 -->
03. <head>             <!-- HTML文档的头部，用于定义文档的元数据 -->
04. <meta charset="UTF-8">  <!-- 指定文档的字符编码为UTF-8，以支持显示中文字符 -->
05. <title>编写一页面显示1+2+3+4+5+…+100的值，动态网页</title>  <!-- 设置文档标题 -->
06. </head>            <!-- 头部结束标签 -->
07. <body>             <!-- HTML文档的主体部分，包含要显示在网页上的内容 -->
08. <?php              // PHP代码开始标签
09. $i = 0;            // 初始化循环变量$i为0
10. $s = 0;            // 初始化累加变量$s为0
11. for ($i = 1; $i <= 100; $i++) {   // 使用for循环，$i从1递增到100
12. $s = $s + $i;      // 将$i的值累加到$s中
13. }
```

14. echo "1+2+3+4+5+…+100=" . $s;   // 在网页中输出"1+2+3+4+5+…+100="的内容，后接$s的值
15. ?>   <!--   PHP代码结束标签   -->
16. </body>   <!--   主体部分结束标签   -->
17. </html>   <!--   HTML文档结束标签   -->

"ex2501.php"动态网页运行结果，如图 2-5-6 所示。

图 2-5-6　"ex2501.php"动态网页运行结果

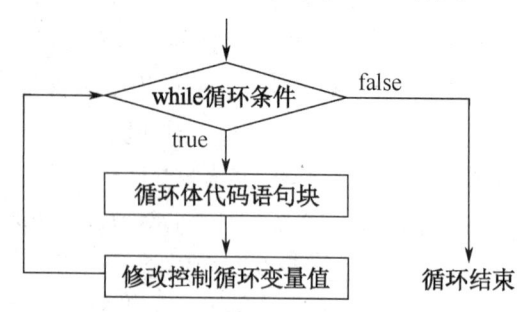

2. while 循环语句

while 循环语句格式如下。

```
01. while (循环条件布尔表达式)
02. {
03.     循环体代码语句块
04.     修改控制循环变量值
05. }
```

while 循环语句的执行顺序如下。

（1）计算 while 循环条件表达式值。

（2）若 while 循环条件表达式值为 true，执行循环体代码语句块，执行修改控制循环变量值，之后转到第（1）步再次判断循环条件。

（3）若 while 循环条件表达式值为 false，则结束循环。

while 循环条件表达式值为 true 时，循环会一直进行下去，直到 while 循环条件表达式值为 false 则循环结束。while 循环语句流程，如图 2-5-7 所示。

图 2-5-7　while 循环语句流程

例如，编写一页面显示 1+2+3+4+5+…+100 的值，使用 while 循环语句。"ex2502.php"动态网页代码如下。

```
01. <!DOCTYPE html>    <!--  声明文档类型为HTML   -->
02. <html>    <!--  HTML文档的根元素   -->
03. <head>    <!--  HTML文档的头部,用于定义文档的元数据   -->
04. <meta charset="UTF-8">    <!--  指定文档的字符编码为UTF-8,以支持显示中文字符   -->
05. <title>编写一页面显示1+2+3+4+5+…+100的值,动态网页</title>    <!--  设置文档标题   -->
06. </head>    <!--  头部结束标签   -->
07. <body>    <!--  HTML文档的主体部分,包含要显示在网页上的内容   -->
08. <?php                          //  PHP代码开始标签
09. $i = 1;                        //  初始化变量$i为1,用于循环计数
10. $s = 0;                        //  初始化变量$s为0,用于存储累加结果
11. while ($i <= 100) {            //  使用while循环,当$i小于或等于100时执行循环体
12.   $s = $s + $i;                //  将$i的值累加到$s中
13.   $i++;                        //  增加$i的值,实现循环计数
14. }
15. echo "1+2+3+4+5…+100=" . $s;   //  在网页中输出"1+2+3+4+5…+100="的内容,后接$s的值
16. ?>    <!--  PHP代码结束标签   -->
17. </body>    <!--  主体部分结束标签   -->
18. </html>    <!--  HTML文档结束标签   -->
```

3. do-while 循环语句

do-while 循环语句的格式如下。

```
01. do
02. {
03.     循环体代码语句块
04.     修改控制循环变量值
05. }
06. while (循环条件布尔表达式)
```

do-while 循环语句执行顺序如下。

(1) 执行语句块。

(2) 执行 while 循环条件,若值为 true,则转到第(1)步。

(3) 若值为 false,则结束循环。

上述 do-while 循环语句流程,如图 2-5-8 所示。

例如,编写一页面显示 1+2+3+4+5+…+100 的值,使用 do-while 循环语句。"ex2503.php"动态网页代码如下。

图 2-5-8 do-while 循环语句流程

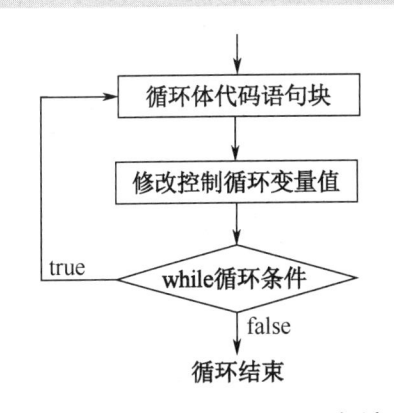

```
01. <!DOCTYPE html>    <!--  声明文档类型为HTML   -->
```

02. <html>　　<!--　HTML文档的根元素　-->
03. <head>　　<!--　HTML文档的头部，用于定义文档的元数据　-->
04. <meta charset="UTF-8">　　<!--　指定文档的字符编码为UTF-8，以支持显示中文字符　-->
05. <title>编写一页面显示1+2+3+4+5+…+100的值，动态网页</title>　　<!--　设置文档标题　-->
06. </head>　　<!--　头部结束标签　-->
07. <body>　　<!--　HTML文档的主体部分，包含要显示在网页上的内容　-->
08. <?php　　　　　　　　　　　　// PHP代码开始标签
09. $i = 1;　　　　　　　　　　　// 初始化变量$i为1，用于循环计数
10. $s = 0;　　　　　　　　　　　// 初始化变量$s为0，用于存储累加结果
11. do {
12. 　$s = $s + $i;　　　　　　　// 将$i的值累加到$s中
13. 　$i++;　　　　　　　　　　　// 增加$i的值，实现循环计数
14. } while ($i <= 100);　　　　 // 当$i小于或等于100时继续循环
15. echo "1+2+3+4+5…+100=" . $s;　　// 在网页中输出"1+2+3+4+5+…+100="的内容，后接$s的值
16. ?>　　<!--　PHP代码结束标签　-->
17. </body>　　<!--　主体部分结束标签　-->
18. </html>　　<!--　HTML文档结束标签　-->

4. foreach 循环语句

foreach 循环语句的格式如下。

```
01. foreach（类型元素变量in数据集合或数组）
02. {
03. 　　循环体代码语句块遍历数据集合或数组（遍历完成后循环自动结束）
04. }
```

元素变量可以是 int、double、string、char、checkbox、textbox 等类型，控件也属于这些类型之一。必须确保数据集合或数组与元素变量的类型相同。元素变量可以在循环体中调用，但元素变量在循环体中不可以被赋值，也不可以改变元素变量的值。

例如，设计动态网页，使用 foreach 语句，定义变量$nnn 包含 3 个元素的数组[1, 2, 3]，使用 foreach 循环语句遍历数组变量$nnn，在网页上分行来显示数组中每个元素。"ex2504.php"动态网页代码如下。

```
01. <!DOCTYPE html>　　<!--　声明文档类型为HTML　-->
02. <html>　　<!--　HTML文档的根元素　-->
03. <head>　　<!--　HTML文档的头部，用于定义文档的元数据　-->
04. <meta charset="UTF-8">　　<!--　指定文档的字符编码为UTF-8，以支持显示中文字符　-->
05. <title>foreach遍历动态网页</title>　　<!--　设置文档标题为"foreach遍历动态网页"　-->
06. </head>　　<!--　头部结束标签　-->
07. <body>　　<!--　HTML文档的主体部分，包含要显示在网页上的内容　-->
08. <?php　　　　　　　　　　　　// PHP代码开始标签
```

```
09. $nnn = array(1, 2, 3);        // 定义数组$nnn，包含3个元素
10. foreach ($nnn as $x) {         // 使用foreach循环遍历数组$nnn
11.   echo $x . "<br>";            // 在网页中输出$x的值，并换行
12. }
13. ?>        <!--   PHP代码结束标签   -->
14. </body>   <!--   主体部分结束标签   -->
15. </html>   <!--   HTML文档结束标签   -->
```

以下是 foreach 循环语句的详细执行过程。

（1）初始化：$nnn 是包含 3 个元素的数组[1, 2, 3]。

（2）第一次循环：循环开始时，PHP 引擎首先会将循环变量$x 设置为数组的第 1 个元素，即数字 1。当前循环变量$x 的值为"1"，循环条件为"数组中还有元素，继续循环（条件为真）"，输出为"1"。

（3）第二次循环：当前循环变量$x 的值为"2"，循环条件为"数组中还有元素，循环条件值为真，继续循环"，输出为"2"。

（4）第三次循环：当前循环变量$x 的值为"3"，循环条件为"数组中还有元素，循环条件值为真，继续循环"，输出为"3"。

（5）第四次循环：当前循环变量$x 的值为"数组中没有元素"，循环条件为"数组中没有元素，循环条件值为假，循环结束"。

上述说明的 foreach 循环语句流程，如图 2-5-9 所示。

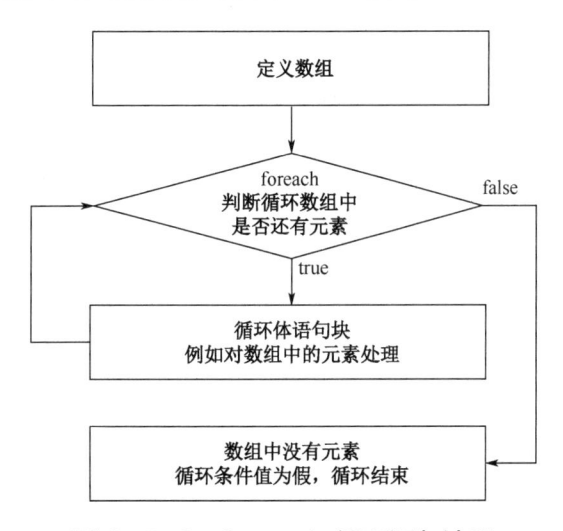

图 2-5-9　foreach 循环语句流程

拓展训练与提高

1. 请使用 for 循环语句，以及相应的规律提示信息，在"ex2505.php"动态网页上输

出，如图 2-5-10 所示的图案，其中的行数可以由变量$n 来控制，以下图案为假设$n=4 的结果。（规律：共 4 行，每一行都有 4 个星号。）

```
****
****
****
****
```

图 2-5-10　图案

"ex2505.php"动态网页源代码参考如下。

```
01. <!DOCTYPE html> <!-- 声明文档类型为HTML5 -->
02. <html> <!-- 开始HTML文档 -->
03. <head> <!-- 开始头部区域 -->
04. <meta charset="UTF-8">   <!-- 指定文档的字符编码为UTF-8 -->
05. <title>网页输出*号组成的图形</title>   <!-- 设置文档标题 -->
06. </head> <!-- 结束头部区域 -->
07. <body> <!-- 开始网页主体 -->
08. <?php                    // PHP代码开始标签
09. $n = 4;                  // 定义变量$n，控制图形的行数和列数
10.                          // 输出图案
11. for ($i = 1; $i <= $n; $i++) {   // 外层循环控制行数
12. for ($j = 1; $j <= $n; $j++) {   // 内层循环控制每行的列数
13. echo "*";                // 输出一个*号
14. }
15. echo "<br>";             // 每行结束后换行
16. }
17. ?>    <!-- PHP代码结束标签 -->
18. </body> <!-- 结束网页主体 -->
19. </html> <!-- 结束HTML文档 -->
```

2．请使用 while 循环语句，以及相应的规律提示信息，在"ex2506.php"动态网页上输出，如图 2-5-11 所示的图案，其中的行数可以由变量$n 来控制，以下图案为假设$n=4 的结果。（规律：共 n 行，第 i 行都有 i 个星号。）

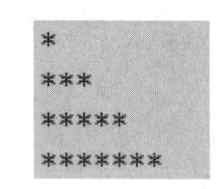

```
*
***
*****
*******
```

图 2-5-11　图案

"ex2506.php"动态网页源代码参考如下。

```
01. <!DOCTYPE html> <!-- 声明文档类型为HTML5 -->
02. <html> <!-- 开始HTML文档 -->
03. <head> <!-- 开始头部区域 -->
04. <title>网页输出*号组成的图形</title> <!-- 设置网页标题 -->
```

```
05. </head> <!-- 结束头部区域 -->
06. <body> <!-- 开始网页主体 -->
07. <?php                              // PHP代码开始标签
08.                                    // 设置行数
09. $n = 4;                            // 定义变量$n，控制图形的行数
10. $i = 1;                            // 初始化外层循环变量$i
11.                                    // 外层循环控制行数
12. while ($i <= $n) {                 // 外层循环，控制总行数
13. $j = 1;                            // 初始化内层循环变量$j
14.                                    // 内层循环控制每行中的星号数
15. while ($j <= (2 * $i - 1)) {       // 内层循环，控制每行的星号数量
16. echo '*';                          // 输出一个*号
17. $j++;                              // 增加内层循环变量$j
18. }
19. echo '<br>';                       // 换行，用于分隔每一行
20. $i++;                              // 增加外层循环变量$i
21. }
22. ?>    <!-- PHP代码结束标签 -->
23. </body> <!-- 结束网页主体 -->
24. </html> <!-- 结束HTML文档 -->
```

3. 请使用 do-while 循环语句，以及相应的规律提示信息，在"ex2507.php"动态网页上输出，如图 2-5-12 所示的图案，其中的行数可以由变量$n 来控制，以下图案为假设$n=4 的结果。（规律：在图 2-5-11 基础上居中，每行仅仅显示两边的星号。）

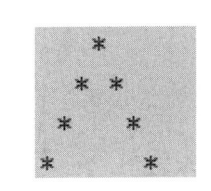

图 2-5-12　图案

"ex2507.php"动态网页源代码参考如下。

```
01. <!DOCTYPE html> <!-- 声明文档类型为HTML5 -->
02. <html> <!-- 开始HTML文档 -->
03. <head> <!-- 开始头部区域 -->
04. <title>网页输出*号组成的图形</title> <!-- 设置网页标题 -->
05. </head> <!-- 结束头部区域 -->
06. <body> <!-- 开始网页主体 -->
07. <?php                              // PHP代码开始标签
08. $n = 4;                            // 定义行数，这里设置为4行
09. $i = 1;                            // 初始化行计数器，从第1行开始
10. do {
11.                                    // 控制输出行数，$i表示"第$i行"
12.                                    // 第1行，1个*，4个空
13.                                    // 第2行，3个*，3个空
```

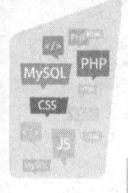

```
14.                                    // 第3行，5个*，2个空
15.                                    // 第$i行，(2*$i-1)个*，($n-$i)个空
16.                                    // 先输出一行的前面（左边）的空格
17. $k = 1;                            // 初始化空格计数器
18. while ($k <= $n - $i) {            // 循环直到输出足够的空格
19. echo " ";                     // 输出空格（使用HTML实体，一个空格的宽度）
20. $k++;                              // 增加空格计数器
21. }
22.                                    // 然后输出一行的星号
23. $k = 1;                            // 初始化星号计数器
24. while ($k <= 2 * $i - 1) {         // 循环直到输出足够的星号
25. if ($k == 1 || $k == 2 * $i - 1) { // 如果是第一个或最后一个星号
26. echo "*";                          // 输出星号
27. } else {
28. echo " ";                     // 否则输出空格
29. }
30. $k++;                              // 增加星号计数器
31. }
32. echo "<br />";                     // 输出换行
33. $i++;                              // 增加行计数器
34. } while ($i <= $n);                // 当行计数器小于或等于行数时继续循环
35. ?>       <!--   PHP代码结束标签   -->
36. </body> <!-- 结束网页主体 -->
37. </html> <!-- 结束HTML文档 -->
```

4. 输出，如图2-5-13所示的乘法表。

输出乘法表

1X1=1								
1X2=2	2X2=4							
1X3=3	2X3=6	3X3=9						
1X4=4	2X4=8	3X4=12	4X4=16					
1X5=5	2X5=10	3X5=15	4X5=20	5X5=25				
1X6=6	2X6=12	3X6=18	4X6=24	5X6=30	6X6=36			
1X7=7	2X7=14	3X7=21	4X7=28	5X7=35	6X7=42	7X7=49		
1X8=8	2X8=16	3X8=24	4X8=32	5X8=40	6X8=48	7X8=56	8X8=64	
1X9=9	2X9=18	3X9=27	4X9=36	5X9=45	6X9=54	7X9=63	8X9=72	9X9=81

图2-5-13 乘法表

"ex2508.php"动态网页源代码参考如下（for循环语句方式）。

```
01. <!DOCTYPE html> <!-- 声明文档类型为HTML5 -->
02. <html> <!-- 开始HTML文档 -->
03. <head> <!-- 开始头部区域 -->
```

04. <meta charset="UTF-8"> <!-- 设置字符编码为UTF-8 -->
05. <title>输出99乘法表</title> <!-- 设置网页标题 -->
06. </head> <!-- 结束头部区域 -->
07. <body> <!-- 开始网页主体 -->
08. <h3>输出99乘法表
 <!-- 显示标题 -->
09. </h3>
10. <table border="1" width="700" height="200"> <!-- 创建一个HTML表格，设置边框、宽度和高度 -->
11. <?php
12. for($i = 1; $i <= 9; $i++)   // 外层循环：从1到9遍历每一行
13. {
14. echo "<tr>";   // 输出表格行的开始标签
15. for($k = 1; $k <= $i; $k++)   // 内层循环：从1到$i遍历每一列
16. {
17. $s = $k * $i;   // 计算乘法结果
18. echo "<td>{$k}X$i=" . $k * $i . "</td>"; // 输出表格单元格，显示乘法算式和结果
19. }
20. echo "</tr>";   // 输出表格行的结束标签
21. }
22. ?>
23. </table>
24. </body> <!-- 结束网页主体 -->
25. </html> <!-- 结束HTML文档 -->

5. 已知公鸡5元一只，母鸡3元一只，小鸡1元3只，现有100元要买100只鸡，问有多少种买法？每种买法公鸡、母鸡、小鸡各多少只？

利用 for 循环语句来设计源代码，共有 4 种参考方案，循环次数各不相同，这里可以初步体验一下算法优化的实际作用。算法优化的 4 种参考方案，如图 2-5-14 所示。

优化 1： 公鸡:0,母鸡:25,小鸡:75 公鸡:4,母鸡:18,小鸡:78 公鸡:8,母鸡:11,小鸡:81 公鸡:12,母鸡:4,小鸡:84 运行次数：72 114	优化 2： 公鸡:0,母鸡:25,小鸡:75 公鸡:4,母鸡:18,小鸡:78 公鸡:8,母鸡:11,小鸡:81 公鸡:12,母鸡:4,小鸡:84 运行次数：714
优化 3： 公鸡:0,母鸡:25,小鸡:75 公鸡:4,母鸡:18,小鸡:78 公鸡:8,母鸡:11,小鸡:81 公鸡:12,母鸡:4,小鸡:84 运行次数：364	优化 4： 公鸡:0,母鸡:25,小鸡:75 公鸡:4,母鸡:18,小鸡:78 公鸡:8,母鸡:11,小鸡:81 公鸡:12,母鸡:4,小鸡:84 运行次数：121

图 2-5-14　算法优化的 4 种参考方案

"ex2509.php"动态网页源代码参考如下（for 循环语句方式）。

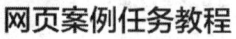

```
01. <!DOCTYPE html> <!-- 声明文档类型为HTML5 -->
02. <html> <!-- 开始HTML文档 -->
03. <head> <!-- 开始头部区域 -->
04. <meta charset="UTF-8"> <!-- 设置字符编码为UTF-8 -->
05. <title>Document</title> <!-- 设置网页标题 -->
06. </head> <!-- 结束头部区域 -->
07. <body> <!-- 开始网页主体 -->
08. <h3>已知公鸡5元一只，母鸡3元一只，小鸡1元3只，现有100元要买100只鸡，问有多少种买法？每种买法公鸡、母鸡、小鸡各多少只？<br>
09. </h3>
10. <?php                                      // PHP代码开始标签
11. $count = 0;                                // 计数器，用于记录运行（计算）的次数
12. for ($gongji = 0; $gongji <= 100; $gongji++) {         // 遍历公鸡数量（0到100）
13. for ($muji = 0; $muji <= 100; $muji++) {              // 遍历母鸡数量（0到100）
14. for ($xiaoji = 0; $xiaoji <= 100; $xiaoji++) {        // 遍历小鸡数量（0到100）
15. if ($gongji + $muji + $xiaoji == 100 && $gongji * 5 + $muji * 3 + $xiaoji / 3 == 100) {
                                              // 判断是否满足条件：总数为100只，总价为100元
16. echo "<br>公鸡:$gongji, 母鸡:$muji, 小鸡:$xiaoji";     // 输出满足条件的结果
17. }
18. $count++;                                  // 每次循环计数器加1
19. }
20. }
21. }
22. echo "<br>运行次数：$count";                  // 输出总运行次数
23. echo "<h3>改进1：</h3>";
24. $count = 0;                                // 重新初始化计数器
25. for ($gongji = 0; $gongji <= 100 / 5; $gongji++) {     // 公鸡最多20只（100/5）
26. for ($muji = 0; $muji <= 100 / 3; $muji++) {          // 母鸡最多33只（100/3）
27. for ($xiaoji = 0; $xiaoji <= 100; $xiaoji++) {        // 小鸡数量（0到100）
28. if ($gongji + $muji + $xiaoji == 100 && $gongji * 5 + $muji * 3 + $xiaoji / 3 == 100) {
                                              // 判断是否满足条件
29. echo "<br>公鸡:$gongji, 母鸡:$muji, 小鸡:$xiaoji";     // 输出满足条件的结果
30. }
31. $count++;                                  // 每次循环计数器加1
32. }
33. }
34. }
35. echo "<br>运行次数：$count";                  // 输出总运行次数
36. echo "<h3>改进2：</h3>";
```

```php
37. $count = 0;                                                    // 重新初始化计数器
38. for ($gongji = 0; $gongji <= 100 / 5; $gongji++) {              // 公鸡最多20只
39. for ($muji = 0; $muji <= 100 / 3; $muji++) {                    // 母鸡最多33只
40. $xiaoji = 100 - $gongji - $muji;                                // 直接计算小鸡数量（总数为100）
41. if ($gongji * 5 + $muji * 3 + $xiaoji / 3 == 100) {             // 判断总价是否为100元
42. echo "<br>公鸡:$gongji, 母鸡:$muji, 小鸡:$xiaoji";                // 输出满足条件的结果
43. }
44. $count++;                                                       // 每次循环计数器加1
45. }
46. }
47. echo "<br>运行次数：$count";                                     // 输出总运行次数
48. echo "<h3>改进3：</h3>";
49. $count = 0;                                                     // 重新初始化计数器
50. for ($gongji = 0; $gongji <= 100 / 5; $gongji++) {              // 公鸡最多20只
51. for ($muji = 0; $muji <= (100 - $gongji * 5) / 3; $muji++) {    // 母鸡数量根据剩余金额动态限制
52. $xiaoji = 100 - $gongji - $muji;                                // 直接计算小鸡数量
53. if ($gongji * 5 + $muji * 3 + $xiaoji / 3 == 100) {             // 判断总价是否为100元
54. echo "<br>公鸡:$gongji, 母鸡:$muji, 小鸡:$xiaoji";                // 输出满足条件的结果
55. }
56. $count++;                                                       // 每次循环计数器加1
57. }
58. }
59. echo "<br>运行次数：$count";                                     // 输出总运行次数
60. echo "<h3>改进4：</h3>";
61. $count = 0;                                                     // 重新初始化计数器
62. for ($gongji = 0; $gongji <= 100 / 5; $gongji++) {              // 公鸡最多20只
63. for ($muji = 0; $muji <= (100 - $gongji * 5) / 3; $muji++) {    // 母鸡数量根据剩余金额动态限制
64. $xiaoji = 100 - $gongji - $muji;                                // 直接计算小鸡数量
65. if ($xiaoji % 3 != 0) {                                         // 小鸡数量必须是3的倍数，否则跳过
66. continue;                                                       // 跳过当前循环
67. }
68. if ($gongji * 5 + $muji * 3 + $xiaoji / 3 == 100) {             // 判断总价是否为100元
69. echo "<br>公鸡:$gongji, 母鸡:$muji, 小鸡:$xiaoji";                // 输出满足条件的结果
70. }
71. $count++;                                                       // 每次循环计数器加1
72. }
73. }
74. echo "<br>运行次数：$count";                                     // 输出总运行次数
75. ?>
```

76. </body>
77. </html>

思考与练习

一、填空题

1. 循环语句用于代码段的_____执行。PHP 中提供了 4 种循环语句：_____语句、_____语句、_____语句和_____语句。

2. for 循环语句的执行顺序：（1）先执行循环_____；（2）使用循环_____是否满足循环条件的要求；（3）若循环条件不存在，或其值为 true，则执行循环_____改变循环控制变量；（4）执行_____语句；（5）再次判断_____条件，或其值为 false，则循环_____；若其值为 true，则_____执行第（3）（4）步骤，直至_____循环条件，退出循环为止。

二、叙述题

1. 画出 for 循环语句流程图。
2. 画出 while 循环语句流程图。
3. 写出 while 循环语句的执行顺序。
4. 画出 do-while 循环语句流程图。
5. 写出 do-while 循环语句的执行顺序。
6. 画出 foreach 循环语句流程图。
7. 举例写出 foreach 循环语句的详细执行过程。
8. 利用循环设计网页，观察图案规律，在网页上输出，如图 2-5-15 所示的图案，其中的行数可以由变量$n 来控制，请尝试设计$n = 4 的网页与代码。

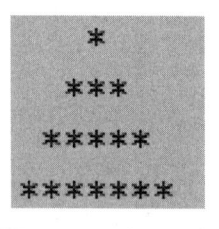

```
   *
  ***
 *****
*******
```

图 2-5-15　图案

9. 利用循环设计网页，观察图案规律，在网页上输出，如图 2-5-16 所示的图案，其中的行数可以由变量$n 来控制，请尝试设计$n = 4 的网页与代码。

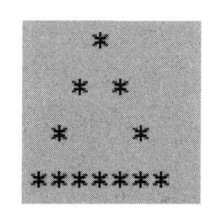

图 2-5-16　图案

10．利用循环设计网页，观察图案规律，在网页上输出，如图 2-5-17 所示图案，其中的行数可以由变量$n 来控制，请尝试设计$n = 4 的网页与代码。

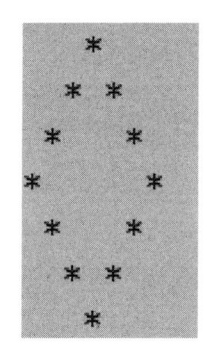

图 2-5-17　图案

11．利用 While 循环语句设计网页，求 7 到 17 自然数的和，效果如图 2-5-18 所示。

图 2-5-18　求 7 到 17 自然数的和效果图

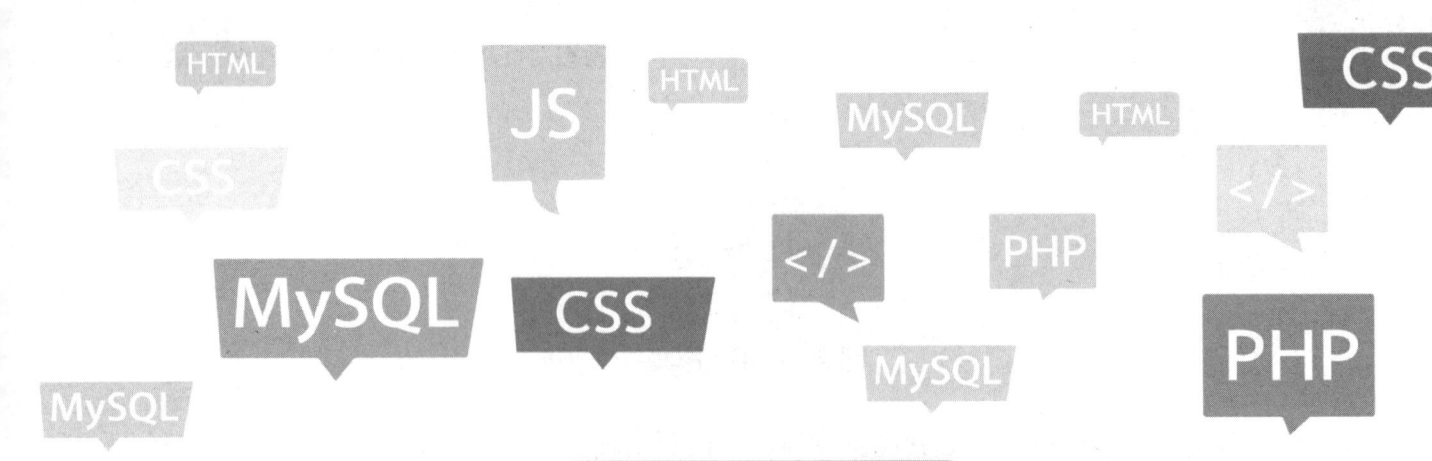

项目三

动态网页表单控件

项目引言

表单及其控件在动态网页的实现中扮演着至关重要的角色，为有效实现人机交互提供了必要的技术支持。这些表单及其控件不仅赋予了 PHP 更为丰富的功能，同时与 PHP 配合使其具备了可编程、可控制的特点。

在本项目中对网页表单的多种控件元素进行了深入介绍，详尽阐述了 PHP、HTML 表单及其控件的功能用途和施工应用；展示了表单<form>元素的定义、action 属性的作用、method 属性的用途、<label>标签的运用等；主要涵盖了表单的基本构造和属性设置，包括文本框文本输入控件，密码框控件安全输入隐藏密码及敏感信息，文本区域控件多行文本输入，单选按钮与复选框控件多个选项中进行选择，下拉列表可以提供选项，单击"提交"按钮发送数据至服务器处理，单击"重置"按钮将表单数据还原至初始状态。此外，还介绍了文件上传控件，用户能够上传文件，进一步展示每种控件的应用方法，每种控件属性参数设置及效果均得到详细阐述。

在本项目中通过公司业务合同管理及调查问卷活动两个施工任务，深入学习在动态网页中运用 HTML 表单控件的方法和 PHP 交互方面的技能，这两个施工任务有助于更好地理解和应用表单控件，以满足公司各种不同动态网页设计的需求。

能力目标

◆ 能掌握 HTML 表单使用方法
◆ 能掌握表单输入控件 input Text 设计动态网页技能
◆ 能掌握按钮和提交控件 Button 设计动态网页技能
◆ 能掌握选择和选项控件 input Checkbox、input Radio、select 设计动态网页技能
◆ 能掌握文本区域控件 textarea 设计动态网页技能

任务一

设计公司业务合同管理页面动态网页

⏱ 任务描述

鉴于公司业务的不断拓展和客户数量的不断增加，希望通过网站动态网页实现对合同的管理。为此，部门负责人指派工程师小明负责设计和开发合同管理系统的动态网页，该页面命名为"030101.php"。该动态网页将提供方便的合同管理功能，以满足公司与客户之间的合同管理需求。通过这个动态网页，相关人员能够更高效地处理和跟踪合同，提升管理效率，确保合同的准确执行。工程师小明负责确保该网页的设计和功能达到公司的要求，使其易于使用和操作。这个合同管理系统将成为公司管理合同的重要工具，帮助公司提供更好的客户服务，并确保合同的顺利执行。

任务描述设计页面效果，如图 3-1-1 所示。

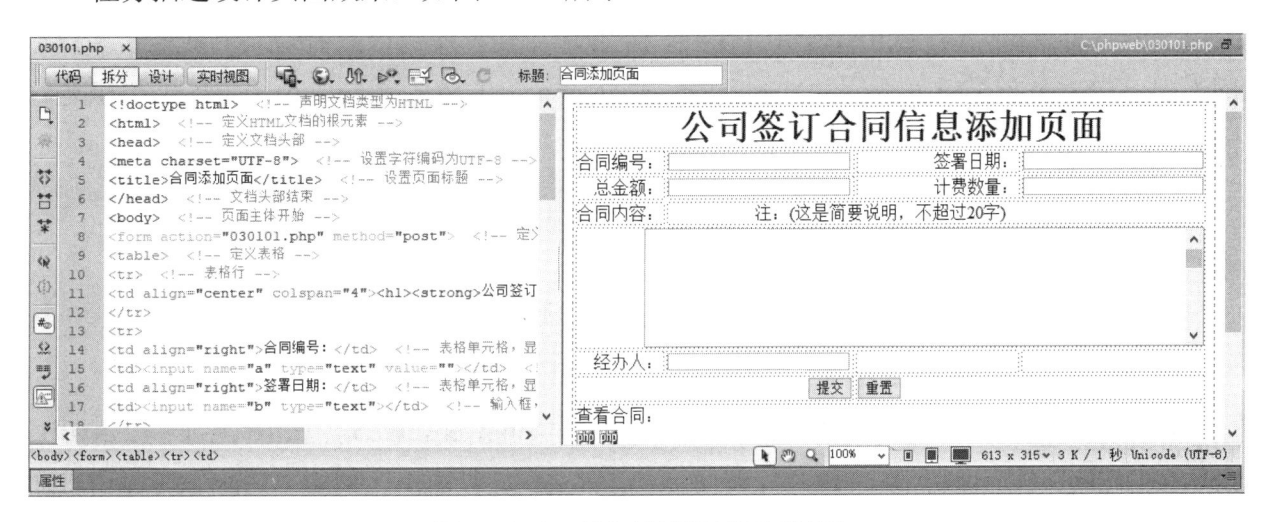

图 3-1-1 任务描述设计页面效果

🔍 任务分析

鉴于公司业务的拓展和客户数量的增加，公司决定通过开发网站动态网页实现对合同的管理。为此，委派工程师小明负责设计和开发名为"030101.php"的动态网页。该网页提供了合同添加功能和合同查看功能。

（1）网站规划参数。Web 站点路径：C:\phpweb，Web 测试 IP 地址：127.0.0.1，Web 测试端口号：8899。

（2）工程师小明将动态网页文件命名为"030101.php"，以便进行代码文件的组织和管理。

（3）合同添加页面的设计。

① 页面包含合同添加表单，通过 POST 方法将数据提交到"030101.php"动态网页。

② 表单中包括合同编号、签署日期、总金额、计费数量、合同内容和经办人等字段。

③ 用户可以在文本框中输入合同相关信息，并单击"提交"按钮将数据保存到系统中。

④ 页面还提供"重置"按钮，方便用户清空已填写的数据。

（4）合同查看功能的实现。

① 页面中包含合同信息展示区域。

② 如果接收到合同信息（通过 POST 请求），则展示合同编号、签署日期、总金额、计费数量、合同内容和经办人等字段。

③ 用户可以在该区域查看刚刚提交的合同信息。

（5）确保网页结果的正确性，任务施工结束时要进行测试与验收，记录主要施工技术参数。

"030101.php"动态网页将提供方便的合同管理功能，使公司能够高效地处理和跟踪合同，提升管理效率，确保合同的准确执行。通过这个合同管理系统，公司将能够提供更好的客户服务，并为公司的业务发展提供有力支持。

方法和步骤

1. 准备工作

按照网站规划参数进行配置。Web 站点路径：C:\phpweb，Web 测试 IP 地址：127.0.0.1，Web 测试端口号：8899。参照项目一中任务一、任务二、任务三，配置并启动 WAMP 环境，配置好 Dreamweaver 软件环境，如果已经配置并启动 WAMP 环境和 Dreamweaver 软件，此步骤可以略过。

2. 创建"030101.php"动态网页

（1）确认准备工作无误，启动 Dreamweaver 软件，单击"文件"菜单，选择"新建"选项，在弹出的对话框中单击"创建"按钮。再单击"文件"菜单，选择"保存"选项，弹出"另存为"对话框，文件名处输入"030101"，单击"保存"按钮。

（2）在网页上添加表单，并使用 POST 方法将数据提交到"030101.php"动态网页。

（3）在表单中添加合同编号、签署日期、总金额、计费数量、合同内容和经办人等文本字段。

（4）为每个文本字段添加相应的输入框或文本域，以供用户输入相关信息。

（5）提供"提交"按钮，使用户能够将填写的合同信息通过表单交至 PHP 来处理。

（6）添加"重置"按钮，方便用户清空已填写的数据。

3. 在"030101.php"动态网页中设计标题、表单与控件

在打开"030101.php"动态网页状态下，选择"设计""拆分""代码"选项，切换到方便设计编辑的视图。

（1）输入网页标题"公司签订合同信息添加页面"。

（2）单击"窗口"菜单，选择"插入"选项，调出插入面板，在插入面板中选择"表单"选项，调出表单面板，单击表单面板中的"常规"按钮，弹出"form-常规"对话框，操作处输入"030101.php"，方法处选择"post"选项，单击"确定"按钮，如图 3-1-2 所示。

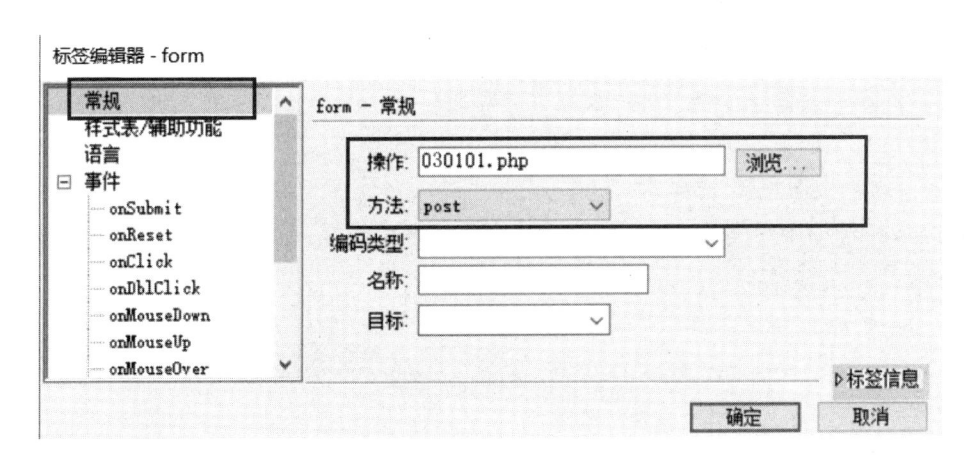

图 3-1-2 "form-常规"对话框

（3）参照图 3-1-1 在表单中插入 8 行 4 列的表格，并根据需要对单元格进行合并。

（4）参照图 3-1-1 在表单中输入文字"公司签订合同信息添加页面"，选中文字"公司签订合同信息添加页面"设置文字格式为"标题1"，按<Shift+Enter>组合键换行。

（5）参照图 3-1-1 在表单中插入 6 个"文本字段"控件、2 个"按钮"控件。

（6）分别在 6 个"文本字段"控件左侧对应位置输入"合同编号:""签署日期:""总金额:""计费数量:""合同内容：注：（这是简要说明，不超过 20 字）""经办人:"。

（7）参照图 3-1-1 在表格第 7 行的合适位置插入 2 个"按钮"控件，分别单击"按钮"控件，在属性面板中值处输入"提交"和"重置"，结果对照源代码第 43、44 行。

4. 在"030101.php"动态网页中输入 PHP 源代码

（1）单击"窗口"菜单，选择"插入"选项，调出插入面板，在插入面板中选择"PHP"选项，调出 PHP 面板，单击 PHP 面板中的"<?"按钮或"echo"按钮，在源代码编辑区域需要的位置自动插入<?php ?>和<?php echo ?>代码块。

（2）参照源代码第 7～9 行、第 48～55 行，输入 PHP 源代码（注意：为节约设计，注释可以省略，正式技术资料归档时，按照行业规范要求必须有详细规范的注释）。

通过以上步骤成功创建了名为"030101.php"的动态网页，并在其中添加了表单。该表单包含了合同编号、签署日期、总金额、计费数量、合同内容和经办人等字段，为每个字段提供了相应的输入框或文本域控件，以供用户输入相关信息，页面提供了"提交"按钮和"重置"按钮，分别用于保存填写的合同信息和清空已填写的数据。

5. "030101.php"动态网页源代码

```
01. <!doctype html>   <!-- 声明文档类型为HTML -->
02. <html>   <!-- 定义HTML文档的根元素 -->
03. <head>   <!-- 定义文档头部 -->
04. <meta charset="UTF-8">   <!-- 设置字符编码为UTF-8 -->
05. <title>合同添加页面</title>   <!-- 设置页面标题 -->
06. </head>   <!-- 文档头部结束 -->
07. <body>   <!-- 页面主体开始 -->
08. <form action="030101.php" method="post">   <!-- 定义表单，提交到030101.php -->
09. <table>   <!-- 定义表格 -->
10. <tr>   <!-- 表格行 -->
11. <td align="center" colspan="4"><h1><strong>公司签订合同信息添加页面</strong></h1></td>   <!-- 表格标题 -->
12. </tr>
13. <tr>
14. <td align="right">合同编号：</td>   <!-- 表格单元格，显示"合同编号" -->
15. <td><input name="a" type="text" value=""></td>   <!-- 输入框，用于输入合同编号 -->
16. <td align="right">签署日期：</td>   <!-- 表格单元格，显示"签署日期" -->
17. <td><input name="b" type="text"></td>   <!-- 输入框，用于输入签署日期 -->
18. </tr>
19. <tr>
20. <td align="right">总金额：</td>   <!-- 表格单元格，显示"总金额" -->
21. <td><input name="c" type="text"></td>   <!-- 输入框，用于输入总金额 -->
22. <td align="right">计费数量：</td>   <!-- 表格单元格，显示"计费数量" -->
23. <td><input name="d" type="text"></td>   <!-- 输入框，用于输入计费数量 -->
24. </tr>
```

25. `<tr>`
26. `<td align="right">`合同内容：`</td>`　　`<!-- `表格单元格，显示"合同内容"` -->`
27. `<td colspan="3">`　　　　　　　注：(这是简要说明，不超过20字)　　　　　　`</td>`　`<!-- `提示合同内容的简要说明 `-->`
28. `</tr>`
29. `<tr>`
30. `<td align="right" colspan="4">`
31. `<textarea name="e"　cols="72" rows="8"></textarea></td>`　　`<!-- `文本域，用于输入合同内容 `-->`
32. `</tr>`
33. `<tr>`
34. `<td align="right">`经办人：`</td>`　　`<!-- `表格单元格，显示"经办人"` -->`
35. `<td><input name="f" type="text"></td>`　　`<!-- `输入框，用于输入经办人 `-->`
36. `<td>`　　　　　` `　　　　`</td>`　　`<!-- `空单元格 `-->`
37. `<td>`　　　　　` `　　　　`</td>`　　`<!-- `空单元格 `-->`
38. `</tr>`
39. `<tr>`
40. `<td align="right" colspan="2"><input name="`保存`" type="submit" value="`提交`"></td>`　`<!-- `提交按钮 `-->`
41. `<td colspan="2"><input name="`重置`" value="`重置`" type="reset"></td>`　　`<!-- `重置按钮 `-->`
42. `</tr>`
43. `<tr>`
44. `<td align="left" colspan="4">` 查看合同：　　　　　　　`<br />`　　`<!-- `显示已提交的合同信息 `-->`
45. `<?php if( isset($_REQUEST['a']) ) {?>`　`<!-- `检查是否有提交的合同编号 `-->`
46. `<?php echo　'`合同编号`：'.$_REQUEST['a']; ?><br />`　`<!-- `显示合同编号 `-->`
47. `<?php echo　'`签署日期`：'.$_REQUEST['b']; ?><br />`　`<!-- `显示签署日期 `-->`
48. `<?php echo　'`总金额`：'.$_REQUEST['c']; ?><br />`　`<!-- `显示总金额 `-->`
49. `<?php echo　'`计费数量`：'.$_REQUEST['d']; ?><br />`　`<!-- `显示计费数量 `-->`
50. `<?php echo　'`合同内容`：'.$_REQUEST['e']; ?><br />`　`<!-- `显示合同内容 `-->`
51. `<?php echo　'`经办人`：'.$_REQUEST['f']; ?><br />`　`<!-- `显示经办人 `-->`
52. `<?php }?>`　`<!-- `结束条件判断 `-->`
53. `</td>`
54. `</tr>`
55. `</table>`
56. `</form>`
57. `</body>`　`<!-- `页面主体结束 `-->`
58. `</html>`　`<!-- HTML`文档结束 `-->`

"030101.php"动态网页拆分视图，如图3-1-3所示。

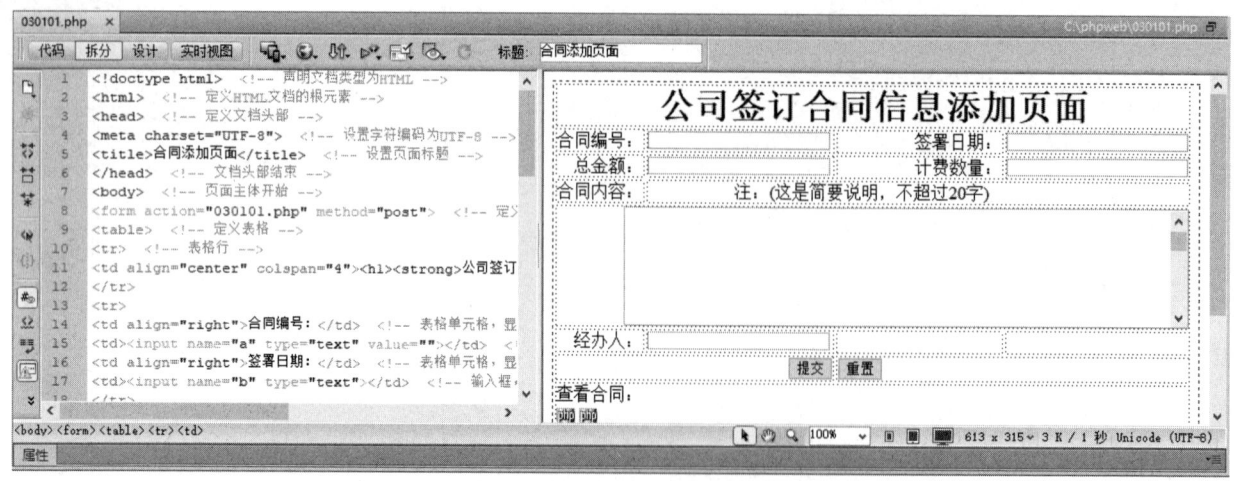

图 3-1-3 "030101.php"动态网页拆分视图

"030101.php"动态网页运行结果，如图 3-1-4 所示。

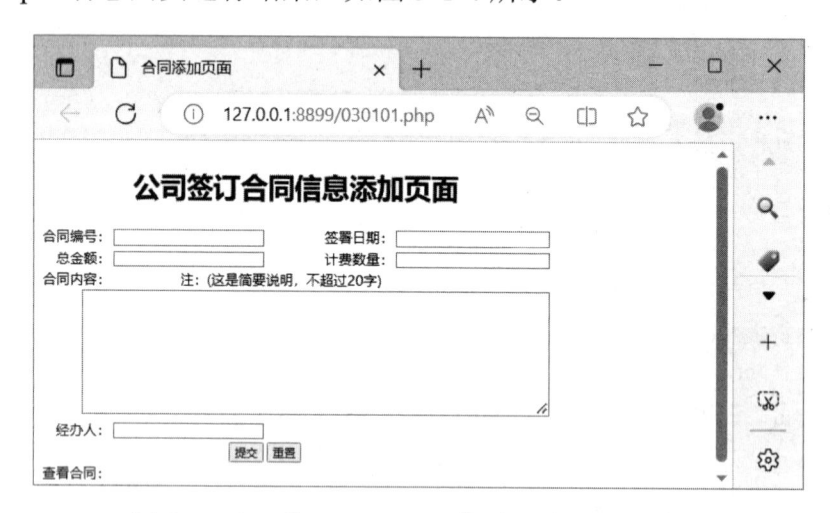

图 3-1-4 "030101.php"动态网页运行结果

相关知识与技能

1. HTML 表单

HTML 表单用于搜集不同的用户输入类型。HTML 表单包含表单元素，表单元素指的是不同类型的 input 元素、复选框、单选项、提交按钮等。

2. HTML 元素

HTML 元素包括<form>元素，用于定义 HTML 表单的格式如下。

<form>

</form>

3. action 属性

action 属性用于定义在提交表单时执行的动作。向服务器提交表单的方法是使用提交按钮，通常表单会被提交到 Web 服务器上的网页中。在上面的例子中，指定了某个服务器脚本来处理被提交的表单。如果省略 action 属性，则 action 会被设置为当前页面。action 属性格式如下。

```
<form action="" >

</form>
```

4. method 属性

method 属性规定了在提交表单时使用的 HTTP 方法，提交表单可以是 GET 或 POST 方法。method 属性默认的值是 GET，此时表单提交数据会显示在浏览器的地址栏中，这样信息易泄露，存在安全隐患。相较于 GET 方法，POST 方法具有更高的安全性，因此 POST 方法能适用于更多场景之中。method 属性格式如下。

```
<form action="action_page.php" method="get">
```

或

```
<form action="action_page.php" method="post">
```

5. 表单描述标签的使用

<label>标签为<input>元素定义标注，<label>元素不会向用户呈现任何特殊效果。不过，它为用户提升了可用性。如果在<label>元素内单击文本，就会触发此控件，使该控件获得焦点。当用户选择该标签时，浏览器就会自动将焦点转到和标签相关的表单控件上。<label>标签的 for 属性应当与相关元素的属性相同，其格式如下。

```
<label for="wenzi">文字</label>
<input type="text" id='wenz'>
```

6. value 属性

value 属性为<input>元素设定值。对于不同的输入类型，value 属性的用法也不同。type 类型为 button、reset、submit 时，作用是定义按钮上显示的文本；type 类型为 text、password、hidden 时，作用是定义输入字段的初始值（默认值）；type 类型为 checkbox、radio、image 时，作用是定义输入相关联的值。

7. maxlength 属性

maxlength 属性规定了输入字段的最大长度，以字符个数计算。maxlength 属性与<input type="text">或<input type="password">配合使用（有输入长度）。

8. size 属性

size 属性规定以字符数计的<input>元素的可见宽度。size 属性可限制表单的长度。

思考与练习

一、填空题

1. action 属性定义在_____表单时执行的_____。向_____提交表单的通常做法是使用_____，通常表单会被提交到_____服务器上的网页中。在本任务的例子中，指定了某个服务器_____来处理被提交的表单。如果省略 action 属性，则 action 会被设置为_____。

2. method 属性规定了在提交表单时使用的_____，提交表单可以是_____。

二、叙述题

1. 简述表单描述<label>标签的功能作用。
2. 简述表单控件 value 属性的功能作用。
3. 简述表单控件 maxlength 属性的功能作用。
4. 简述表单控件 size 属性的功能作用。
5. 设计动态网页：功能需求为公司原材料零件的管理。在表 3-1-1 中填入合适的控件，设置合适的属性。页面上包括编号、品名、规格、零件说明、产地、制造厂商、零件图片、采购日期、入库日期等信息。有"添加入库"按钮，当输入信息完成后，单击此按钮，在同一页面的下方显示原材料零件的信息。

表 3-1-1 公司原材料零件控件属性一览表

控 件	属 性	说 明
		编号
		品名
		规格
		零件说明
		产地
		制造厂商
		零件图片
		采购日期
		入库日期

任务二

设计公司调查问卷动态网页

任务描述

为了加强团队合作并提升公司文化水平，公司计划在即将到来的国庆节假期中举办一次活动。为了实现这一目标，行政部门希望网络信息部门能在公司网站上设计动态网页，并开展一项问卷调查活动。网络信息部门负责人将这项任务分配给了工程师小明，并要求他全力配合行政部门完成任务。

该任务要求工程师小明设计名为"030201.php"的动态网页，用于承载问卷调查。这个网页需要具备交互性和动态性，以确保用户能够顺利完成问卷。工程师小明需要使用适当的技术和工具来实现这个目标，确保动态网页的设计符合公司的品牌形象并满足用户体验要求。

工程师小明需要与行政部门密切合作，以确保问卷调查内容准确无误地呈现在动态网页上。工程师小明应该积极沟通，及时解决行政部门提出的需求和建议，并根据反馈及时进行调整和优化。为了保证任务顺利完成，工程师小明需要合理安排时间和资源，确保动态网页的设计、开发和测试任务按时完成。他还应与其他团队成员进行有效的协作，共同解决可能出现的技术问题，并保持良好的沟通和反馈机制。这项任务能够促进公司内部团队的协作和交流，同时提升员工对公司文化的认同感。部门负责人对工程师小明的能力和专业素质充满信心，相信他能够顺利完成这项任务。

工程师小明将完成名为"030201.php"的动态网页设计任务。任务描述设计页面效果，如图 3-2-1 所示。

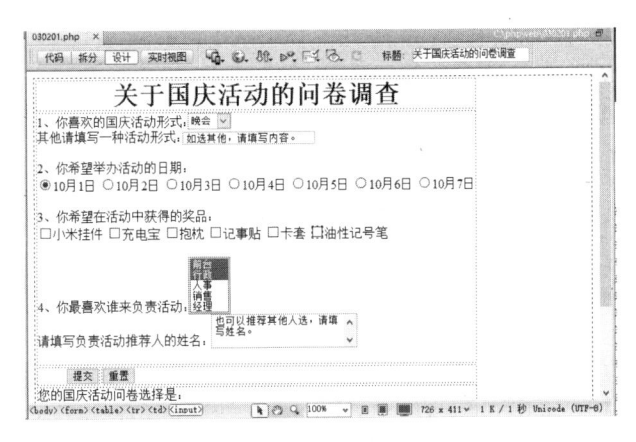

图 3-2-1 任务描述设计页面效果

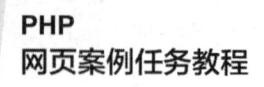

任务分析

工程师小明从部门负责人处接受了任务后,及时与行政部门联系,将问卷调查需求情况了解清楚并请领导确认。明确了需求后,着手设计问卷调查网页。参照任务描述,具体任务是设计问卷调查 PHP 动态网页,使用 HTML 和 PHP 进行编写,页面包含以下内容。

(1)网站规划参数。Web 站点路径:C:\phpweb,Web 测试 IP 地址:127.0.0.1,Web 测试端口号:8899。

(2)网页文件命名为"030201.php"。

(3)标题为"关于国庆活动的问卷调查"。

(4)使用 POST 方法将表单提交到"030201.php"进行处理。

(5)问卷调查包括以下问题。

① 选择喜欢的国庆活动形式,使用下拉列表进行选择,还包括文本输入框用于填写其他形式。

② 选择希望举办活动的日期,使用单选项进行选择。

③ 选择希望在活动中获得的奖品,使用复选框进行选择。

④ 选择最喜欢谁来负责活动,使用多选下拉列表进行选择,还包括文本输入框用于填写其他推荐人选的姓名。

(6)单击"提交"按钮或"重置"按钮用于操作表单数据。

(7)页面下方会显示用户选择的问卷调查结果。

(8)确保网页结果的正确性,任务施工结束时要进行测试与验收,记录主要施工技术参数。

网页代码设计完成后,网页中包含 PHP 代码,也能处理表单数据并显示结果。为使该代码运行正常,WAMP 环境需要将其保存为"030201.php"文件,并在支持 PHP 的服务器上运行。

方法和步骤

1. 准备工作

按照网站规划参数进行配置,Web 站点路径:C:\phpweb,Web 测试 IP 地址:127.0.0.1,Web 测试端口号:8899。参照项目一中任务一、任务二、任务三,配置并启动 WAMP 环境,配置好 Dreamweaver 软件,如果已经配置并启动 WAMP 环境和 Dreamweaver 软件,此步骤可以略过。

2. 创建"030201.php"动态网页

（1）确认准备工作无误，启动 Dreamweaver 软件，单击"文件"菜单，选择"新建"选项，在弹出对话框中单击"创建"按钮。再单击"文件"菜单，选择"保存"选项，弹出"另存为"对话框，文件名处输入"030201"，单击"保存"按钮。

（2）设置页面标题为"关于国庆活动的问卷调查"。

（3）在网页上添加表单，并使用 POST 方法将数据提交到"030201.php"动态网页上。

（4）在表单中添加 4 个问题，要求用户选择喜欢的国庆活动形式，可以选择预设选项或填写其他形式；要求用户选择希望举办活动的日期，提供多个单选项以供选择；要求用户选择希望在活动中获得的奖品，提供多个复选框选项以供选择；要求用户选择最喜欢谁来负责活动，提供多个预设选项以供选择，并提供文本框用于填写推荐其他人选的姓名。

（5）为每个字段添加相应的表单控件，包括文本框、单选项组、复选框组、下拉列表、文本区域等控件，以供用户输入相关信息。

（6）提供"提交"按钮，使用户能够将填写的问卷信息通过表单提交至 PHP 处理。添加"重置"按钮，方便用户清空已填写的表单数据。

3. 在"030201.php"动态网页中设计标题、表单与控件

在打开"030201.php"动态网页状态下，选择"设计""拆分""代码"选项，切换到方便设计编辑的视图。

（1）输入网页标题"关于国庆活动的问卷调查"。

（2）单击"窗口"菜单，选择"插入"选项，调出插入面板，在插入面板中选择"表单"选项，调出表单面板，单击表单面板中的"常规"按钮，弹出"form-常规"对话框，操作处输入"030201.php"，方法处选择"post"选项，单击"确定"按钮，如图 3-2-2 所示。

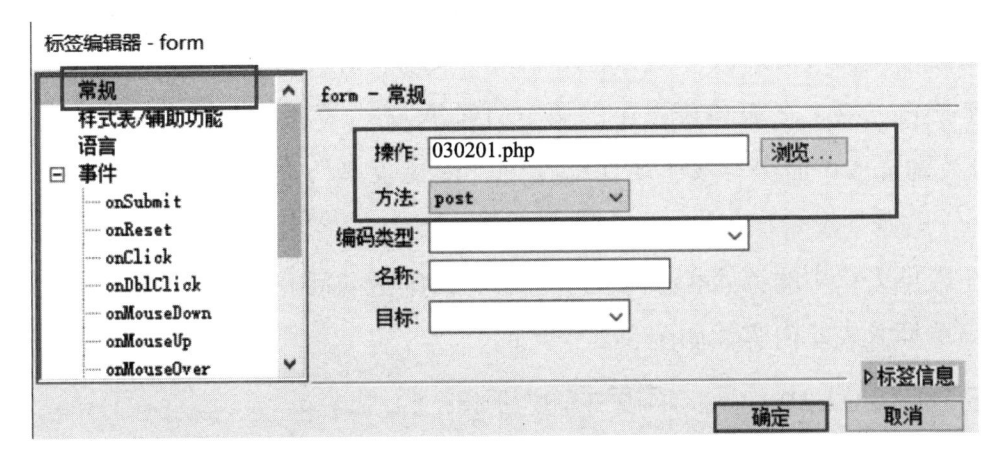

图 3-2-2 "form-常规"对话框

（3）参照图 3-2-1 在表单中插入 4 行 1 列的表格。

（4）参照图 3-2-1 在表格第一行中进行如下操作。

输入文字"关于国庆活动的问卷调查"，并设置文字格式为"标题 1"。

（5）参照图 3-2-1 在表格第二行中进行如下操作。

- 输入文字"1．你喜欢的国庆活动形式："，插入表单控件"选择（列表/菜单）"，选择插入的"选择"控件，类型为"列表"，在属性面板中单击"列表值"按钮，弹出"列表值"对话框，单击"+"按钮，添加项目和值，具体项目名称和对应值，见源代码第 21～26 行，单击"列表值"对话框中"确定"按钮。

- 输入文字"其他请填写一种活动形式：如选其他，请填写内容。"，插入表单控件"文本框"，文本框初始值为"如选其他，请填写内容。"。

- 输入文字"2．你希望举办活动的日期："，按<Shift+Enter>组合键换行，插入表单控件"单选项组"，单选项组名称为"c"，弹出"列表值"对话框，单击"+"按钮，添加标签和值，具体为"10 月 1 日""10 月 2 日""10 月 3 日""10 月 4 日""10 月 5 日""10 月 6 日""10 月 7 日"。

- 输入文字"3．你希望在活动中获得的奖品："，按<Shift+Enter>组合键换行，插入表单控件"复选框组"，复选框组名称为"key[]"，弹出"列表值"对话框，单击"+"按钮，添加复选框标签和值，具体为"小米挂件""充电宝""抱枕""记事贴""卡套""油性记号笔"。

- 输入文字"4．你最喜欢谁来负责活动："，插入表单控件"选择（列表/菜单）"，选择插入的"选择"控件，类型为"列表"，高度为 5，在属性面板中单击"列表值"，弹出"列表值"对话框，单击"+"按钮，添加项目和值为"前台""行政""人事""销售""经理"。

- 输入文字"请填写负责活动推荐人的姓名："，插入表单控件"文本区域"，选择插入的该控件，输入初始值"也可以推荐其他人选，请填写姓名。"。

（6）参照图 3-2-1 在表单表格中的第三行插入 2 个"按钮"控件，按钮值分别改为"提交"和"重置"。"提交"按钮属性动作为"提交表单"，"重置"按钮属性动作为"重设表单"。

（7）在表单表格中的第四行输入文字"您的国庆活动问卷选择是："。

（8）菜单插入表单内容，如图 3-2-3 所示。

4．在"030201.php"动态网页中输入 PHP 源代码

（1）单击"窗口"菜单，选择"插入"选项，调出插入面板，在插入面板中选择"PHP"

选项，调出 PHP 面板，单击 PHP 面板中的"<?"按钮或"echo"按钮，在源代码编辑区域需要的位置自动插入<?php ?>和<?php echo ?>代码块。

（2）参照源代码第 72～94 行，输入 PHP 源代码（注意：为节约设计，注释可以省略，正式技术资料归档时，按照行业规范要求必须有详细规范的注释）。

通过以上步骤成功创建了名为"030201.php"的动态网页，并在其中添加了表单、控件和文字提示信息，以供用户输入相关信息或进行选择，页面提供了"提交"按钮和"重置"按钮，分别用于提交填写的信息和清空已填写的数据。

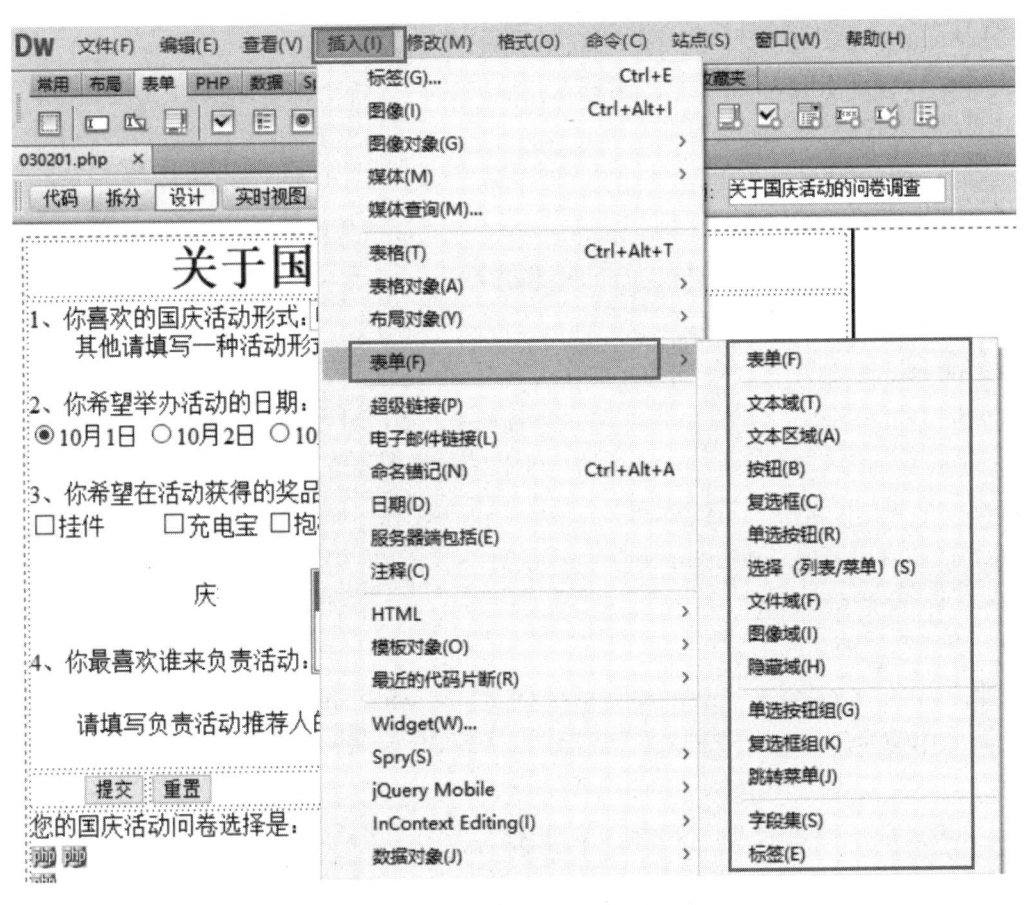

图 3-2-3 菜单插入表单内容

5. "030201.php"动态网页源代码

```
01. <!doctype html> <!-- HTML文档类型声明 -->
02. <html> <!-- HTML根元素 -->
03. <head> <!-- 文档头部 -->
04. <meta charset="UTF-8"> <!-- 设置字符编码为UTF-8 -->
05. <title>关于国庆活动的问卷调查</title> <!-- 设置页面标题 -->
06. </head> <!-- 头部结束 -->
07. <?php                    // PHP代码开始标签
08. $a = "";                 // 初始化变量$a为空字符串
```

09. ?> <!-- PHP代码结束标签 -->
10. <body> <!-- 页面主体 -->
11. <form action="030201.php" method="post"> <!-- 创建表单，数据将通过POST方法提交到"030201.php"处理 -->
12. <table> <!-- 创建表格 -->
13. <tr> <!-- 行开始 -->
14. <td align="center" colspan="4"><h1>关于国庆活动的问卷调查</h1></td> <!-- 表格单元格，居中对齐，跨4列，包含标题 -->
15. </tr> <!-- 行结束 -->
16. <tr> <!-- 行开始 -->
17. <td align="left" colspan="4"> <!-- 表格单元格，左对齐，跨4列 -->
18. <!-- 问题1：选择喜欢的国庆活动形式 -->
19. 1、你喜欢的国庆活动形式：
20. <select name="a"> <!-- 下拉菜单，name为"a"，选中的值将作为表单字段的值 -->
21. <option value="晚会" selected="selected">晚会</option> <!-- 下拉菜单选项，值为"晚会"，默认选中 -->
22. <option value="聚餐">聚餐</option> <!-- 下拉菜单选项，值为"聚餐" -->
23. <option value="K歌">K歌</option> <!-- 下拉菜单选项，值为"K歌" -->
24. <option value="旅游">旅游</option> <!-- 下拉菜单选项，值为"旅游" -->
25. <option value="联谊">联谊</option> <!-- 下拉菜单选项，值为"联谊" -->
26. <option value="其他">其他</option> <!-- 下拉菜单选项，值为"其他" -->
27. </select>
 <!-- 换行 -->
28. <!-- 其他形式的输入框 -->
29. 其他请填写一种活动形式：<input name="b" type="text" value="如选其他，请填写内容。">

 <!-- 文本输入框，name为"b"，默认值为"如选其他，请填写内容。"，换行 -->
30. <!-- 问题2：选择希望举办活动的日期 -->
31. 2、你希望举办活动的日期：
 <!-- 换行 -->
32. <input name="c" type="radio" value="10月1日" checked="CHECKED">10月1日 <!-- 单选按钮，name为"c"，值为"10月1日"，默认选中 -->
33. <input name="c" type="radio" value="10月2日">10月2日 <!-- 单选按钮，name为"c"，值为"10月2日" -->
34. <input name="c" type="radio" value="10月3日">10月3日 <!-- 单选按钮，name为"c"，值为"10月3日" -->
35. <input name="c" type="radio" value="10月4日">10月4日 <!-- 单选按钮，name为"c"，值为"10月4日" -->
36. <input name="c" type="radio" value="10月5日">10月5日 <!-- 单选按钮，name为"c"，值为"10月5日" -->
37. <input name="c" type="radio" value="10月6日">10月6日 <!-- 单选按钮，name为"c"，值为"10月6

38. `<input name="c" type="radio" value="10月7日">10月7日<br /><br />` <!-- 单选按钮，name为"c"，值为"10月7日"，换行 -->

39. `<!-- 问题3：选择希望在活动中获得的奖品 -->`

40. 3、你希望在活动中获得的奖品：`<br />` <!-- 换行 -->

41. `<input name="key[]" type="checkbox" value="小米挂件">小米挂件` <!-- 复选框，name为"key[]"，值为"小米挂件" -->

42. `<input name="key[]" type="checkbox" value="充电宝">充电宝` <!-- 复选框，name为"key[]"，值为"充电宝" -->

43. `<input name="key[]" type="checkbox" value="抱枕">抱枕` <!-- 复选框，name为"key[]"，值为"抱枕" -->

44. `<input name="key[]" type="checkbox" value="记事贴">记事贴` <!-- 复选框，name为"key[]"，值为"记事贴" -->

45. `<input name="key[]" type="checkbox" value="卡套">卡套` <!-- 复选框，name为"key[]"，值为"卡套" -->

46. `<input name="key[]" type="checkbox" value="油性记号笔">油性记号笔<br /><br />` <!-- 复选框，name为"key[]"，值为"油性记号笔"，换行 -->

47. `<!-- 问题4：选择最喜欢谁来负责活动 -->`

48. 4、你最喜欢谁来负责活动：

49. `<select name="eee[]" size="5" multiple="MULTIPLE">` <!-- 下拉菜单，name为"eee[]"，可以多选，可见选项数量为5 -->

50. `<option value="前台" selected="selected">前台</option>` <!-- 下拉菜单选项，值为"前台"，默认选中 -->

51. `<option value="行政" selected="selected">行政</option>` <!-- 下拉菜单选项，值为"行政"，默认选中 -->

52. `<option value="人事">人事</option>` <!-- 下拉菜单选项，值为"人事" -->

53. `<option value="销售">销售</option>` <!-- 下拉菜单选项，值为"销售" -->

54. `<option value="经理">经理</option>` <!-- 下拉菜单选项，值为"经理" -->

55. `</select><br />` <!-- 换行 -->

56. `<!-- 推荐人的姓名 -->`

57. 请填写负责活动推荐人的姓名：

58. `<textarea name="f" rows="3">也可以推荐其他人选，请填写姓名。</textarea>` <!-- 多行文本输入框，name为"f"，可见行数为3，默认内容为"也可以推荐其他人选，请填写姓名。" -->

59. `<br /><br />` <!-- 换行 -->

60. `</td>` <!-- 表格单元格结束 -->

61. `</tr>` <!-- 行结束 -->

62. `<tr>` <!-- 行开始 -->

63. `<td align="right" colspan="2"><input name="保存" type="submit" value="提交"></td>` <!-- 表格单

元格，右对齐，跨2列，提交按钮 -->

64. <td colspan="2"><input name="重置" value="重置" type="reset"></td> <!-- 表格单元格，跨2列，重置按钮 -->

65. </tr> <!-- 行结束 -->

66. <tr> <!-- 行开始 -->

67. <td align="left" colspan="4"> 您的国庆活动问卷选择是：　　　　　
 <!-- 表格单元格，左对齐，跨4列 -->

68. <?php if (isset($_REQUEST['a'])) { ?> <!-- PHP条件判断，检查变量"a"是否存在 -->

69. <?php echo '1、你喜欢的国庆活动形式：' . $_REQUEST['a']; ?>
 <!-- 输出字符串，包含变量"a"的值 -->

70. <?php echo '　　你喜欢的国庆活动的其他形式：' . $_REQUEST['b']; ?>
 <!-- 输出字符串，包含变量"b"的值 -->

71. <?php echo '2、你希望举办活动的日期：' . $_REQUEST['c']; ?>
 <!-- 输出字符串，包含变量"c"的值 -->

72. <?php

73. $dd = "";　　　　　　　　　　　　// 初始化变量$dd为空字符串

74. $key = $_POST["key"];　　　　　　// 获取表单字段"key[]"的值，赋给变量$key

75. for ($i = 0; $i < count($key); $i++) {　// 循环遍历$key数组

76. $dd .= $key[$i] . " ";　　　　　　// 将$key数组的值连接到字符串$dd后面，加上空格

77. }

78. echo '3、你希望在活动中获得的奖品：' . $dd; ?>
 <!-- 输出字符串，包含变量$dd的值 -->

79. <?php echo '4、你最喜欢谁来负责活动：';

80. if (isset($_POST["eee"])) {　　　　// PHP条件判断，检查变量"eee"是否存在

81. $eee = $_POST["eee"];　　　　　　// 获取表单字段"eee[]"的值，赋给变量$eee

82. for ($i = 0; $i < count($eee); $i++) {　// 循环遍历$eee数组

83. echo $eee[$i] . " ";　　　　　　　// 输出$eee数组的值，并加上空格

84. }

85. } ?>

86. <?php echo '
推荐人的姓名：' . $_REQUEST['f']; ?>
 <!-- 输出字符串，包含变量"f"的值 -->

87. <?php } ?>

88. </td> <!-- 表格单元格结束 -->

89. </tr> <!-- 行结束 -->

90. </table> <!-- 表格结束 -->

91. </form> <!-- 表单结束 -->

92. </body> <!-- 主体结束 -->

93. </html> <!-- HTML结束 -->

"030201.php"动态网页拆分视图，如图 3-2-4 所示。

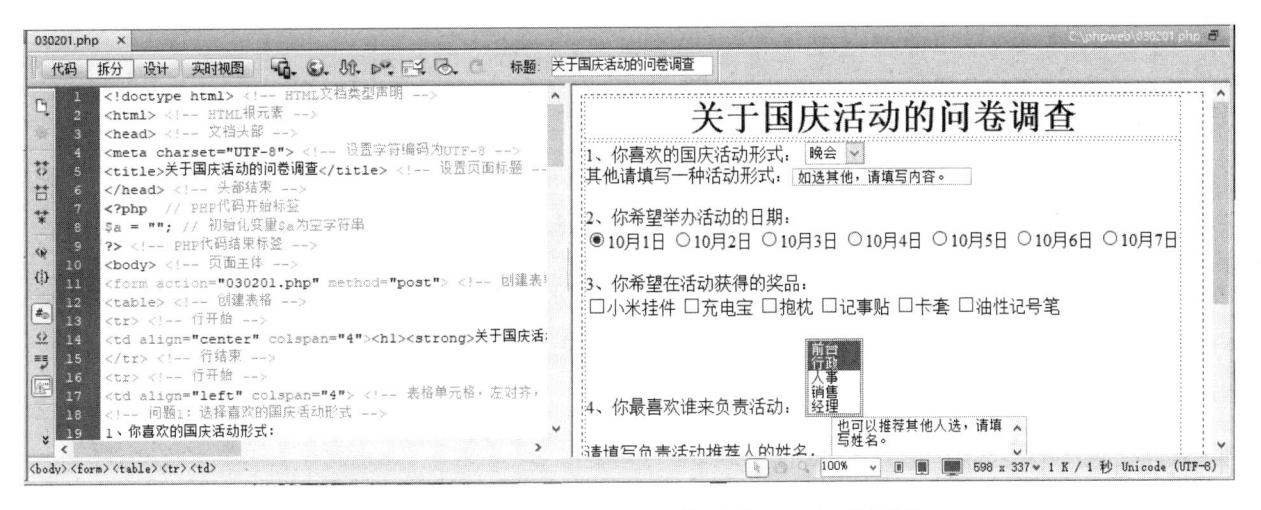

图 3-2-4 "030201.php"动态网页拆分视图

"030201.php"动态网页运行结果，如图 3-2-5 所示。

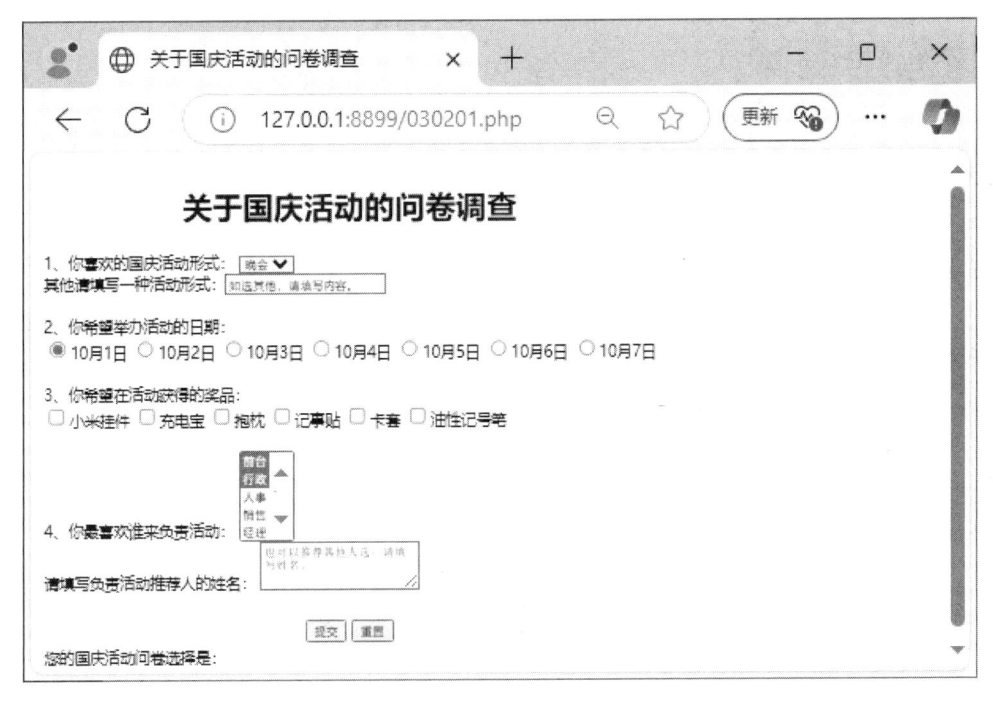

图 3-2-5 "030201.php"动态网页运行结果

相关知识与技能

1. 表单（form）

表单是网页上用于收集用户输入的信息并将其提交给服务器进行处理的一种交互方式。通过表单，用户可以输入和提交数据。例如，注册账号、登录账号、提交评论或进行在线购买等操作。表单使用表单标签<form>来设置，表单<form>至</form>结束。表单内可以设置各种表单控件元素，如文本框、单选项、复选框、下拉列表等。

表单参数设置如下。

action 属性：指定处理表单数据的 URL，告诉浏览器将表单数据发送到服务器进行处理。

method 属性：指定提交表单数据的方法，有 GET 和 POST 两种常见的方法。GET 方法是将表单数据附加在 URL 上，POST 方法则是将数据放在请求的正文中。

表单是网页上的一种工具，用于收集用户输入的数据并将其发送到服务器进行处理，以实现各种功能。例如，用户注册、评论提交等。通过合理设置表单的参数和控件，可以有效地收集用户信息并进行相应的处理。

```
<form action="处理表单的URL" method="提交方法">
  <!--表单控件-->
  <!--表单内可以设置多个各种表单控件-->
</form>
```

2. 文本框（text input）

文本框用于用户输入文本信息。使用<input>标签，设置 type="text"属性，可以通过 id 和 name 属性来标识和处理数据。

```
<form>
国家强大<input type="text" name="gjqd"><br>
民族复兴<input type="text" name="mzfx">
</form>
```

文本框浏览器显示效果，如图 3-2-6 所示。

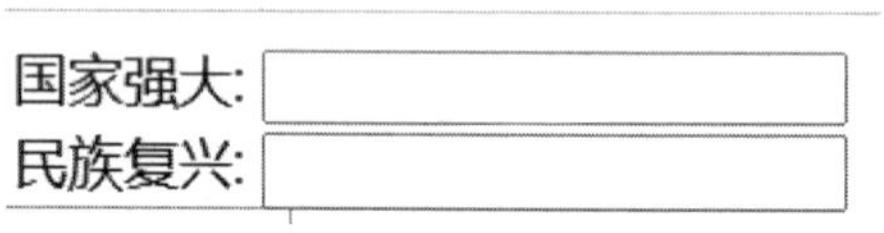

国家强大：
民族复兴：

图 3-2-6　文本框浏览器显示效果

注意：表单本身并不可见。在大多数浏览器中，文本框的默认宽度是 20 个字符。

3. 密码框（password input）

密码框用于用户输入密码或敏感信息。使用<input>标签，设置 type="password"属性，可以通过 id 和 name 属性来标识和处理数据（注意：密码字段字符不会明文显示，而是以星号或圆点替代）。

```
<form>
Password<input type="password" name="pwd">
</form>
```

密码框浏览器显示效果，如图 3-2-7 所示。

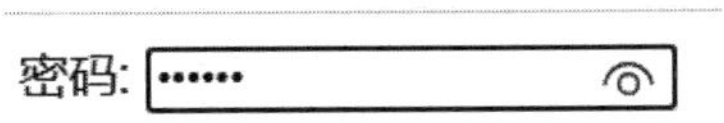

密码：●●●●●●　　　👁

图 3-2-7　密码框浏览器显示效果

4. 文本区域（text area）

文本区域用于用户输入多行文本。使用<textarea>标签，可以设置 id 和 name 属性，通过 rows 和 cols 属性调整大小。

```
<form>
<label for="message">留言：</label>
<textarea id="message" name="message" rows="4" cols="50" placeholder="请在此处留言">
</textarea>
</form>
```

文本区域浏览器显示效果，如图 3-2-8 所示。

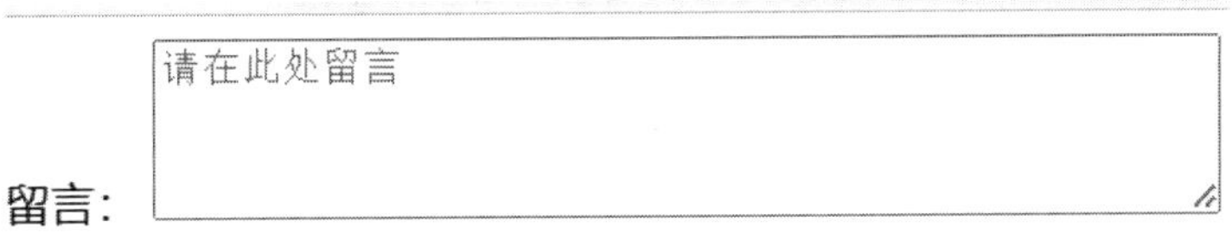

留言：　请在此处留言

图 3-2-8　文本区域浏览器显示效果

5. 单选按钮（radio button）

单选按钮用于在一组选项中选择一个选项，可以通过 id、name 和 value 属性来标识选项。

```
<form> 性别：
<input name="女" type="radio" value="女" />
<input name="男" type="radio" value="男" />
</form>
```

单选按钮浏览器显示效果，如图 3-2-9 所示。

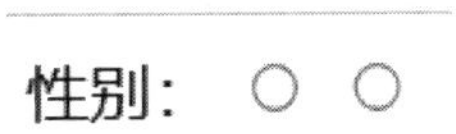

性别：　○　○

图 3-2-9　单选按钮浏览器显示效果

6. 单选按钮组

单选按钮组是一组互斥的选项，用户只能选择同组中的一个选项，用于在一组选项中选择单一选项，常用于选择单一选项的场景，如测验中的单选题等，可以通过 id、name 和 value 属性来标识选项。

```
<form>性别：
    <label><input type="radio" name="xb" value="男" id="xb_0" />男</label>
```

```
<label><input type="radio" name="xb" value="女" id="xb_1" />女</label>
</form>
```

单选按钮组浏览器显示效果，如图 3-2-10 所示。

性别：　○ 男　○ 女

图 3-2-10　单选按钮组浏览器显示效果

7. 复选框

复选框用于在多个选项中选择一个或多个选项，可以通过 id、name 和 value 属性来标识选项。

```
<form>中国智造：
<input type="checkbox" name="vehicle" value="新能源车">新能源车
<input type="checkbox" name="vehicle" value="无人机">无人机
</form>
```

复选框浏览器显示效果，如图 3-2-11 所示。

中国智造：□新能源车　□无人机

图 3-2-11　复选框浏览器显示效果

8. 复选框组

复选框组是一组独立的选项，用户可以在组内多个选项中选择一个或多个选项，用于在多个选项中进行多项选择，常用于选择多个选项的场景，如兴趣爱好、多选题等，可以通过 id、name 和 value 属性来标识选项。

```
<form>
<label>兴趣爱好：</label><br>
<input type="checkbox" id="music" name="interests[]" value="music">
<label for="music">音乐</label>
<input type="checkbox" id="sports" name="interests[]" value="sports">
<label for="sports">运动</label>
<input type="checkbox" id="reading" name="interests[]" value="reading">
<label for="reading">阅读</label>
</form>
```

复选框组浏览器显示效果，如图 3-2-12 所示。

兴趣爱好：
□ 音乐 □ 运动 □ 阅读

图 3-2-12　复选框组浏览器显示效果

9. 下拉列表

下拉列表可以提供选项供用户选择。使用<select>和<option>标签，通过 id、name 和 value 属性来标识选项。

```
<form>
<label for="country">国家：</label>
<select id="country" name="country">
  <option value="china">中国</option>
  <option value="usa">美国</option>
  <option value="uk">英国</option>
</select>
</form>
```

下拉列表浏览器显示效果，如图 3-2-13 所示。

图 3-2-13　下拉列表浏览器显示效果

10. 提交按钮

提交按钮用于提交表单数据给服务器进行处理。提交按钮使用<input>标签，设置 type="submit"属性，显示"提交"按钮供用户单击。当用户单击提交按钮时，表单的控件内容会被传送到指定 URL 网页文件。表单的动作属性定义了目的文件的文件名。由动作属性定义的文件通常会对接收到的输入数据进行相关的处理。

```
<form name="input" action="html_form_action.php" method="get">
用户名<input type="text" name="user">
<input type="submit" value="提交用户名">
</form>
```

提交按钮浏览器显示效果，如图 3-2-14 所示。

图 3-2-14　提交按钮浏览器显示效果

11. 重置按钮

重置按钮用于重置表单中的所有控件，输入为默认值。该控件使用<input>标签，设置 type="reset"属性，显示"重置"按钮供用户单击。

```
<form name="input" action="html_form_action.php" method="get">
<input type="reset" value="重置">
</form>
```

重置按钮浏览器显示效果，如图 3-2-15 所示。

图 3-2-15　重置按钮浏览器显示效果

12. 文件上传

文件上传用于用户选择并上传文件。该控件使用<input>标签，设置 type="file"属性，通过 id 和 name 属性来标识和处理文件。

```
<form action="" >
<input type="file" size="20">
</form>
```

文件上传浏览器显示效果，如图 3-2-16 所示。

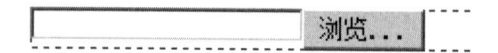

图 3-2-16　文件上传浏览器显示效果

思考与练习

一、填空题

1. ＿＿＿＿是网页上用于＿＿＿＿并将其＿＿＿＿方式。通过表单，用户可以＿＿＿＿数据，如登录账号、注册账号、提交评论或进行在线购买等操作。

2. 表单使用表单标签<form>来设置，表单<form>起始至</form>结束。表单内可以设置各种表单控件元素，如＿＿＿＿、＿＿＿＿、＿＿＿＿、＿＿＿＿等。

二、叙述题

1. 简述表单参数设置的作用，以及 action 属性、method 属性、get 属性和 post 属性的功能作用。

2. 简述文本框的主要作用，并举例说明。

3. 简述密码框的主要作用，并举例说明。

4. 简述文本区域的主要作用，并举例说明。

5．简述单选按钮、单选按钮组的主要作用，并举例说明。
6．简述复选框、复选框组的主要作用，并举例说明。
7．简述下拉列表的主要作用，并举例说明。
8．简述提交按钮、重置按钮的主要作用，并举例说明。
9．简述文件上传的主要作用，并举例说明。

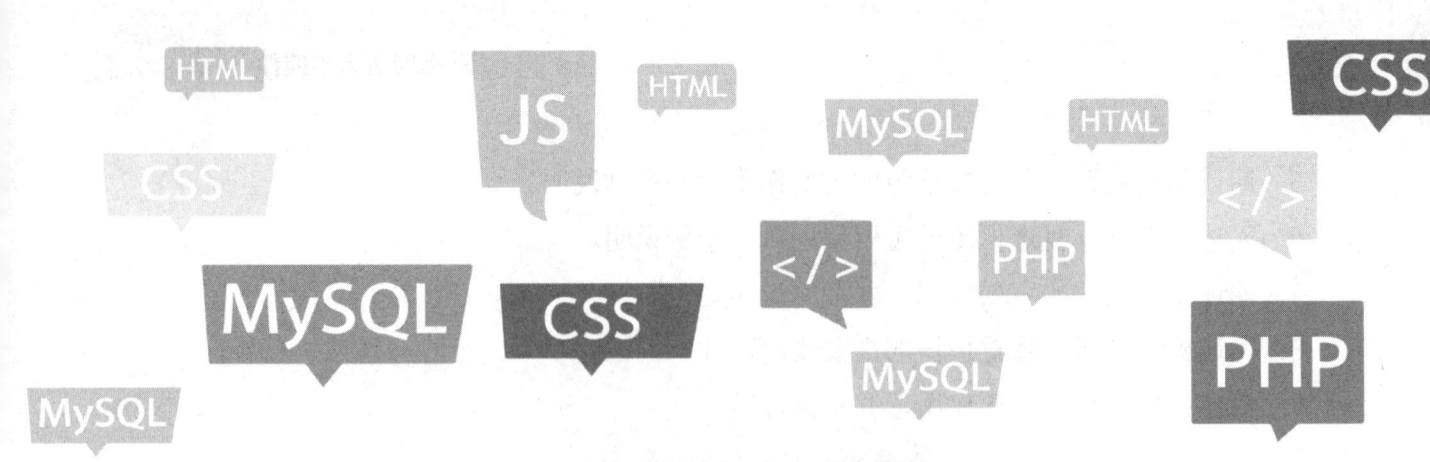

项目四

MySQL 留言数据库基本操作

项目引言

MySQL 数据库是目前流行的关系数据库之一，MySQL 留言数据库基本操作项目主要有以下内容。

先在 MySQL 数据库中建立留言数据库，然后使用 MySQL 数据库进行数据库表设计。通过 Web 方式或第三方软件，以图形或命令等方式，创建名为"liuyan"的数据库，包含管理员数据表（guanliyuan）、留言信息数据表（liuyan）和客户数据表（kehu）。为提高公司服务器数据库的安全性，以保证数据库数据的安全和完整，对公司 MySQL 留言数据库进行用户相应权限设置操作，为确保"liuyan"数据库的数据安全和稳定，对数据库执行手动备份、自动备份、还原公司数据库的操作。整个项目实施过程中，还需要掌握 SQL 基本语句，完成操作数据库和数据表的任务。

能力目标

- ◆ 能在数据库系统中用向导创建数据库
- ◆ 能在指定数据库中用向导创建数据表
- ◆ 能在数据库系统中创建用户并设置相应权限
- ◆ 能在数据库系统中备份、还原、分离与附加数据库
- ◆ 能掌握 SQL 基本语句操作数据库和数据表

任务一

创建公司留言数据库和相关数据表

任务描述

为了更好地与客户进行沟通，公司计划在网站内增加用户留言功能和回复功能。为此，网络信息部门委派工程师小明负责数据库的设计任务。针对此任务，部门领导决定采用 MySQL 留言数据库，并在系统中创建名为"liuyan"的数据库，其中包含管理员数据表（guanliyuan）、留言信息数据表（liuyan）和客户数据表（kehu）。

工程师小明将负责创建这些数据库和数据表，并进行必要的配置和优化。这将为公司提供可靠的平台，使客户能够留言并得到公司的及时回复。我们期待工程师小明按照规定的路径和名称完成对数据库的部署，并确保访问凭证的安全性。这项任务对于提升公司与客户之间的沟通效率至关重要，我们对工程师小明的工作充满信心，并期待他取得良好的成绩。

数据库访问账号用户名为"root"，密码为"168168"，IP 地址为"127.0.0.1"。数据库包含如表 4-1-1、表 4-1-2 和表 4-1-3 所示的三张数据表。

表 4-1-1 管理员数据表（guanliyuan）

编号	用户名	密码	级别
1	Laoban	laoban123	0
2	Xiaoming	xiaoming1	1

表 4-1-2 留言信息数据表（liuyan）

编号	留言标题	留言内容	客户编号	留言时间	回复内容	管理员编号	回复时间
1	需要工业投影机	请把产品信息发送到我邮箱 kh1@***.com	1	2024-10-01 11:23:45	已经发送到 WAMP 邮箱请查收	2	2024-10-01 11:26:45
2	电子白板有82寸的吗？	需要 82 寸的电子白板，请问你们有吗？	2	2024-10-02 16:34:23	电子白板有78寸、80寸和82寸的	1	2024-10-01 16:37:42

表 4-1-3 客户数据表（kehu）

编号	单位	通信地址	邮政编码	固定电话	联系人	手机号	电子邮箱
1	北京某中学	北京市朝阳区某路某号	1000**	010-6466****	李老师	135-0123-****	lilaoshi*@163.com
2	上海某公司	上海市中山东路某号	2000**	021-6321****	张经理	189-1620-****	jackzh*@126.com

任务分析

根据任务描述，工程师小明需要按照任务要求进行数据库设计，并确保正确建立数据库和数据表。三张数据表的字段等详细参数如表 4-1-4、表 4-1-5 和表 4-1-6 所示。

表 4-1-4 管理员数据表"guanliyuan"的字段

字段名	类型	是否允许空	初始值	自动增1主键否	说明
gly_id	整数	否	无	是	编号
gly_yonghuming	字符串（20）	否	无	否	用户名
gly_mima	字符串（10）	否	无	否	密码
gly_jibie	整数	否	1	否	级别

表 4-1-5 留言信息数据表"liuyan"的字段

字段名	类型	是否允许空	初始值	自动增1主键否	说明
ly_id	整数	否	无	是	编号
ly_biaoti	字符串（20）	否	无	否	留言标题
ly_neirong	字符串（不限）	否	无	否	留言内容
kh_id	整数	否	无	否	客户编号
ly_shijian	日期时间	否	无	否	留言时间
hf_neirong	字符串（不限）	否	无	否	回复内容
gly_id	整数	否	无	否	管理员编号
hf_shijian	日期时间	否	无	否	回复时间

表 4-1-6 客户数据表"kehu"的字段

字段名	类型	是否允许空	初始值	自动增1主键否	说明
kh_id	整数	否	无	是	编号
kh_mch	字符串（不限）	否	无	否	客户名称
kh_dzhi	字符串（不限）	否	无	否	客户地址
kh_yb	字符串（不限）	否	无	否	客户邮编
kh_dh	字符串（不限）	否	无	否	客户电话
kh_lxr	字符串（不限）	否	无	否	联系人
kh_sj	字符串（不限）	否	无	否	联系人手机
kh_dzyj	字符串（不限）	否	无	否	联系人邮箱

（1）数据库主要技术参数。数据库系统访问账号用户名为"root"，密码为"168168"，

IP 地址为"127.0.0.1",数据库名为"liuyan"。其中,包含三个数据表:管理员数据表(guanliyuan)、留言信息数据表(liuyan)和客户数据表(kehu)。

(2)数据库设计目标。为了实现网站中的用户留言功能和回复功能,需要设计合适的数据库结构。

(3)定义字段名和数据类型。在每个数据表中,需要确定合适的字段名和数据类型,包括管理员数据表(guanliyuan)、留言信息数据表(liuyan)和客户数据表(kehu)中的各个字段。为了更清晰的定义数据库结构,工程师小明借助纸上的表格或使用 Excel 软件进行表格设计。在与同事进行多次讨论后,最终确定每个数据表的结构、字段名和数据类型等信息。

(4)最终确认。经过充分的讨论,得出最终的数据库设计方案,确保数据库和数据表的结构满足公司的需求,并且能够支持用户留言功能和回复功能的实现。

(5)确保数据库结果的正确性,任务施工结束时要进行测试与验收,记录主要施工技术参数。

方法和步骤

1. 在 MySQL 图形操作界面创建"liuyan"数据库

(1)在 PHPWAMP_IN3 主页面上单击"数据库管理工具"按钮,如图 4-1-1 所示,弹出"数据库工具面板"对话框,单击"数据库管理软件推荐"按钮,如图 4-1-2 所示,打开浏览器网页,数据库管理软件 Navicat 下载,如图 4-1-3 所示,单击"Navicat for MySQL 10.1.7"后面的"[点击此处下载]"按钮,可以通过网盘下载软件压缩包,自行解压后,压缩文件夹为"Navicat for MySQL 10.1.7"。

图 4-1-1 PHPWAMP_IN3 主页面

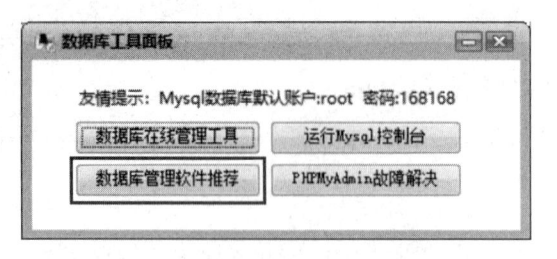

图 4-1-2 "数据库工具面板"对话框

图 4-1-3 数据库管理软件 Navicat 下载

（2）进入 Navicat for MySQL 文件夹，找到"navicat"文件，单击鼠标右键，弹出快捷菜单，选择"以管理员身份运行(A)"选项，如图 4-1-4 所示。

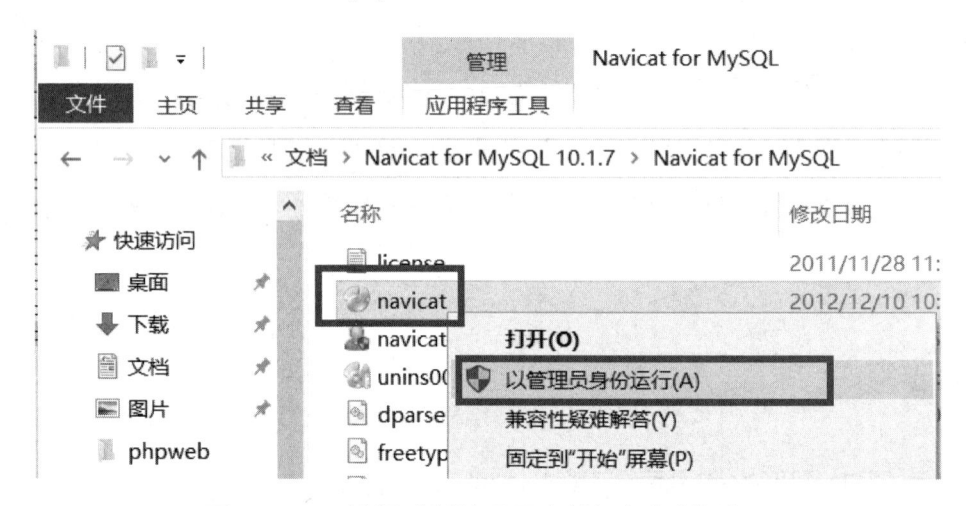

图 4-1-4 选择"以管理员身份运行(A)"选项

（3）首次运行该软件会弹出"注册"对话框，如没有注册码，单击"试用"按钮，如有注册码，单击"注册"按钮，输入注册码、注册名与组织，单击"确定"按钮，Navicat for MySQL 启动运行成功，主页面如图 4-1-5 所示。

图 4-1-5 Navicat for MySQL 启动运行成功主页面

（4）单击图 4-1-5 所示的工具栏左侧"连接"按钮，弹出"新建连接"对话框，输入连接名"127.0.0.1"，输入主机名或 IP 地址"127.0.0.1"、端口"3306"、用户名"root"、密码"168168"，单击对话框左下角的"连接测试"按钮，弹出"连接成功"对话框，单击"确定"按钮，完成新建连接，如图 4-1-6 所示。

图 4-1-6 "新建连接"对话框

（5）回到软件主窗口，在左侧导航栏单击鼠标右键，弹出快捷菜单，选择"打开连接"选项，如图 4-1-7 所示。

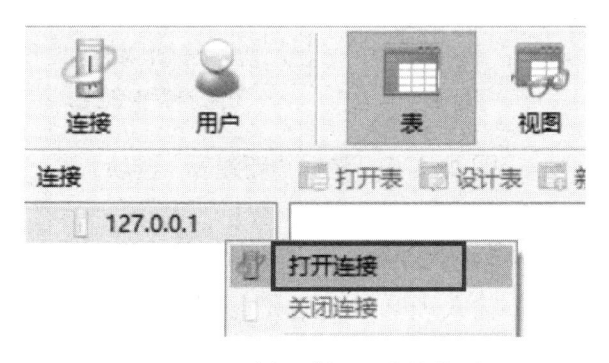

图 4-1-7 选择"打开连接"选项

（6）单击"确定"按钮，MySQL 数据库连接成功，单击鼠标右键，弹出快捷菜单，选择"新建数据库"选项，弹出"新建数据库"对话框，数据库名处输入"liuyan"，字符集下拉列表选择"utf8 -- UTF-8 Unicode"，排序规则下拉列表选择"utf8_general_ci"，单

击"确定"按钮，如图 4-1-8 所示。

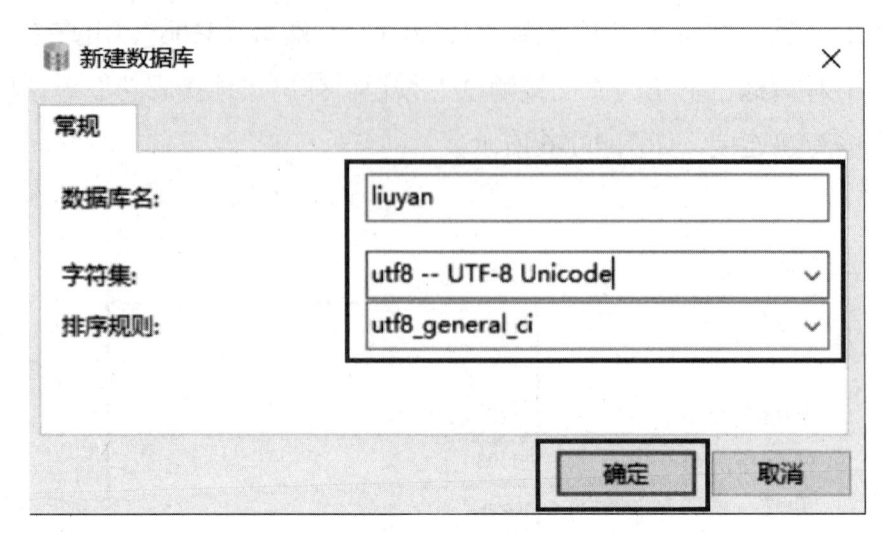

图 4-1-8 "新建数据库"对话框

2. 在数据库管理图形界面中创建数据库中的相关数据表

（1）打开"liuyan"数据库，选择"表"，单击鼠标右键，弹出快捷菜单，选择"新建表"选项，如图 4-1-9 所示。

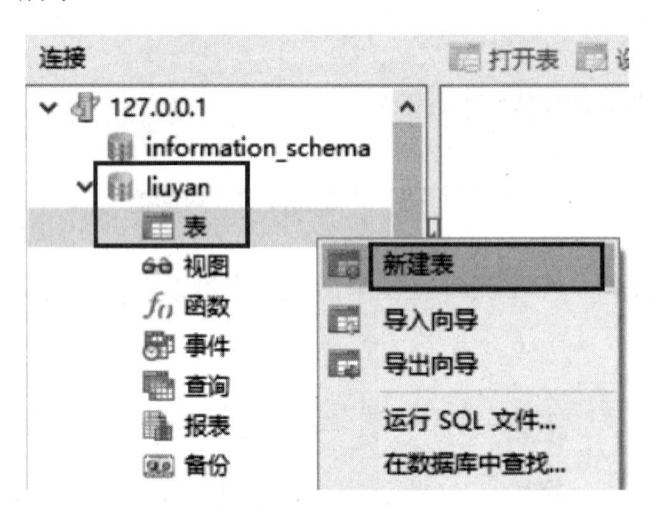

图 4-1-9 选择"新建表"选项

（2）弹出对话框。参照表 4-1-5 分别输入相应的字段名、类型、长度等，单击"保存"按钮，弹出"表名"对话框，输入表名"liuyanbiao"，单击"确定"按钮，完成新建表，并保存该表名为"liuyan"，如图 4-1-10 所示。

（3）参照表 4-1-4，重复前面的步骤新建表"guanliyuan"，如图 4-1-11 所示。

（4）参照表 4-1-6，重复前面的步骤新建表"kehu"，如图 4-1-12 所示。

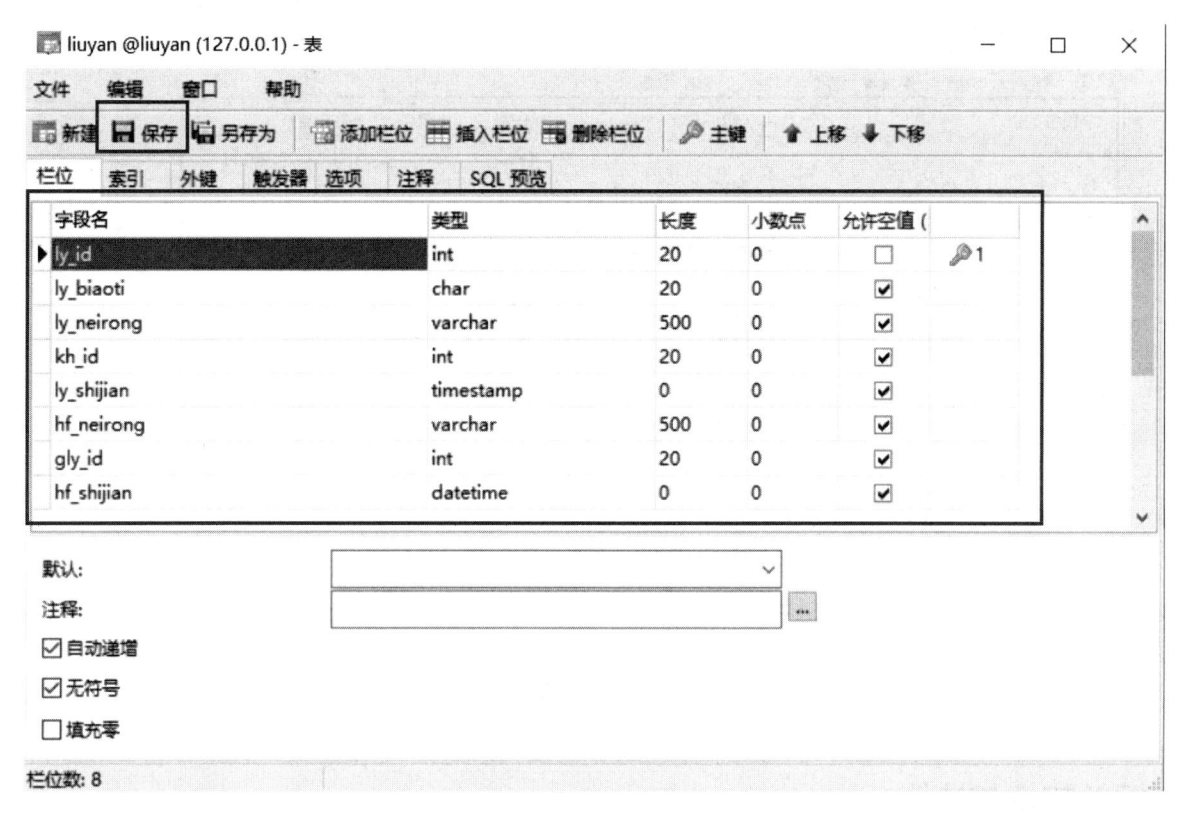

图 4-1-10　新建表"liuyan"

图 4-1-11　新建表"guanliyuan"

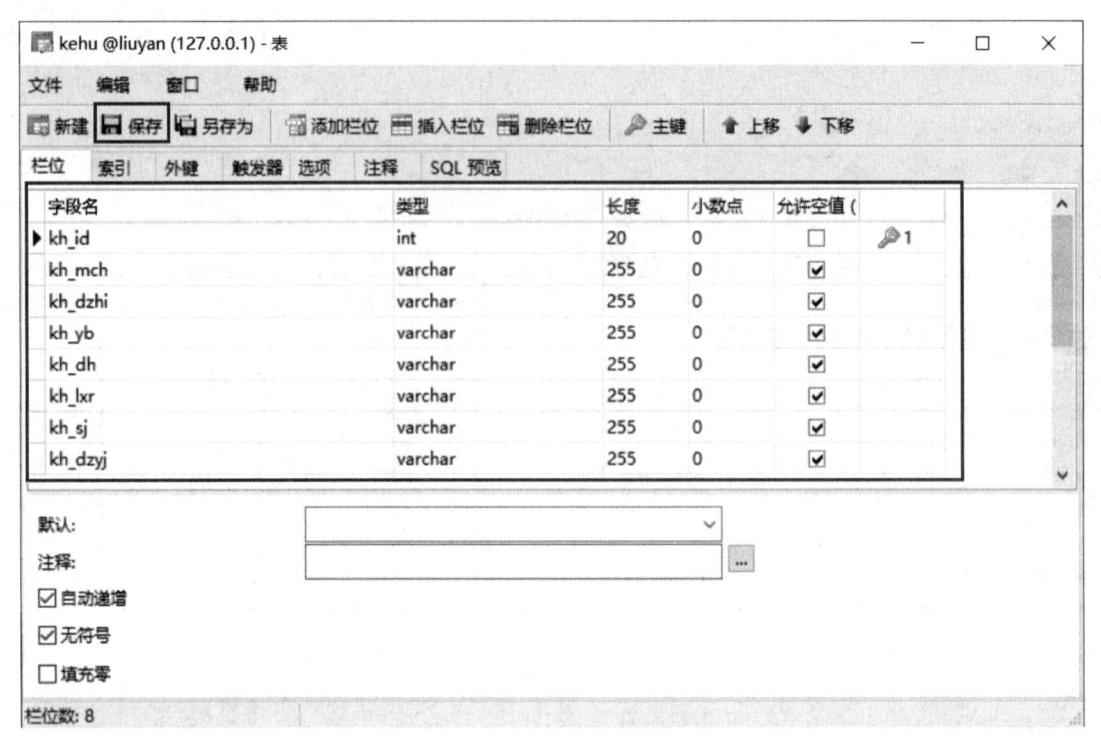

图 4-1-12 新建表"kehu"

相关知识与技能

（1）进入 WAMP_IN3 文件夹，找到"WAMP.exe"文件，启动系统集成环境，主页面如图 4-1-13 所示。

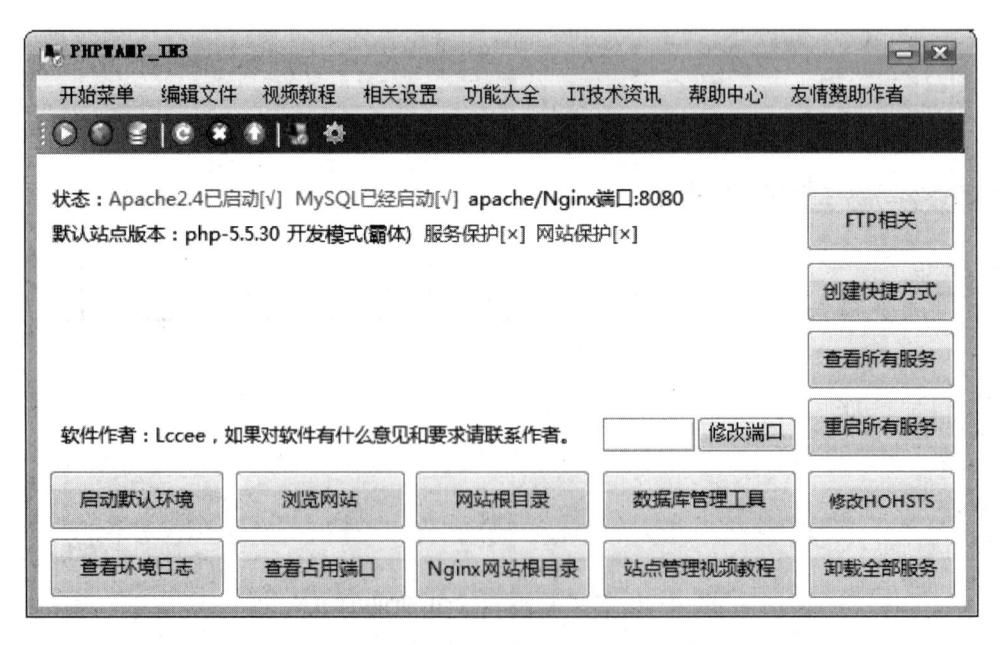

图 4-1-13 系统集成环境主页面

（2）如图 4-1-14 所示，表示 Apache2.4 启动、MySQL 启动。

状态：Apache2.4已启动[√] MySQL已经启动[√]

图 4-1-14 Apache2.4 启动、MySQL 启动

（3）单击"数据库管理工具"按钮，弹出"数据库工具面板"对话框，显示"友情提示：Mysql 数据库默认账户：root 密码:168168"，单击"数据库在线管理工具"按钮，如图 4-1-15 所示。

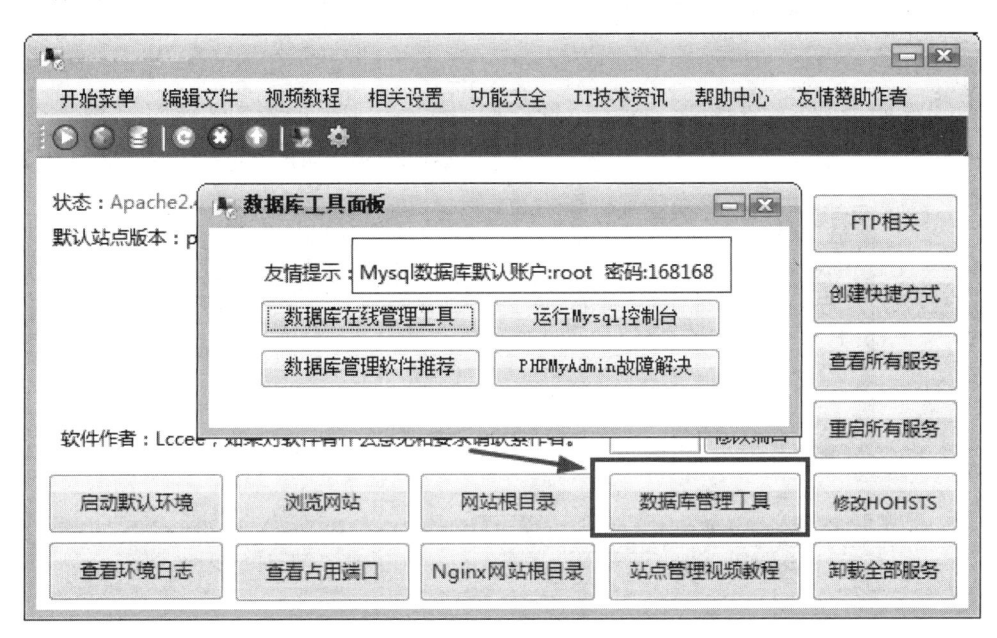

图 4-1-15 数据库工具面板

（4）单击"数据库在线管理工具"按钮之后，会自动启动浏览器，输入正确的账号及密码后，登录成功。数据库在线管理工具登录主页面，如图 4-1-16 所示。

图 4-1-16 数据库在线管理工具登录主页面

（5）登录成功之后，进入浏览器中 Web 方式数据库管理页面，如图 4-1-17 所示。

图 4-1-17　浏览器中 Web 方式数据库管理页面

（6）单击"数据库管理工具"按钮，在弹出的"数据库工具面板"对话框中单击"运行 Mysql 控制台"按钮，弹出"Mysql 控制台登录-PHPWAMP"对话框，如图 4-1-18 所示。

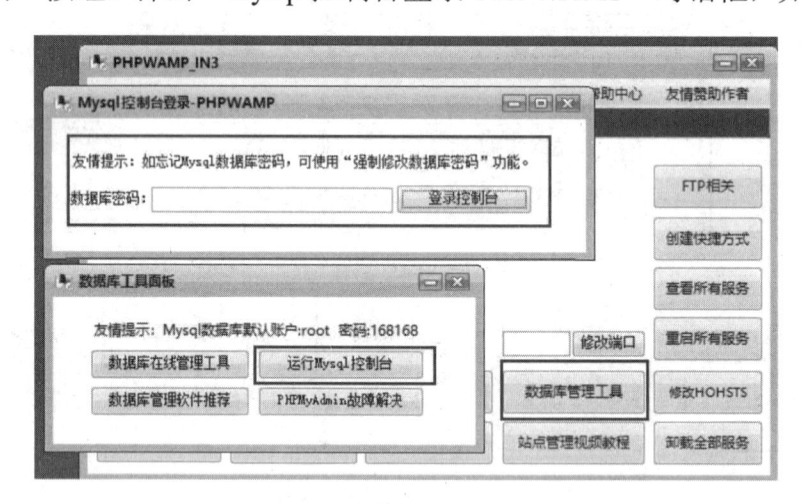

图 4-1-18　"Mysql 控制台登录-PHPWAMP"对话框

（7）在数据库密码处输入正确的密码"168168"，单击"登录控制台"按钮，显示进入 MySQL 控制台命令管理页面，如图 4-1-19 所示。

图 4-1-19　进入 MySQL 控制台命令管理页面

（8）查看所有数据库，语句格式为"show databases;"，如图 4-1-20 所示。

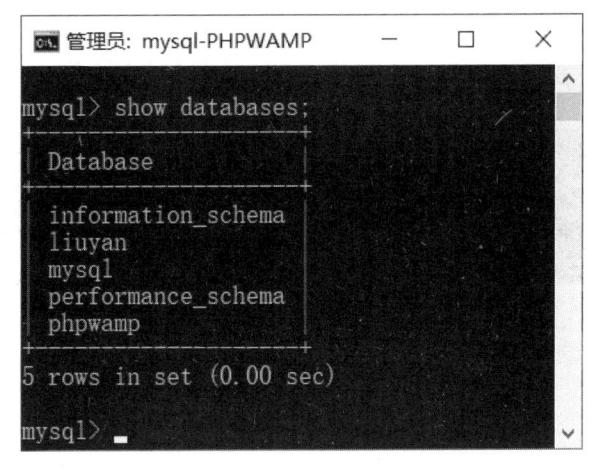

图 4-1-20 "show databases;"展示

（9）创建新数据库，语句格式为"create database 数据库名[charset 字符集名称] [collate 校对规则名]"。字符集名，如 utf8、GBK、GB2312、Big5、ASCII 等，推荐用 utf8。校对规则名通常不用写，而是使用所设定字符集的默认校对规则。校对规则的含义就是字符集中的每个字符的"排序规则"，对于英文，就是按英文单词的字母顺序，对于中文或其他一些亚洲语言，就会面临两个字的顺序到底谁先谁后（谁大谁小）的问题。例如"传"和"智"，可能有这样的排序方式：按拼音"传"在前（更小），"智"在后（更大）；按笔顺（横竖撇捺折）"智"在前（更小），"传"在后（更大）；按编码确定大小（具体未知）。"create database test charset utf8;"命令如图 4-1-21 所示。

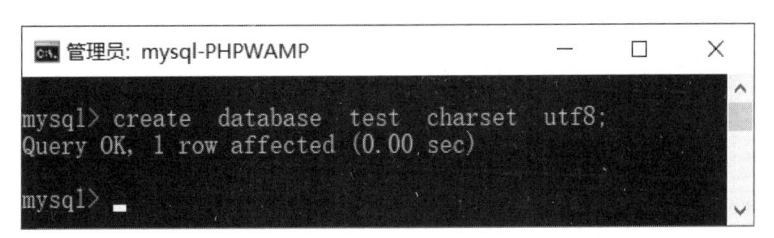

图 4-1-21 "create database test charset utf8;"命令

（10）删除现有的数据库，是比较危险的命令，一般要提前做好数据备份，语句格式为"drop database 数据库名;"。"drop database"命令如图 4-1-22 所示。

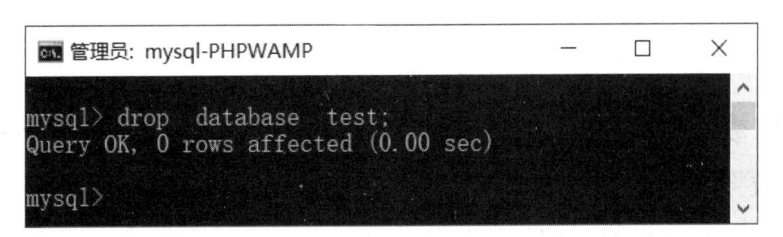

图 4-1-22 "drop database"命令

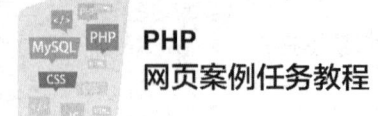

（11）打开、选择、使用某个数据库，语句格式为"use 数据库名;"。"use"打开指定数据库命令，如图 4-1-23 所示。

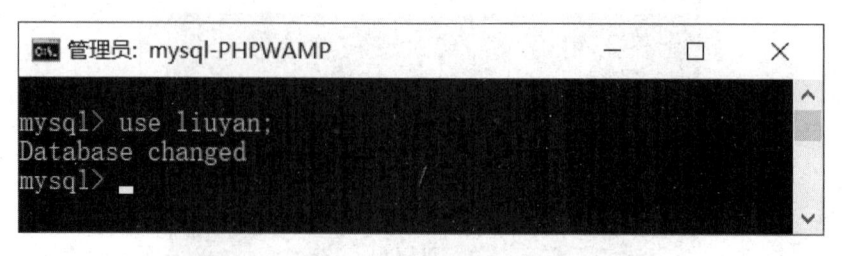

图 4-1-23　use 打开指定数据库命令

思考与练习

叙述题

1．写出管理 MySQL 数据库系统的用户名、密码。

2．叙述在 WAMP 环境中，进入 MySQL 数据库系统 Web 管理界面的步骤；登录成功后，在 MySQL 数据库系统的 Web 有哪些功能？

3．在 MySQL 数据库系统创建新数据库的语句格式是什么？举例说明。

4．在 MySQL 数据库系统删除现有数据库的语句格式是什么？举例说明。

5．在 MySQL 数据库系统打开、选择、使用某个数据库的语句格式是什么？举例说明。

6．根据本任务中表 4-1-2、表 4-1-3、表 4-1-5 和表 4-1-6 的内容，在"liuyan"数据库中建立"liuyan"数据表和"kehu"数据表。

任务二

创建数据库账户配置相应参数权限

任务描述

为了提高公司数据库服务器的安全性，网络信息部门需要对公司现有的数据库服务器进行调整。目前，数据库服务器集中部署在一台服务器上，其中包含多个相互独立的 MySQL 数据库系统。为了确保安全性，部门领导计划为 MySQL 数据库服务器添加新的登录账户。

该登录账户将采用"MySQL 身份验证"方式，确保安全性和合规性。为了实现账户对所属数据库的独立管理，将为该账户设置仅能管理"liuyan"数据库权限。为了方便项目开发、数据库管理和动态网页调试，部门领导决定账户密码与账户名称设置一致，均为"liuyan"。

值得注意的是，这个设置仅在项目开发阶段和非正式部署环境中生效。在正式部署环境中，将采取更严格的安全措施。将强制实施密码策略，要求密码的复杂性和强度符合标准，同时设置密码过期时间，确保账户密码的定期更新。此外，还要求用户在下次登录时强制更改密码，进一步增强系统的安全性。

通过以上的安全措施，能够实现数据库账户的独立管理，并提高公司数据库服务器的整体安全性。这将为公司的业务提供可靠的保障，确保数据的保密性和完整性得到有效维护。

任务分析

工程师小明经过认真考虑后决定执行以下任务：为数据库添加名为"liuyan"的登录账户，并限定该账户仅能管理"liuyan"数据库。

数据库主要技术参数：数据库系统登录名为"root"，密码为"168168"，IP 地址为"127.0.0.1"，数据库名为"liuyan"，其中包含管理员数据表（guanliyuan）、留言信息数据表（liuyan）、客户数据表（kehu）。

为了实现这一任务，工程师小明将执行以下步骤。

（1）登录数据库服务器系统。
（2）打开数据库管理工具。
（3）在工具中选择创建新账户的选项。
（4）输入账户名称为"liuyan"，作为登录名。
（5）配置账户的身份验证方式为"MySQL 身份验证"，确保安全性。
（6）指定该账户仅能管理"liuyan"数据库，确保账户权限的限制和数据库的独立管理。
（7）确认设置并保存更改。
（8）测试与验收，记录主要施工技术参数。

通过以上步骤，工程师小明成功添加名为"liuyan"的登录账户，并限定其管理范围为"liuyan"数据库。这将确保不同账户可以独立管理各自的数据库，提高数据库的安全性和管理效率。工程师小明将继续监控和维护这个账户，确保其正常、安全的运行。

方法和步骤

（1）用登录名"root"，密码"168168"登录 MySQL 数据库系统，在窗口工具栏中单击"用户"按钮。Navicat for MySQL 用户管理页面，如图 4-2-1 所示。

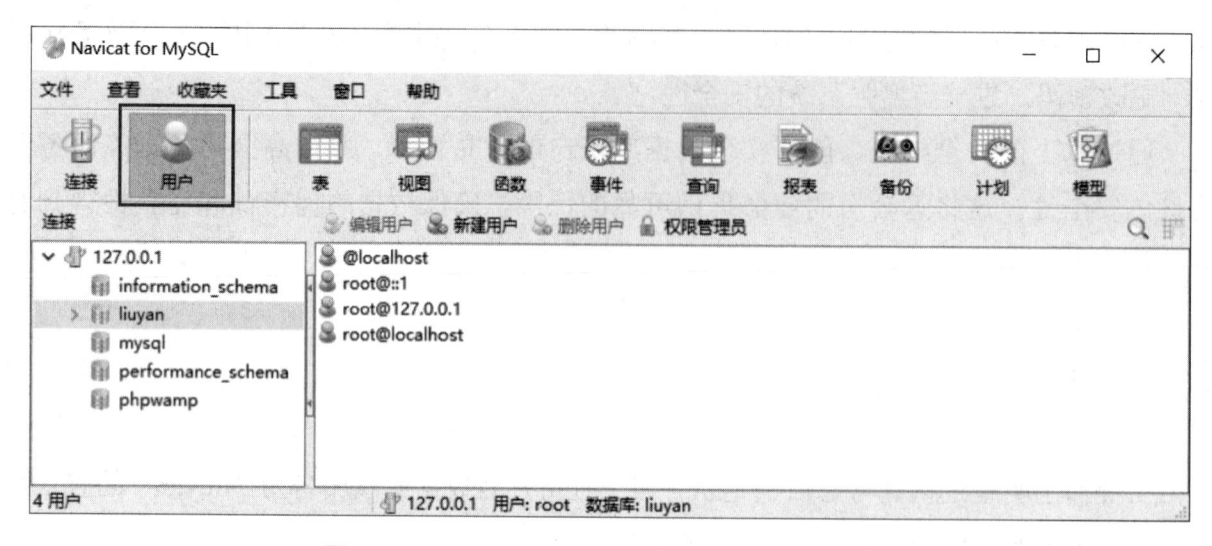

图 4-2-1　Navicat for MySQL 用户管理页面

（2）单击"新建用户"按钮，如图 4-2-2 所示。弹出"新建用户"对话框，按照施工规划创建用户，账号是"liuyan"，密码是"liuyan"，注意"liuyan"是英文半角，用户名处输入"liuyan"，主机处输入"127.0.0.1"，密码和密码确认处分别输入"liuyan"，单击"保存"按钮，后面会再配置权限等。保护用户参数信息，如图 4-2-3 所示。

图 4-2-2　单击"新建用户"按钮

（3）选择"高级"选项卡，在最大连接数处输入"5"。"高级"选项卡参数设置，如图 4-2-4 所示。

（4）选择"服务器权限"选项卡，勾选"Select""Insert""Update""Delete""Create""Drop"复选框，单击"保存"按钮，完成服务器权限配置。"服务器权限"选项卡参数设置，如图 4-2-5 所示。

图 4-2-3 保存用户参数信息

图 4-2-4 "高级"选项卡参数设置

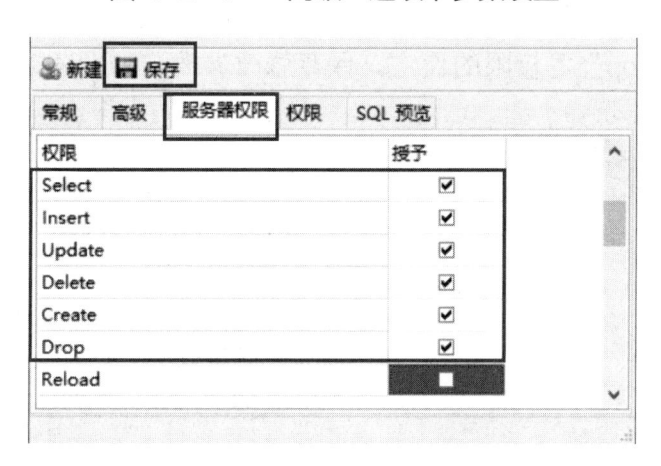

图 4-2-5 "服务器权限"选项卡参数设置

（5）选择"权限"选项卡，如图 4-2-6 所示。弹出"添加权限"对话框，左侧勾选"liuyan"复选框，右侧勾选"Select""Insert""Update""Delete""Create""Drop"复选框，单击"确定"按钮。"添加权限"对话框，如图 4-2-7 所示。

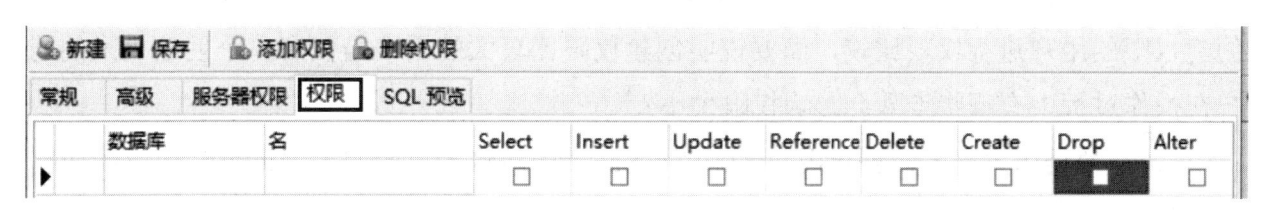

图 4-2-6 "权限"选项卡

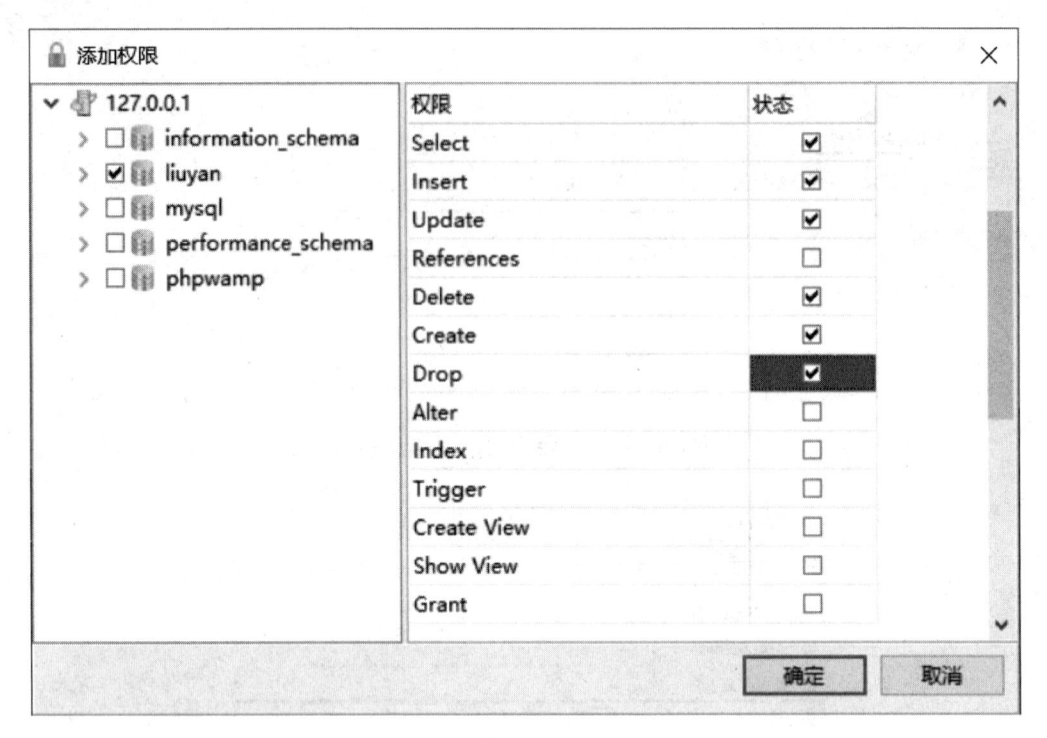

图 4-2-7 "添加权限"对话框

（6）选择"保存"选项卡，完成对数据库"liuyan"的"Select""Insert""Update""Delete""Create""Drop"等权限的设定。保存修改参数，如图 4-2-8 所示。

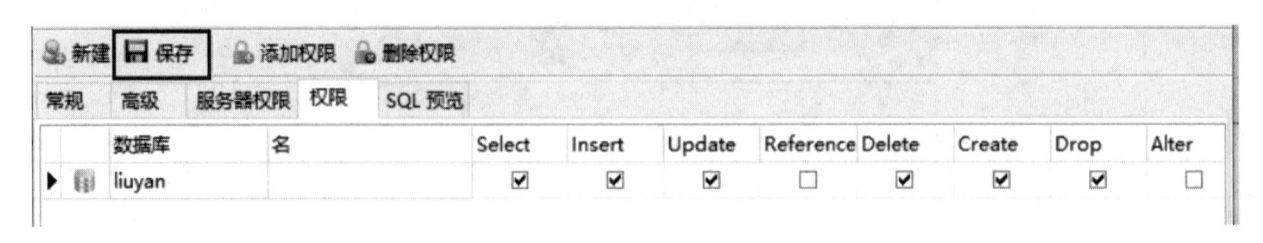

图 4-2-8　保存修改参数

思考与练习

叙述题

1．简述数据库建立"用户"的关键步骤，对创建权限比较大的用户与仅有单个数据库创建权限的用户进行权限比较，简要说明创建权限比较大的用户与仅有单个创建权限的用户在操作过程中有哪些步骤会影响权限大小？

2．在数据库系统中，创建用户名为"liuyan"的新账号，密码为"liuyan"，分配所有的权限。

任务三

手动备份、自动备份、还原公司数据库

任务描述

根据公司总经理的指示，网络信息部门负责人已经向工程师小明分配了重要任务，即确保"liuyan"数据库的备份任务按时完成，保障数据安全和系统的稳定运行。备份策略规划要求每天备份一次，并且每隔一小时进行一次备份。备份文件保存路径为"C:\BAK"。

为了达到这个要求，工程师小明需要采取一系列的措施来完成备份任务。

首先，他应当创建备份计划，确保按照要求的时间间隔进行备份操作。这可以通过配置自动化的脚本或者任务来实现，以确保备份操作的准时进行。备份操作应该以"小时"为单位，同时在每天结束时执行一次完整备份操作，以保留最新的数据变更并确保备份的完整性。

其次，工程师小明需要指定备份文件的存储位置。根据要求，备份文件保存路径为"C:\BAK"。工程师小明可以通过编写脚本或使用备份工具自动将备份文件保存到指定的文件夹中，以确保备份文件的一致性和可靠性。

最后，还要求工程师小明定期检查备份操作的运行情况，以确保备份任务按计划执行并成功完成。他应该设置监控和报警机制，以便在备份失败或出现异常情况时能够及时采取纠正措施。此外，工程师小明还应该定期测试备份文件的可用性，确保备份数据的完整性和可还原性。

工程师小明按照规定的备份策略进行"liuyan"数据库的备份任务，将为企业的数据安全提供重要保障。在数据库出现异常或数据丢失的情况下，通过备份数据的还原操作，系统能够快速恢复并保持稳定运行。工程师小明的工作对于确保企业的数据安全和系统稳定至关重要，应该认真对待和执行。

任务分析

根据部门经理的要求，工程师小明被委派负责"liuyan"数据库的备份任务，以确保数据安全和系统稳定。备份策略要求每天备份一次，并且每隔一小时备份一次。备份文件保

存路径为"C:\BAK"。

数据库主要技术参数包括数据库系统登录名为"root",密码为"168168",IP 地址为"127.0.0.1",数据库名为"liuyan"。其中含有三个数据表:管理员数据表(guanliyuan)、留言信息数据表(liuyan)、客户数据表(kehu)。数据库文件备份路径为"C:\BAK"。

为了完成这项任务,工程师小明需要按照以下步骤进行操作。

(1)制订备份计划。确保按照要求的时间间隔执行备份操作。可使用自动化脚本或任务来实现定时备份。备份操作应该以"小时"为单位进行,并在每天结束时执行完整备份,以保留最新数据变更并确保备份数据的完整性。

(2)指定备份文件存储位置。根据要求,将备份文件存储在"C:\BAK"文件夹中。可以编写脚本或使用备份工具,自动将备份文件保存到指定文件夹中,以确保备份文件的一致性和可靠性。

(3)设定备份文件命名规则。工程师小明可以在备份过程中自动为备份文件添加适当的时间戳,以区分不同备份版本。这有助于跟踪和管理备份文件,方便进行还原操作。

(4)定期检查备份运行情况。工程师小明需要定期检查备份操作的执行情况,确保备份任务按计划顺利完成。建议设置监控和报警机制,及时发现备份失败或异常情况,并采取纠正措施。此外,工程师小明还应该定期测试备份文件的可用性,以确保备份数据的完整性和可还原性。

工程师小明按照规定的备份策略进行"liuyan"数据库的备份任务,将会为企业数据安全提供重要保障。在数据库发生异常或数据丢失的情况下,可以通过还原备份数据,快速恢复系统并使其保持稳定运行。工程师小明的工作对于确保企业数据安全和系统稳定至关重要,应该认真对待和执行。

方法和步骤

1. 手动备份数据库"liuyan"

(1)用登录名"root",密码"168168"登录 MySQL 图形管理系统,先在页面左侧展开"127.0.0.1",选择"liuyan"选项,在窗口中单击"备份"按钮,如图 4-3-1 所示。

(2)单击"新建备份"按钮,如图 4-3-2 所示。

(3)弹出"新建备份"对话框,如图 4-3-3 所示。

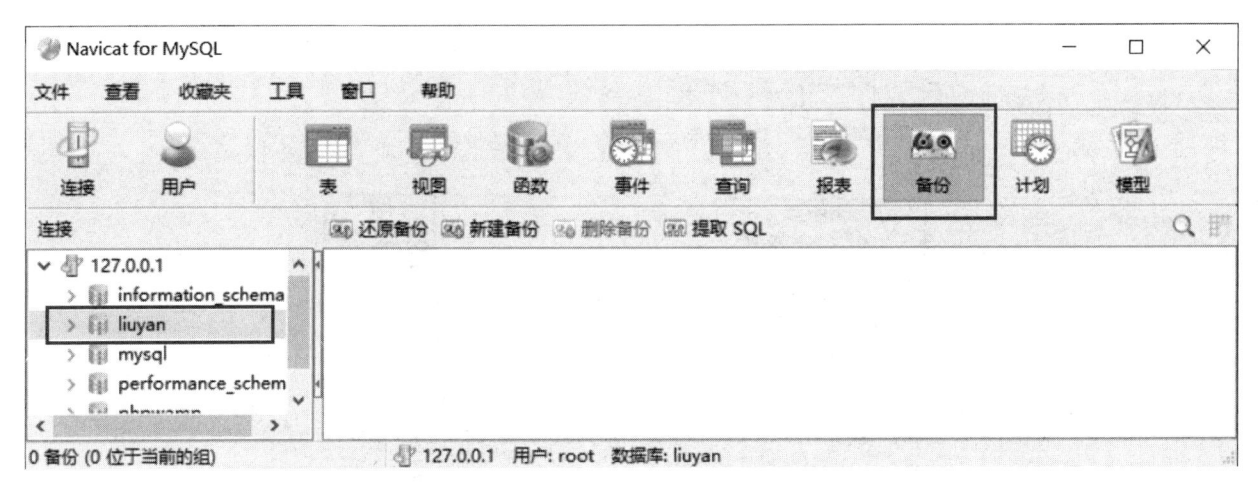

图 4-3-1　MySQL 图形管理系统备份管理页面

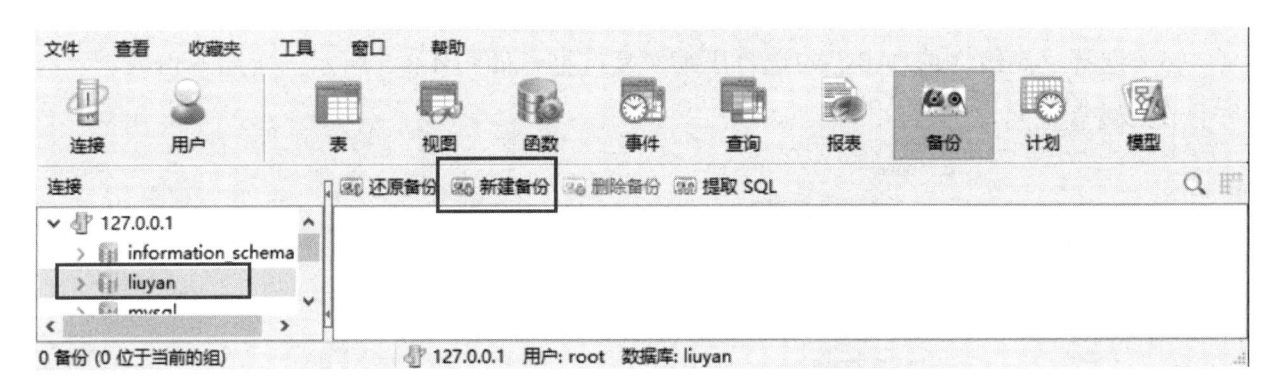

图 4-3-2　单击"新建备份"按钮

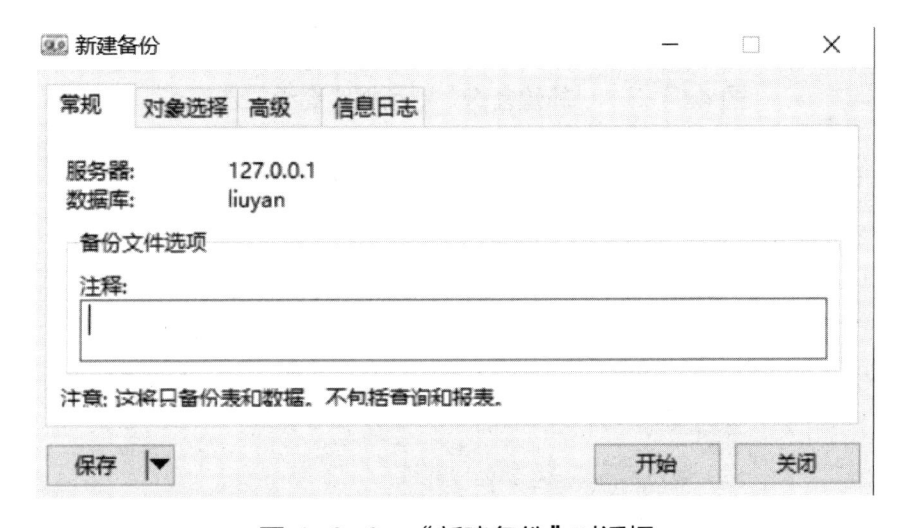

图 4-3-3　"新建备份"对话框

（4）选择"对象选择"选项卡，选择本数据库中要备份的表，这里勾选了"表"中包含的所有的复选框，也可以单击"全选"或"全部取消选择"按钮，完成全选或全部取消选择的操作，如图 4-3-4 所示。

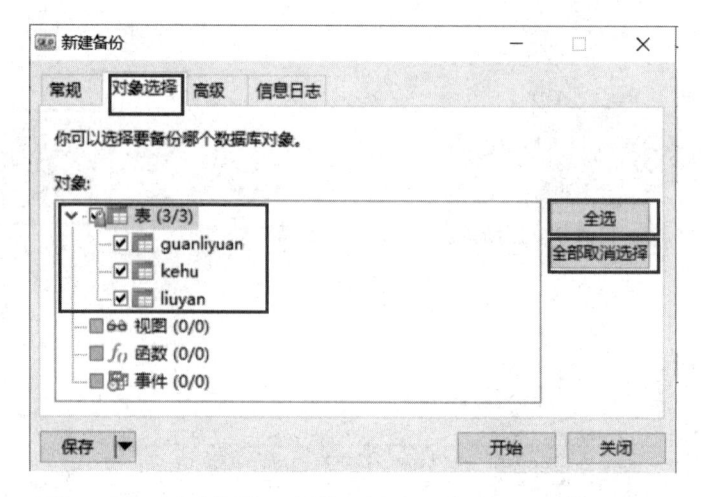

图 4-3-4 "新建备份"对话框"对象选择"选项卡

（5）选择"高级"选项卡，勾选"压缩"复选框，如图 4-3-5 所示，压缩备份数据，有助于节约磁盘空间。

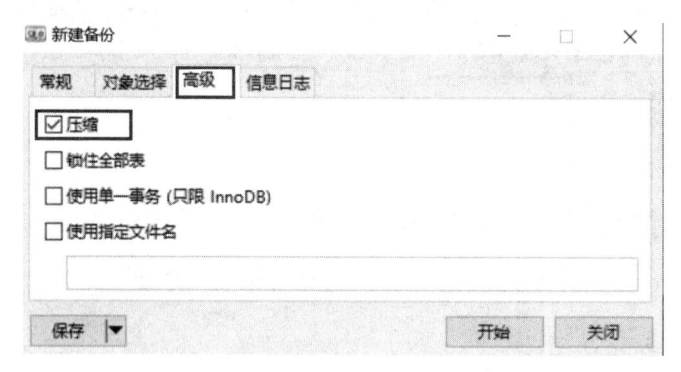

图 4-3-5 "新建备份"对话框"高级"选项卡

（6）单击"开始"按钮，就会自动开始对选择的数据库、表进行备份。开始备份信息显示页面，如图 4-3-6 所示。

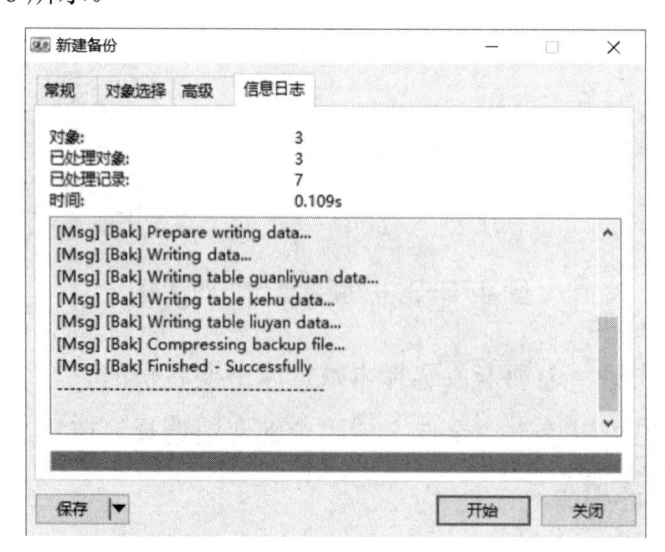

图 4-3-6 开始备份信息显示页面

（7）手动备份操作可以多次进行，也可以选择"备份"单击鼠标右键，弹出快捷菜单，选择"新建备份"选项，重复前面的操作，实现对数据库进行多次数据备份操作，如图 4-3-7 所示。

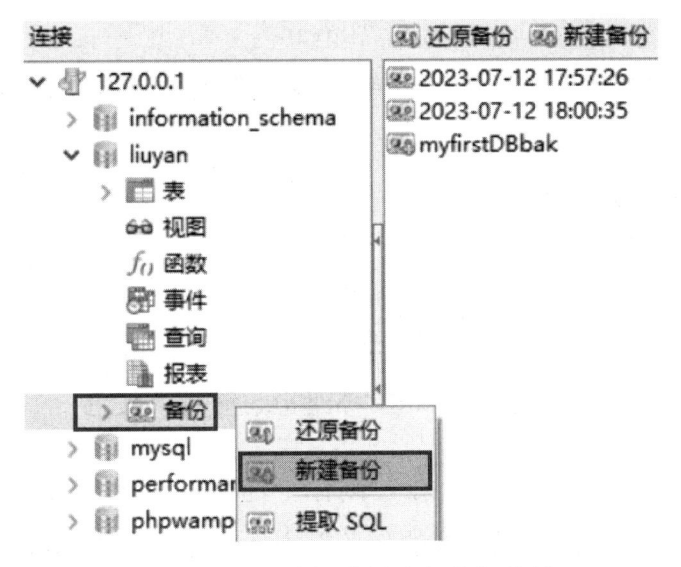

图 4-3-7 选择"新建备份"选项

2. 手动还原数据库

（1）打开并运行 Navicat 软件，连接到 WAMP 环境的 MySQL 数据库系统"127.0.0.1"。在左侧栏中选择"liuyan"选项，单击工具栏中的"备份"按钮，在备份文件列表中选择"2023-08-14 11:40:00"选项，单击"还原备份"按钮，如图 4-3-8 所示。

（2）弹出"2023-08-14 11:40:00 还原备份"对话框，单击"开始"按钮，弹出警告对话框提示"你确定吗？警告：全部现有的表和数据将被备份替换"，当还原完成并且有信息提示"Finished-Successfully"时，表示成功，单击"关闭"按钮。当然也可以新建数据库"liuyannew"来手动还原数据库，操作过程是相同的。

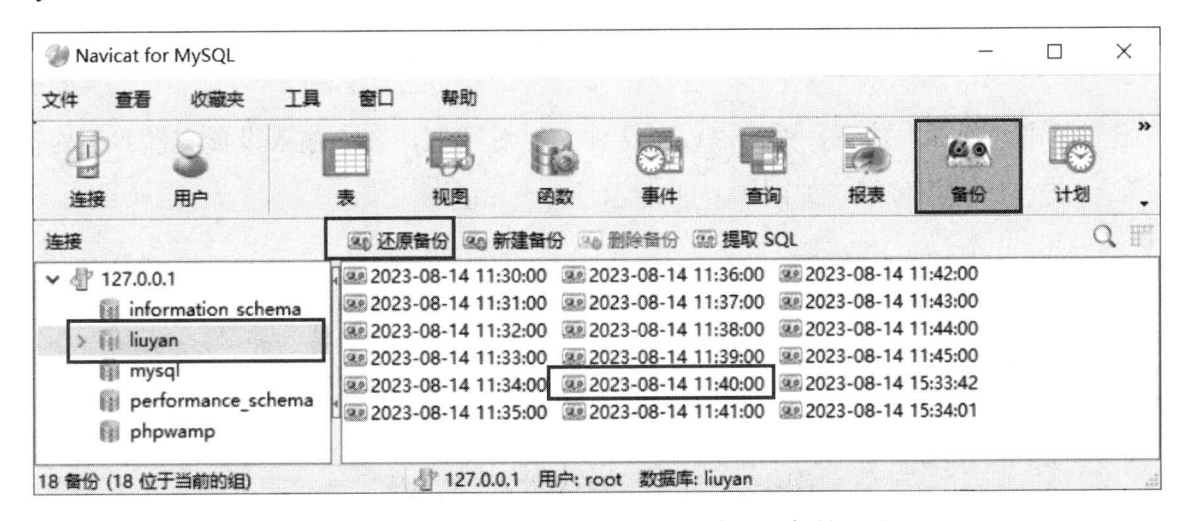

图 4-3-8 MySQL 图形管理系统还原备份页面

3. 自动备份数据库 "liuyan"

（1）打开并运行 Navicat 软件，连接到 WAMP 环境的 MySQL 数据库系统 "127.0.0.1"。

（2）在左侧栏中选择要备份的数据库 "liuyan"。

（3）单击工具栏中的 "计划" 按钮，单击 "新建批处理作业" 按钮，如图 4-3-9 所示。

图 4-3-9　单击 "新建批处理作业" 按钮

（4）显示 "批处理作业" 窗口，在左侧栏中选择 "liuyan" 选项，双击可用任务中的 "Backup liuyan"，在下面 "已选择的任务" 中就会显示 "Backup liuyan"，如图 4-3-10 所示。

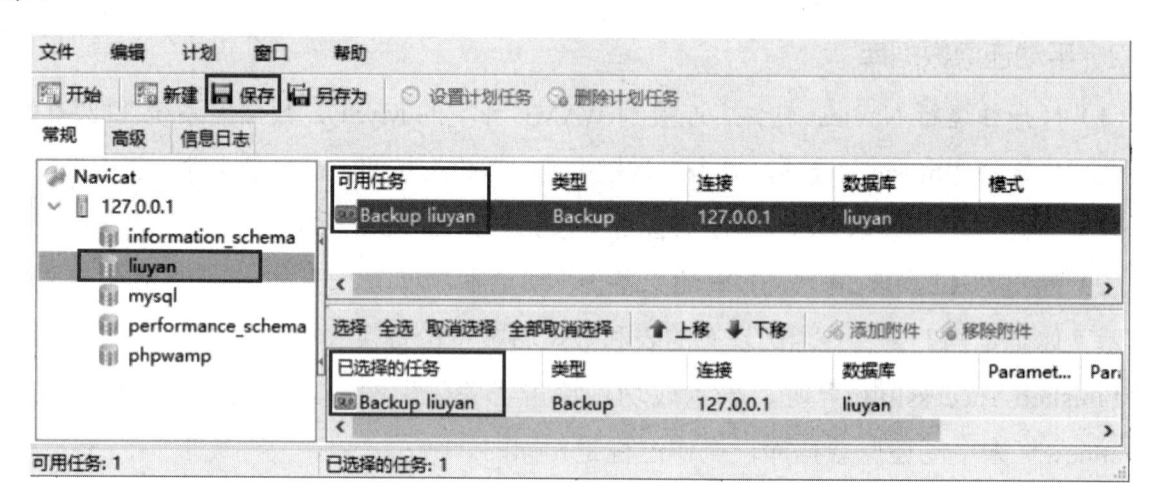

图 4-3-10　"批处理作业" 窗口

（5）单击 "保存" 按钮，弹出 "设置文件名" 对话框，在 "输入设置文件名" 处输入 "aaa"，单击 "确定" 按钮，如图 4-3-11 所示。

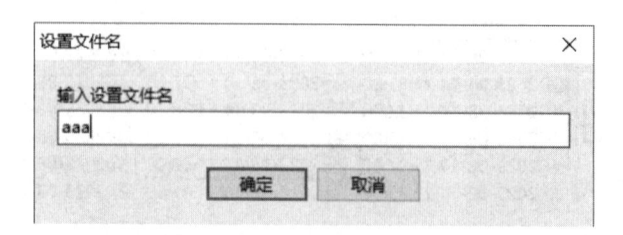

图 4-3-11　"设置文件名" 对话框

（6）回到窗口，此时窗口名称从 "无标题" 改为 "aaa-批处理作业"，单击 "设置计划

任务"按钮，如图4-3-12所示。

图 4-3-12　"aaa-批处理作业"窗口

（7）弹出"aaa"对话框，选择"任务"选项卡，"运行（R）"处默认参数为"C:\Navicat\navicat.exe/schedule'aaa'"，"起始于（T）"处默认为"C:\Navicat\"，"注释（C）"处为空，"运行方式（U）"处默认为"DESKTOP-9PFI2SC\liuyan"，"DESKTOP-9PFI2SC"是计算机或服务器的名称，"liuyan"是其用户名，需要在施工前在当前计算机中创建"liuyan"账户，并且为了施工方便，为用户"liuyan"分配超级用户权限，密码也设置为"liuyan"，特别注意施工结束时要为"liuyan"设置符合要求的复杂密码，如图4-3-13所示。

图 4-3-13　"aaa"对话框"任务"选项卡

（8）单击"设置密码（S）"按钮，弹出"设置密码"对话框，在"密码（P）"和"确认密码（C）"处均输入密码"liuyan"，单击"确定"按钮，如图4-3-14所示。

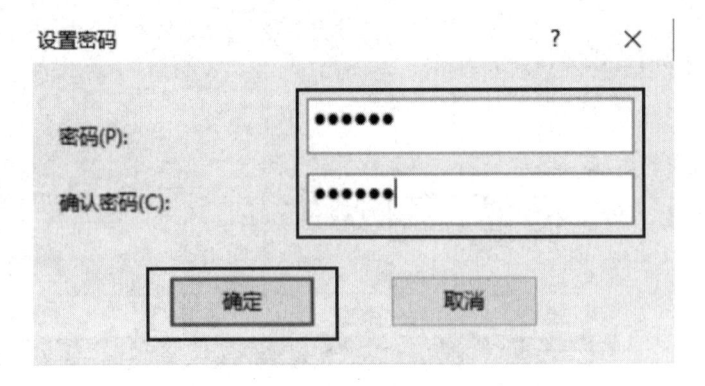

图 4-3-14 "设置密码"对话框

（9）返回图 4-3-13 所示的"aaa"对话框，选择"计划"选项卡，单击"新建"按钮，可以配置备份计划的时间策略，如图 4-3-15 所示。

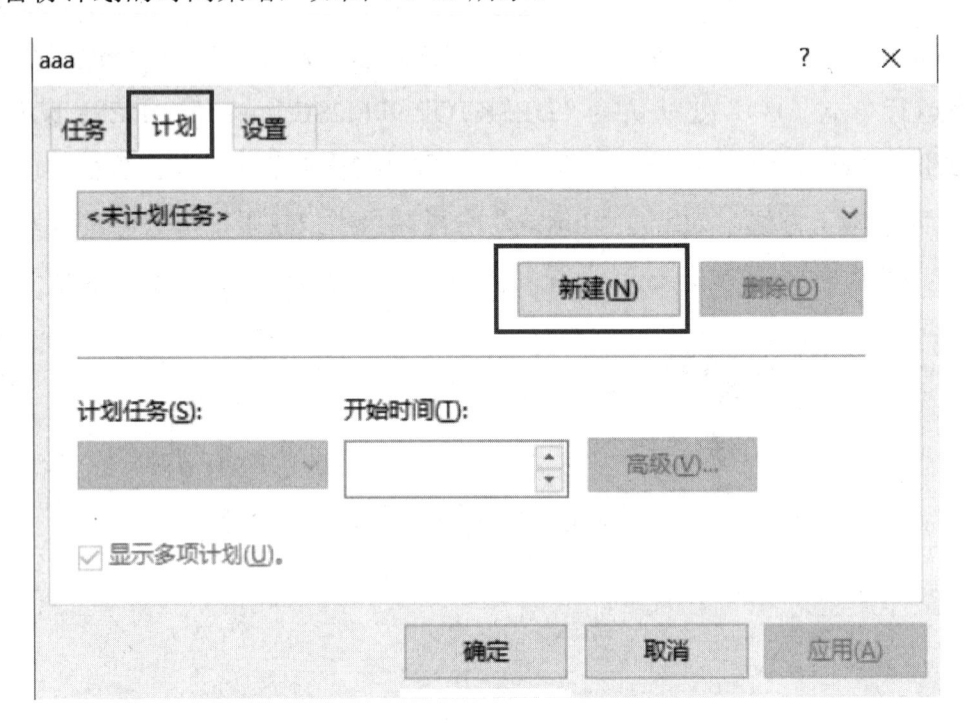

图 4-3-15 "aaa"对话框"计划"选项卡

（10）"计划任务(s)"处默认为"每天"，也可以根据需要选择"每周""每月"等，"开始时间(T)"处修改为"11:30"，如图 4-3-16 所示。一般会把开始时间设置为 MySQL 服务器比较空闲的时间，如凌晨 2:00。

（11）单击"高级（V）"按钮，弹出"高级计划选项"对话框，"开始日期（S）"处默认为当天时间，可以选择计划的开始及结束日期。对数据备份频率要求较高时，可以勾选"重复任务（R）"复选框进行设置，单击"确定"按钮，如图 4-3-17 所示。

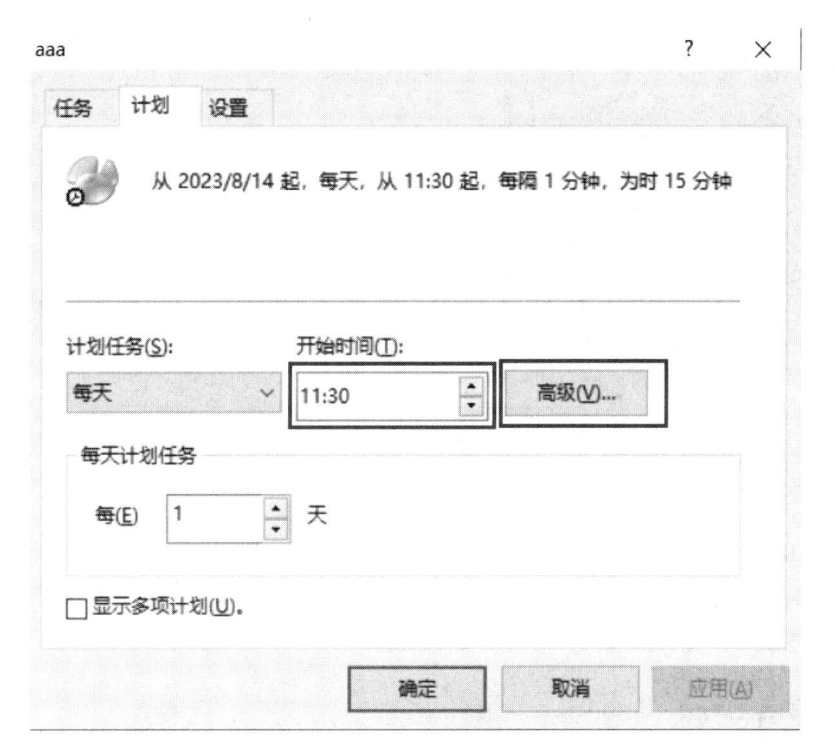

图 4-3-16 "计划"选项卡参数设置

图 4-3-17 "高级计划选项"对话框

（12）返回图 4-3-15 所示的"计划"选项卡，单击"应用（A）"按钮，会弹出再次确认计算机账号及密码的"设置账户信息"对话框，在"密码（P）"和"确认密码（C）"处均输入密码"liuyan"，确认无误后，单击"确定"按钮，如图 4-3-18 所示。

（13）在 Windows 10 控制面板中运行"任务计划程序"，或按<Windows+Q>组合键搜索"任务计划"，显示"任务计划程序"窗口，选择"以管理员身份运行"选项，如

155

图 4-3-19 所示。

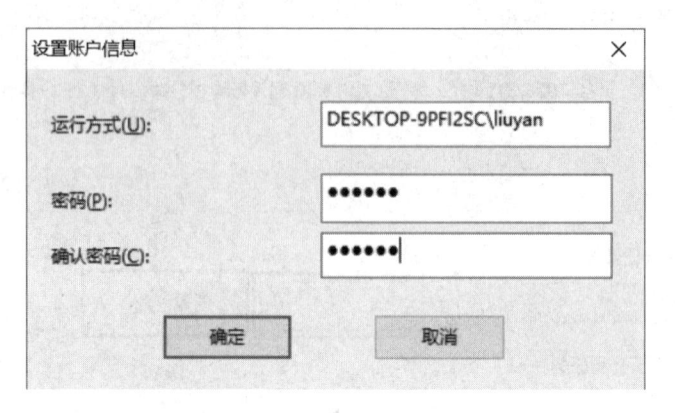

图 4-3-18 "设置账户信息"对话框

图 4-3-19 以管理员身份运行"任务计划程序"

（14）在窗口左侧栏中选择"任务计划程序库"选项，在中间栏就能看见通过前面 13 个步骤建立的"aaa"备份数据的计划，如图 4-3-20 所示。

（15）双击"aaa"，弹出"aaa 属性"对话框，或者单击鼠标右键，在弹出的快捷菜单中选择"属性"选项，也可以弹出"aaa 属性"对话框，"名称（M）"处默认为"aaa"，"创建者"处默认为"DESKTOP-9PFI2SC\liuyan"，"liuyan"是本计算机的超级用户，如果发现账户"liuyan"权限不足，可以添加修改用户 liuyan 的权限，选择"不管用户是否登录都要运行（W）"选项，勾选"使用最高权限运行（I）"复选框，单击"确定"按钮，如图 4-3-21 所示。

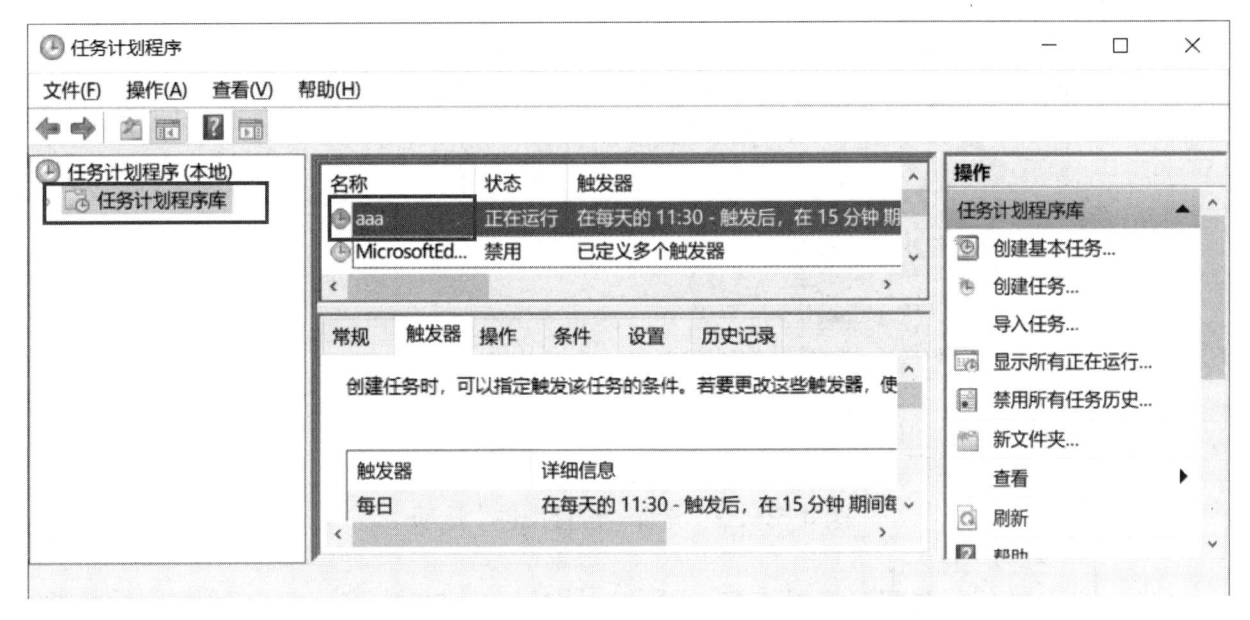

图 4-3-20 "任务计划程序"窗口

图 4-3-21 "aaa 属性"对话框

（16）Navicat 软件中默认备份路径比较复杂，需要把备份路径修改为"C:\BAK"，在 MySQL 图形管理系统主窗口左侧栏"127.0.0.1"处单击鼠标右键，在弹出的快捷菜单中选择"连接属性"选项，如图 4-3-22 所示。

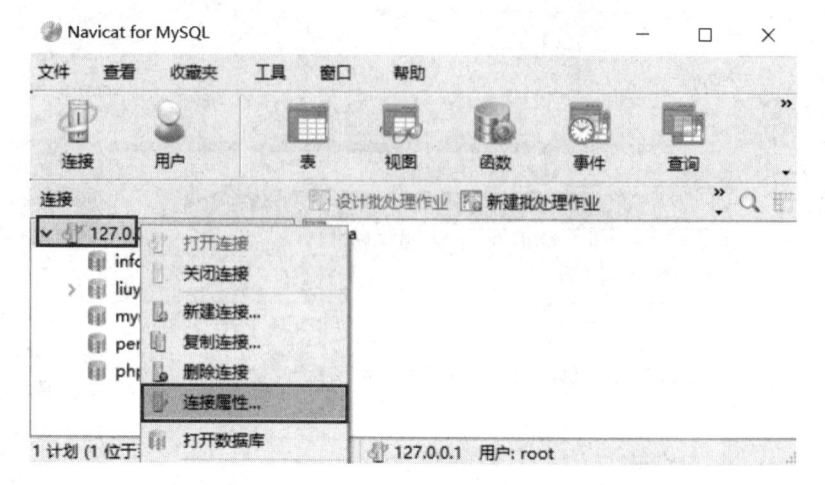

图 4-3-22 选择"连接属性"选项

（17）弹出"必须关闭服务器连接。要关闭连接吗？"对话框，单击"确定"按钮，如图 4-3-23 所示。

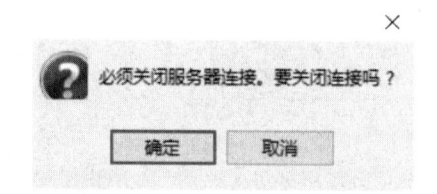

图 4-3-23 确定关闭连接

（18）弹出"127.0.0.1-连接属性"对话框，选择"高级"选项卡，在设置保存路径处输入"C:\BAK"，单击"确定"按钮，如图 4-3-24 所示。

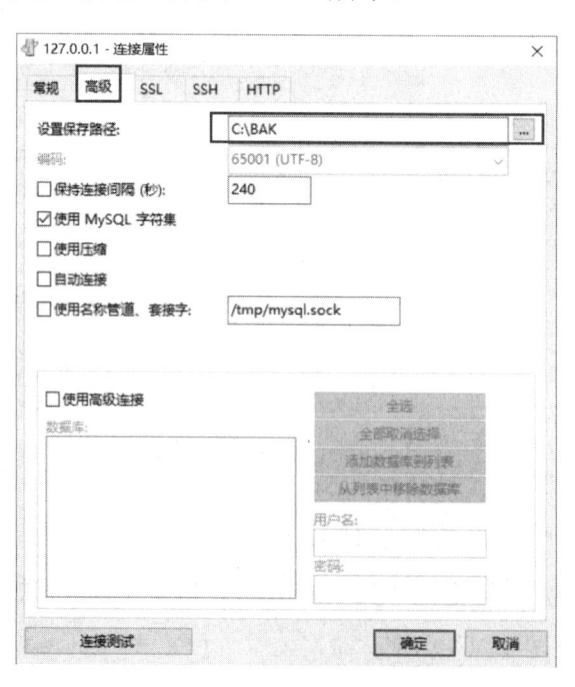

图 4-3-24 "高级"选项卡参数设置

（19）经过前面 18 个步骤的正确配置，按照设定的数据备份策略，在指定路径"C:\BAK"中，默认为"liuyan"数据库建立"liuyan"文件夹，到了备份时间策略后，路径中能看到备份文件。也可以在图 4-3-20 所示的"任务计划程序"窗口中，在"aaa"处单击鼠标右键，在弹出的快捷菜单中选择"运行"选项，测试"aaa"备份策略。在图 4-3-25 所示的备份结果中能够看到刚才备份的情况。

图 4-3-25　备份结果

思考与练习

叙述题

1．简述在 Navicat 中修改自动备份默认路径的关键操作步骤。

2．对数据库系统中的"liuyan"数据库进行手动备份，写出简要操作步骤，记录本次数据库备份的路径和备份结果的完整文件名。

3．在数据库系统中新建数据库"liuyan"，选择"liuyan"数据库备份好的备份文件，手动恢复到刚才新建立的数据库"liuyan"中，写出简要操作步骤。

4．选择数据库系统中的"liuyan"数据库，新建计划策略，实现对数据库"liuyan"自动备份，简略写出规划的策略和操作步骤，并验证自动备份策略的执行效果，如果出现问题请简要分析。

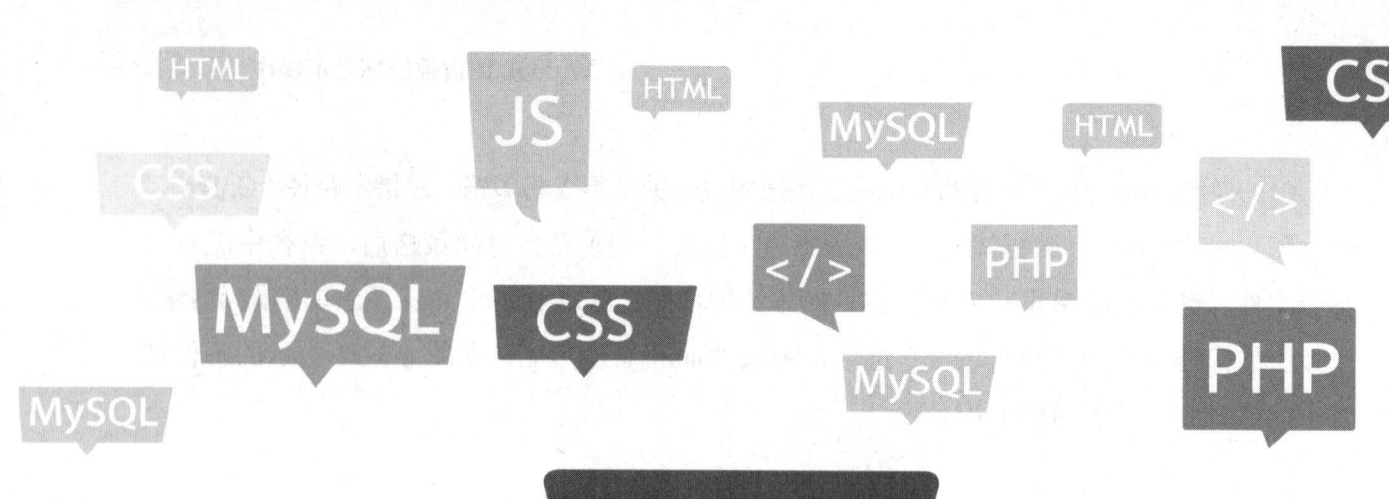

项目五

数据库连接与分页操作

项目引言

在掌握数据库对象使用、相关控件基础操作之后,本项目将学习在 WAMP 环境中,充分利用 Dreamweaver 软件可视化操作代码这一特性,便捷地实现 PHP 对 MySQL 数据库表的连接和访问;连接 MySQL 数据库表后,在动态网页中进一步对表的数据实现分页功能、编辑功能、新增功能、删除功能,掌握用 PHP 对 MySQL 数据库表的增、删、改、查功能;在项目施工过程中掌握基本 SQL 语句的运用技能;通过在浏览器中进行测试和调试,掌握操作 MySQL 数据库表交互的 Web 基本应用技能。在掌握上述技能操作后,可利用 Dreamweaver 软件,更快捷地设计开发涉及数据库的动态网页,从而为设计功能流程复杂的数据库动态网页打下坚实的基础。

能力目标

◆ 能运用 Dreamweaver 软件进行 PHP 连接数据库
◆ 能使用 PHP 设计具有分页功能的数据库表应用动态网页
◆ 能使用 PHP 设计具有编辑功能的数据库表应用动态网页
◆ 能使用 PHP 设计具有新增功能的数据库表应用动态网页
◆ 能使用 PHP 设计具有删除功能的数据库表应用动态网页
◆ 能掌握基本 SQL 语句

任务一

用 Dreamweaver 软件进行 PHP 连接数据库

任务描述

为了更高效地建设公司的网站和设计动态网页，网络信息部门负责人委派工程师小明完成以下任务：运用 Dreamweaver 软件实现 PHP 与数据库的连接。连接成功后，小明将会获取"liuyan"表中的数据，为后续的网页设计任务做好准备，提升网站建设的效率。小明将会利用 Dreamweaver 软件的功能，确保 PHP 与数据库无缝连接，以便有效处理和展示"liuyan"表的数据。这项任务对于网站开发团队引入交互性和个性化元素至关重要，并为公司网站的成功发展奠定坚实基础。工程师小明将帮助提高网络建设过程的效率，并为网站设计任务提供必要的数据支持。通过他的努力，公司能够更加高效地实现网站的建设目标。

任务描述设计页面效果，如图 5-1-1 所示。

图 5-1-1　任务描述设计页面效果

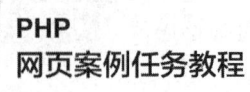

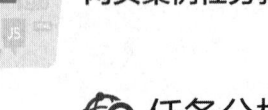

任务分析

工程师小明将根据部门负责人的指示，采用 Dreamweaver 软件进行设计开发，并利用其内置功能进行数据库连接操作。他将使用自动生成的代码，统一操作连接数据库，并将记录集与"liuyan"表进行关联。这一步骤旨在为后续的数据库和表操作做好准备工作，提高设计动态网页的效率。

1. 技术准备工作

（1）数据库系统主要技术参数：连接名称为"phpmysql"，MySQL 服务器 IP 地址为"127.0.0.1"，用户名为"root"，密码为"168168"，数据库名称为"liuyan"。

（2）网站系统主要技术参数：Web 站点路径为"C:\phpweb"，Web 测试 IP 地址为"127.0.0.1"，Web 测试端口号为"8899"。

（3）网页文件命名为"050101.php"。

2. 任务施工步骤

工程师小明能够利用 Dreamweaver 软件的功能和自动生成的代码，快速高效地进行网站设计开发。这种自动化的方法为公司网站建设提供了稳定可靠的数据库连接和数据操作支持。

（1）根据部门负责人的要求，工程师小明确定使用 Dreamweaver 软件进行网站设计和开发工作。

（2）工程师小明利用 Dreamweaver 软件的内置功能，进行数据库连接操作。他将使用集成功能来自动生成连接数据库的代码，以确保连接的一致性和标准化。

（3）通过 Dreamweaver 软件的功能，工程师小明将生成记录集与"liuyan"表的代码关联。这一步骤会为后续的数据库和表操作做好准备工作，以便在设计动态网页时方便访问和展示"liuyan"表中的数据。

（4）工程师小明根据要求，配置数据库连接的相关信息。连接名称被设置为"phpmysql"，MySQL 服务器 IP 地址为"127.0.0.1"，用户名为"root"，密码为"168168"，数据库名称为"liuyan"。

（5）测试连接服务器数据库。

（6）设计生成动态网页"050101.php"。

（7）测试与验收，记录主要施工技术参数。

为了确保连接成功，工程师小明将进行连接数据库的测试。这个步骤将验证所配置的连接信息是否正确，并确保能够成功连接到目标数据库。通过以上步骤，工程师小明能够快速、高效地利用 Dreamweaver 软件进行网站设计开发工作。他通过自动生成的代码和连接配置，确保了数据库连接的稳定性和数据操作的准确性，为公司的网站建设奠定了坚实的基础。

方法和步骤

1. 准备工作

按照网站规划参数进行配置，Web 站点路径：C:\phpweb，Web 测试 IP 地址：127.0.0.1，Web 测试端口号：8899。参照项目一中的任务一、任务二、任务三，配置好 WAMP 环境，配置好 Dreamweaver 网站环境，如果已经配置好 WAMP 环境和 Dreamweaver 软件，此步骤可以略过。启动配置 WAMP 环境与 Dreamweaver 软件，创建网站过程详见项目一中的三个任务步骤，在 MySQL 数据库服务器中，准备好"liuyan"数据库和"liuyan"表；准备好账号"root"和密码"168168"备用。

2. 创建"050101.php"动态网页并连接数据库

（1）单击"开始"按钮，打开"动态网页"，启动 Dreamweaver 软件，单击"文件"菜单，选择"新建"选项，创建 PHP 动态网页"050101.php"。

（2）网页效果如图 5-1-1 所示，插入图片"700.jpg"，修改其默认属性宽度为 750、高度为 232，插入图片"602.gif"。在两张图片之间，按<Shift+Enter>组合键换行，输入文字"预留显示连接公司留言数据库表数据位置"，设置输入的文字为"h2 标题格式"。

（3）单击"窗口"菜单，选择"数据库（D）"选项，如图 5-1-2 所示。

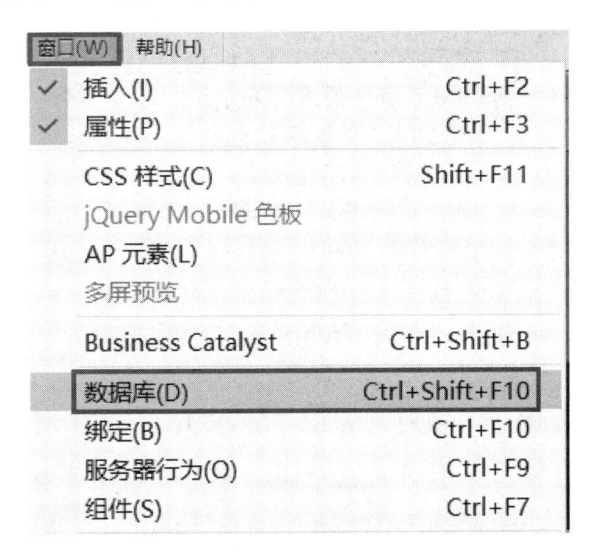

图 5-1-2 选择"数据库（D）"选项

（4）在显示的数据库相关选项卡中，选择"数据库"选项卡，如图 5-1-3 所示。

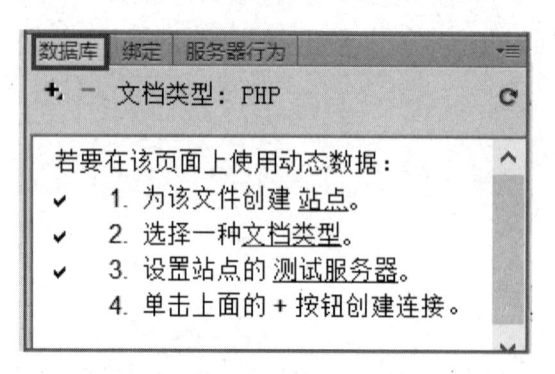

图 5-1-3　"数据库"选项卡

（5）单击"数据库"选项卡中的"+"按钮，如图 5-1-4 所示。

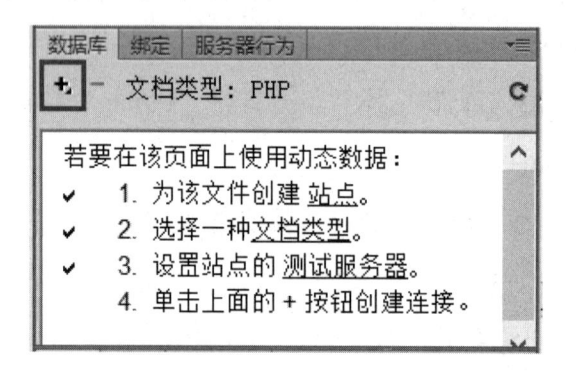

图 5-1-4　"数据库"选项卡"+"按钮

（6）再选择"MySQL 连接"选项，如图 5-1-5 所示。

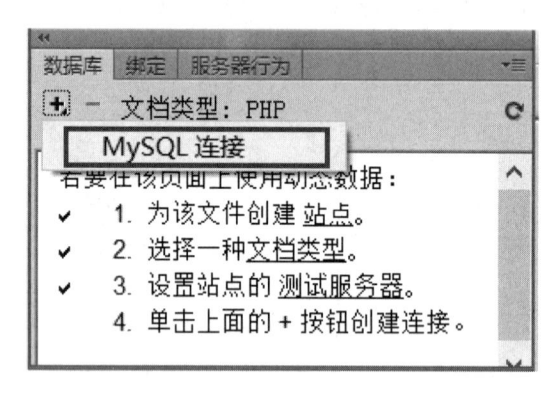

图 5-1-5　"MySQL 连接"选项

（7）选择"MySQL 连接"选项后，弹出"MySQL 连接"对话框，如图 5-1-6 所示。输入连接名称、MySQL 服务器、用户名、密码，单击"选取"按钮，弹出"选取数据库"对话框，在"数据库"处单击"选取"按钮，选择"liuyan"选项，单击"确定"按钮，如图 5-1-7 所示。

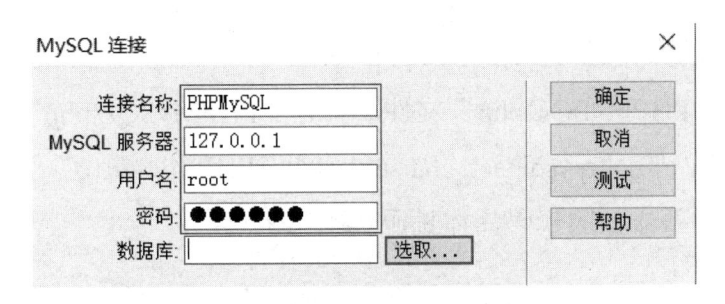

图 5-1-6 "MySQL 连接"对话框

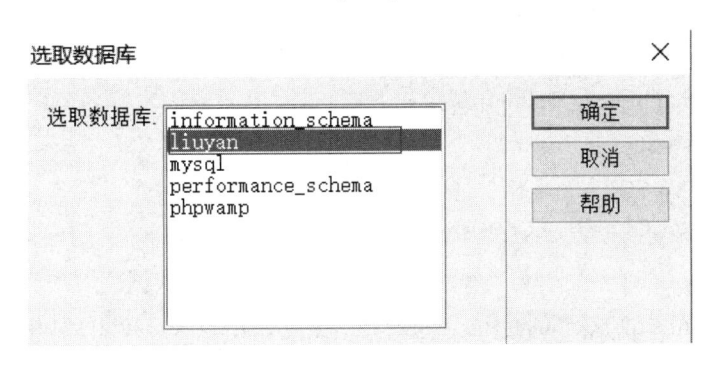

图 5-1-7 "选取数据库"对话框

（8）返回"MySQL 连接"对话框，这时已经完成"MySQL 连接"的相关参数填写，单击"测试"按钮。如果弹出"成功创建连接脚本"提示对话框，说明参数设置正确，单击"确定"按钮，返回上一界面，再单击"确定"按钮，完成创建 MySQL 数据库连接的操作，如图 5-1-8 所示。

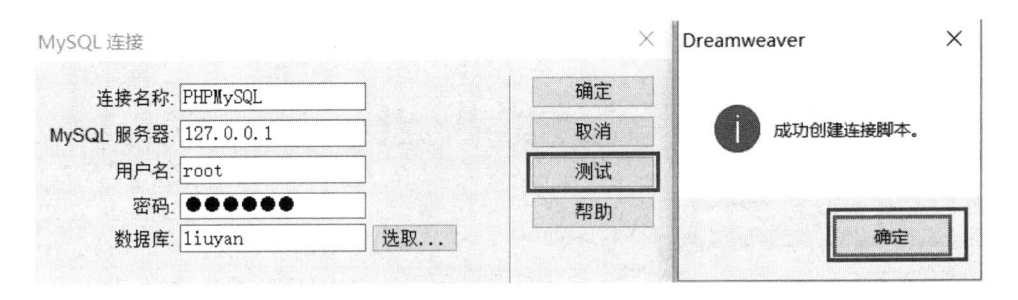

图 5-1-8 "成功创建连接脚本"提示对话框

（9）完成上面的操作后，在"数据库"选项卡中能够看到创建的"PHPMySQL"连接，如图 5-1-9 所示。

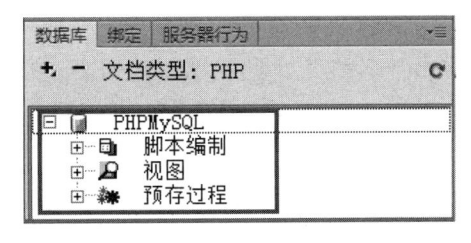

图 5-1-9 "数据库"选项卡显示创建的"PHPMySQL"连接

（10）完成上面的操作后，在路径 C:\phpweb 中会自动建立"Connections"目录，在该目录中会自动建立"PHPMySQL.php"文件，打开"PHPMySQL.php"文件，修改源代码，需要在源代码最后加一句"mysql_set_charset('utf8', $PHPMySQL);"，作用是防止浏览器显示中文时出现乱码。新添加的代码具体见源代码第 12 行。

```
01. <?php
02. # FileName="Connection_php_mysql.htm"(文件名="Connection_php_mysql.htm")
03. # Type="MYSQL"(类型="MYSQL")
04. # HTTP="true"(HTTP="true")
05. $hostname_PHPMySQL = "127.0.0.1";        //数据库服务器的主机名或IP地址
06. $database_PHPMySQL = "liuyan";           //要连接的数据库名称
07. $username_PHPMySQL = "root";             //数据库用户名
08. $password_PHPMySQL = "168168";           //数据库密码
09.                                          //连接到MySQL数据库服务器，并选择指定的数据库
10. $PHPMySQL = mysql_pconnect($hostname_PHPMySQL, $username_PHPMySQL, $password_PHPMySQL) or trigger_error(mysql_error(), E_USER_ERROR);
11.                                          //设置数据库连接的字符集为utf8支持简体中文
12. mysql_set_charset('utf8', $PHPMySQL);
13. ?>
```

（11）单击"绑定"选项卡，再单击"+"按钮，显示快捷菜单，选择"记录集（查询）"选项，如图 5-1-10 所示。

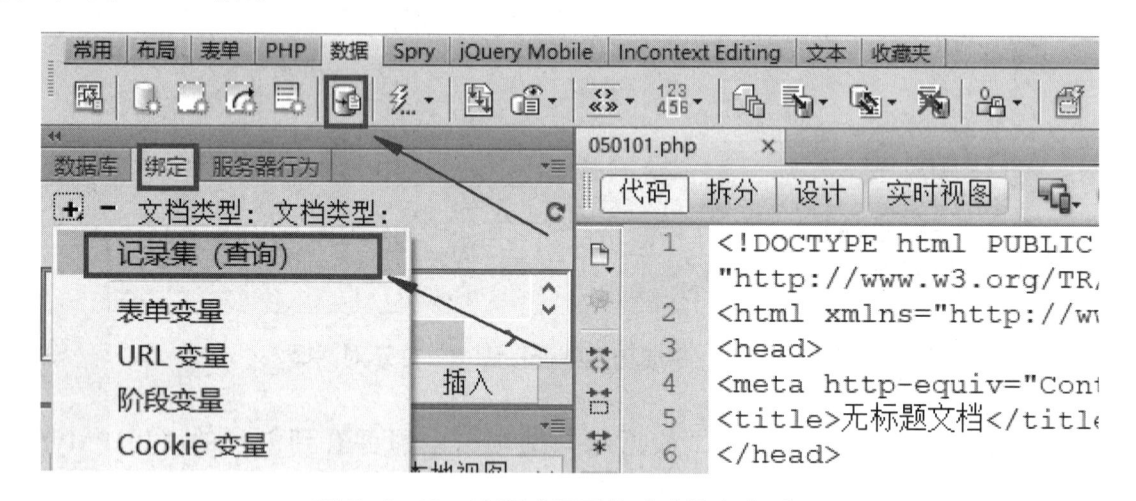

图 5-1-10　选择"记录集（查询）"选项

（12）弹出"记录集"对话框，"名称"处默认为"Recordset1"，连接处选择"PHPMySQL"选项，"表格"处选择"liuyan"选项，"列"处选择"全部"选项，"筛选"处默认选择"无"选项，"排序"处默认选择"无"选项，单击"确定"按钮，如图 5-1-11 所示。

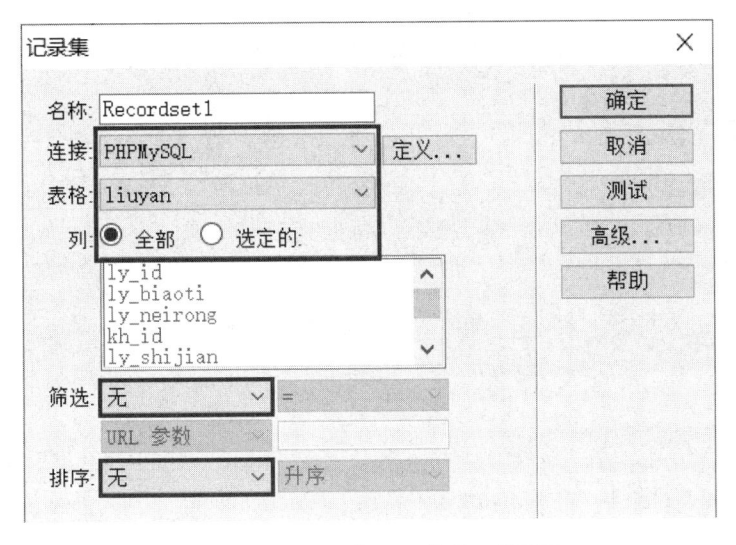

图 5-1-11 "记录集"对话框

（13）在网页中插入标题元素"<h2>标题2</h2>"，再从文"image"件夹中选择插入图片"700.jpg"，修改其默认属性宽度为750、高度为232，按<Shift+Enter>组合键换行，输入文字"预留显示连接公司留言数据库表数据位置"，再从"image"文件夹中选择插入图片"602.gif"，效果如图 5-1-12 所示。

图 5-1-12 "050101.php"动态网页效果

3."050101.php"网页源码

```
01. <?php require_once('Connections/PHPMySQL.php'); ?>   <!-- 引入数据库连接文件 -->
02. <?php                                                // PHP代码开始标
03. if (!function_exists("GetSQLValueString")) {         // 检查是否已定义GetSQLValueString函数
04. function GetSQLValueString($theValue, $theType, $theDefinedValue = "", $theNotDefinedValue = "")
                                                         // 定义SQL值处理函数
05. {
06. if (PHP_VERSION < 6) {                               // 检查PHP版本是否低于6
```

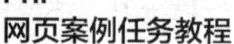

07. $theValue = get_magic_quotes_gpc() ? stripslashes($theValue) : $theValue;   // 去除魔术引号
08. }
09. $theValue = function_exists("mysql_real_escape_string") ? mysql_real_escape_string($theValue) : mysql_escape_string($theValue);   // 转义字符串
10. switch ($theType) {   // 根据类型处理值
11. case "text":
12. $theValue = ($theValue != "") ? "'" . $theValue . "'" : "NULL";   // 文本类型
13. break;
14. case "long":
15. case "int":
16. $theValue = ($theValue != "") ? intval($theValue) : "NULL";   // 整型
17. break;
18. case "double":
19. $theValue = ($theValue != "") ? doubleval($theValue) : "NULL";   // 浮点型
20. break;
21. case "date":
22. $theValue = ($theValue != "") ? "'" . $theValue . "'" : "NULL";   // 日期型
23. break;
24. case "defined":
25. $theValue = ($theValue != "") ? $theDefinedValue : $theNotDefinedValue;   // 自定义值
26. break;
27. }
28. return $theValue;
29. }
30. }
31. mysql_select_db($database_PHPMySQL, $PHPMySQL);   // 选择数据库
32. $query_Recordset1 = "SELECT * FROM liuyan";   // 查询留言表
33. $Recordset1 = mysql_query($query_Recordset1, $PHPMySQL) or die(mysql_error());   // 执行查询
34. $row_Recordset1 = mysql_fetch_assoc($Recordset1);   // 获取查询结果
35. $totalRows_Recordset1 = mysql_num_rows($Recordset1);   // 获取总行数
36. ?> <!-- PHP代码结束 -->
37. <!doctype html> <!-- HTML文档类型声明 -->
38. <html> <!-- HTML根元素 -->
39. <head> <!-- 文档头部 -->
40. <meta charset="UTF-8"> <!-- 设置字符编码为UTF-8 -->
41. <title>预留显示连接公司留言数据库表数据位置</title> <!-- 页面标题 -->
42. </head>
43. <body>
44. <h2><img src="image/700.jpg" width="750" height="232" />
预留显示连接公司留言数据库

表数据位<img src="image/602.gif" width="750" height="80" /> <!-- 显示图片和预留位置 -->

45. </h2>
46. </body>
47. </html>
48. <?php   // PHP代码开始标
49. mysql_free_result($Recordset1);   // 释放查询结果
50. ?> <!-- PHP代码结束 -->

"050101.php"动态网页拆分视图，如图 5-1-13 所示。

图 5-1-13　"050101.php"动态网页拆分视图

"050101.php"动态网页运行结果，如图 5-1-14 所示。

图 5-1-14　"050101.php"动态网页运行结果

相关知识与技能

在编写 PHP 动态网页时，连接数据库是常见的任务。在 PHP 中有多种方式可以连接数

据库。

PHP 连接 MySQL 数据库的几种方法如下。

1. 最简单连接 mysql（面向过程）方式

在早期的 PHP 版本中，mysql_函数是连接 MySQL 数据库的主要方法。该函数提供了一种简单的方式连接、查询和操作 MySQL 数据库。然而，随着 PHP 的发展，mysql_函数逐渐被弃用，因为这种方式存在一些安全和性能方面的问题。这种方式就是最简单连接 mysql（面向过程）方式，使用 mysql 扩展连接 MySQL 数据库。首先使用 mysql_connect 函数连接到 MySQL 数据库服务器，然后使用 mysql_select_db 函数选择数据库，之后可以执行查询语句并通过 mysql_query 函数获取结果集，通过 mysql_fetch_assoc 函数遍历结果集并输出数据，最后使用 mysql_close 函数关闭数据库连接。

例如，"ex5101.php"代码，是用最简单连接 mysql（面向过程）方式连接数据库"liuyan"。

```
01. <!DOCTYPE html>         <!-- 声明文档类型为HTML5 -->
02. <html>                  <!-- 开始HTML文档 -->
03. <head>                  <!-- 开始头部区域 -->
04. <meta charset="UTF-8">  <!-- 设置字符编码为UTF-8 -->
05. <title>最简单连接mysql(面向过程)方式</title>  <!-- 设置网页标题 -->
06. </head>                 <!-- 结束头部区域 -->
07. <body>                  <!-- 开始网页主体 -->
08. <?php
09.                                         // 数据库连接参数
10. $ip = "127.0.0.1";                      // 主机地址
11. $usr = "root";                          // 用户名
12. $pwd = "168168";                        // 密码
13. $db = "liuyan";                         // 数据库名称
14.                                         // 连接数据库
15. $con = mysqli_connect($ip, $usr, $pwd, $db);// 使用mysqli_connect函数连接到MySQL数据库
16.                                         // 检查连接是否成功
17. if (!$con) {                            // 如果连接失败，$con为false
18. die("连接失败: " . mysqli_connect_error()); // 输出连接错误信息并终止脚本
19. }
20. echo "最简单连接mysql(面向过程)方式连接MySQL数据库{$db}成功！";
                                            // 如果连接成功，输出成功消息
21.                                         // 关闭数据库连接
22. mysqli_close($con);                     // 使用mysqli_close函数关闭数据库连接，释放资源
23. ?>
24. </body>                  <!-- 结束网页主体 -->
```

25. </html> <!-- 结束HTML文档 -->

2. PHP连接MySQL数据库MySQLi（面向过程）方式

MySQLi是在PHP5版本中引入的扩展，旨在提供对MySQL数据库的更现代和更强大的支持，取代了最简单连接mysql（面向过程）的传统方式，提供更多的功能。MySQLi支持面向过程和面向对象两种编程方式，这里我们先介绍面向过程方式。

例如，"ex5102.php"代码，是用PHP连接MySQL数据库MySQLi（面向过程）方式连接数据库"liuyan"。

```
01. <!DOCTYPE html>  <!-- 声明文档类型为HTML5 -->
02. <html>  <!-- 开始HTML文档 -->
03. <head>  <!-- 开始头部区域 -->
04. <meta charset="UTF-8">  <!-- 设置字符编码为UTF-8 -->
05. <title>PHP连接MySQL数据库MySQLi（面向过程）方式</title>  <!-- 设置网页标题 -->
06. </head>  <!-- 结束头部区域 -->
07. <body>  <!-- 开始网页主体 -->
08. <?php
09.                          // 数据库连接参数
10. $ip = "127.0.0.1";       // 主机地址
11. $usr = "root";           // 用户名
12. $pwd = "168168";         // 密码
13. $db = "liuyan";          // 数据库名称
14.                          // 创建数据库连接
15. $con = mysqli_connect($ip, $usr, $pwd, $db);    // 使用mysqli_connect函数创建数据库连接
16.                          // 检查连接是否成功
17. if (!$con) {             // 如果连接失败，$con为false
18. die("连接失败: " . mysqli_connect_error());      // 输出连接错误信息并终止脚本
19. } else {
20. echo "PHP连接MySQL数据库MySQLi（面向过程）方式连接{$db}数据库成功！";
                             // 如果连接成功，输出成功消息
21. }
22.                          // 关闭数据库连接
23. mysqli_close($con);      // 使用mysqli_close函数关闭数据库连接，释放资源
24. ?>
25. </body>  <!-- 结束网页主体 -->
26. </html>  <!-- 结束HTML文档 -->
```

（1）第10~13行定义了连接到MySQL数据库所需的参数，包括主机地址、用户名、密码和数据库名称。

（2）第14行，使用"mysqli_connect"函数创建与MySQL数据库的连接，并将连接对

象存储在变量$con中。

（3）第17～21行的条件语句判断检查连接是否成功。如果连接成功，会输出连接成功的消息，包括数据库名称。如果连接失败，这行代码会终止程序的执行，还会输出连接失败的错误信息，并使用"mysqli_connect_error()"获取连接错误信息。

（4）第23行，关闭与数据库的连接，释放资源。

最简单连接mysql（面向过程）方式与PHP连接MySQL数据库MySQLi（面向过程）方式对比，相同点是连接数据库时，代码结构相同，不同之处是最简单连接mysql（面向过程）方式PHP数据库指令中没有明确的错误处理功能，即使查询失败也没有捕获错误的功能；而PHP连接MySQL数据库MySQLi（面向过程）方式具有许多高级功能，如预处理语句、事务处理、错误处理等。

3. PHP连接MySQL数据库MySQLi（面向对象）方式

PHP连接MySQL数据库MySQLi（面向对象）方式是一种用于建立与MySQL数据库通信的方法，这种方式提供了更强大和更安全的功能，取代了最简单连接MySQL（面向过程）的传统方式。

例如，"ex5103.php"代码，是用PHP连接MySQL数据库MySQLi（面向对象）方式连接数据库"liuyan"。

```
01. <!DOCTYPE html> <!-- 声明文档类型为HTML5 -->
02. <html> <!-- 开始HTML文档 -->
03. <head> <!-- 开始头部区域 -->
04. <meta charset="UTF-8"> <!-- 设置字符编码为UTF-8 -->
05. <title>PHP连接MySQL数据库MySQLi（面向对象）方式</title> <!-- 设置网页标题 -->
06. </head> <!-- 结束头部区域 -->
07. <body> <!-- 开始网页主体 -->
08. <?php
09.                                                   // 数据库连接参数
10. $hst = "127.0.0.1";                               // MySQL服务器IP地址
11. $usr = "root";                                    // 用户名
12. $pwd = "168168";                                  // 密码
13. $dbn = "liuyan";                                  // 数据库名称
14.                                                   // 创建数据库连接对象
15. $con = new mysqli($hst, $usr, $pwd, $dbn);        // 使用mysqli类创建数据库连接对象
16.                                                   // 检查连接是否成功
17. if ($con->connect_error) {                        // 检查是否有连接错误
18. die("连接失败: " . $con->connect_error);           // 如果连接失败，输出错误信息并终止脚本
19. } else {
```

20. echo "PHP连接MySQL数据库MySQLi（面向对象）方式连接liuyan数据库成功！";
                                        // 如果连接成功，输出成功消息
21. }
22.   // 关闭数据库连接
23. $con->close();   // 使用close方法关闭数据库连接，释放资源
24. ?>
25. </body> <!-- 结束网页主体 -->
26. </html> <!-- 结束HTML文档 -->

（1）第9~13行定义了MySQL数据库连接参数，包括MySQL服务器IP地址、用户名、密码和数据库名称。

（2）第15行，创建一个MySQLi数据库连接对象，代码中包含了全部连接数据库参数信息，就是用面向对象的方式创建了一个MySQLi数据库连接对象，并将连接对象存储在变量$con中。这就是与前面面向过程示例不同的地方，采用了面向对象编程的方式。

（3）第17~21行的条件语句判断检查数据库连接是否成功。如果连接成功，会输出连接成功的消息。如果连接失败，这行代码会终止程序的执行，还会输出连接失败的错误信息，并使用"$con->connect_error"获取连接错误信息。

（4）第23行，使用"$con->close()"方法关闭了与MySQL数据库的连接，释放了相关资源。

4. PHP连接MySQL数据库PDO方式

PHP连接MySQL数据库PDO方式是一种灵活而强大的数据库连接方式，提供了与多种数据库系统交互的通用接口。PDO是PHP5引入的数据库访问抽象层，为PHP应用程序提供了一种通用的数据库连接和操作方式。PDO支持多种数据库，包括MySQL、SQLite、Oracle等，其优势是可以使用相同的代码来访问不同的数据库系统。

例如，"ex5104.php"代码，是用PHP连接MySQL数据库PDO方式连接数据库"liuyan"。

01. <!DOCTYPE html> <!-- 声明文档类型为HTML5 -->
02. <html> <!-- 开始HTML文档 -->
03. <head> <!-- 开始头部区域 -->
04. <meta charset="UTF-8"> <!-- 设置字符编码为UTF-8 -->
05. <title>PHP连接MySQL数据库PDO方式</title> <!-- 设置网页标题 -->
06. </head> <!-- 结束头部区域 -->
07. <body> <!-- 开始网页主体 -->
08. <?php
09. try {
10.   // 数据库连接参数
11. $hst = "127.0.0.1";   // MySQL服务器IP地址

173

```
12. $dbnm = "liuyan";                    // 数据库名称
13. $user = "root";                       // 用户名
14. $pass = "168168";                     // 密码
15.                                       // 创建PDO连接
16. $conn = new PDO("mysql:host=$hst;dbname=$dbnm", $user, $pass);
                                          // 使用PDO连接到MySQL数据库
17.                                       // 设置PDO错误处理模式
18. $conn->setAttribute(PDO::ATTR_ERRMODE, PDO::ERRMODE_EXCEPTION);
                                          // 设置错误模式为异常模式，以便捕获错误
19.                                       // 连接成功提示
20. echo "PHP连接MySQL数据库PDO方式连接 $dbnm 成功！";    // 输出连接成功的消息
21.                                       // 关闭数据库连接
22. $conn = null;                         // 将PDO对象设置为null，关闭连接
23. } catch (PDOException $e) {
24.                                       // 连接失败提示
25. die("连接失败: " . $e->getMessage());  // 捕获异常并输出错误信息
26. }
27. ?>
28. </body> <!-- 结束网页主体 -->
29. </html> <!-- 结束HTML文档 -->
```

（1）第 9 行的 try 是 PHP 中异常处理的结构命令，与第 23 行的 catch 成对使用。

（2）第 11~14 行定义了 MySQL 数据库连接参数，包括 MySQL 服务器 IP 地址、数据库名称、用户名和密码。

（3）第 16 行，使用 PDO 方式创建了一个与 MySQL 数据库的连接，将连接对象存储在变量$conn 中。

（4）第 18 行，设置 PDO 连接的错误处理模式为异常模式，作用是如果在连接或查询过程中出现错误，将抓取这些异常，以便更好地处理错误异常。

（5）第 20 行，输出连接成功的消息。

（6）第 22 行的作用是关闭与 MySQL 数据库的连接，释放相关资源。

（7）第 23~26 行的 catch 是一个异常处理的代码块，作用是抓取可能出现的连接数据库错误，如果发生错误，就会输出连接失败的错误信息。

5. 关闭 MySQL 数据库的连接方法

关闭 MySQL 数据库连接是为了释放资源和确保安全性，以防止不必要的数据库连接占用服务器资源。关闭连接是在完成与数据库的操作后执行的重要步骤，有助于确保数据库连接不会无限期保持开启模式，从而减少服务器资源的占用，同时也有助于提高应用程序的性能和安全性。在 PHP 中，根据使用不同的方式连接数据库，应采用相应的方法来关闭 MySQL 数据库的连接。

（1）PHP 最简单连接 mysql（面向过程）方式对应的关闭方式：MySQL 数据库的连接方法见例"ex5101.php"，第 15 行与第 22 行成对配套使用，先定义，使用完成，结束时关闭。

```
14.     //连接数据库
15. $con = mysqli_connect($ip, $usr, $pwd, $db);
21.     //关闭数据库连接
22. mysqli_close($con);
```

（2）PHP 连接 MySQL 数据库 MySQLi（面向过程）方式对应的关闭方式：MySQL 数据库的连接方法见例"ex5102.php"，第 15 行与第 23 行成对配套使用，先定义，使用完成，结束时关闭。

```
14.     //创建数据库连接
15. $con = mysqli_connect($ip, $usr, $pwd, $db);
22.     //关闭数据库连接
23. mysqli_close($con);
```

（3）PHP 连接 MySQL 数据库 MySQLi（面向对象）方式对应的关闭方式：MySQL 数据库的连接方法见例"ex5103.php"，第 15 行与第 23 行成对配套使用，先定义，使用完成，结束时关闭。

```
14.     //创建数据库连接对象
15. $con = new mysqli($hst, $usr, $pwd, $dbn);
22.     //关闭数据库连接
23. $con->close( );
```

（4）PHP 连接 MySQL 数据库 PDO 方式对应的关闭方式：MySQL 数据库的连接方法见例"ex5104.php"，第 16 行与第 22 行成对配套使用，先定义，使用完成，结束时关闭。

```
15.     //创建PDO连接
16. $conn = new PDO("mysql:host=$hst;dbname=$dbnm", $user, $pass);
21.     //关闭数据库连接
22. $conn = null;
```

相关知识与技能

1. MySQL 简介

MySQL 是一种广泛使用的开源数据库系统，与 PHP 语言紧密结合，MySQL 被广泛认为是 PHP 的最佳选择。通过 PHP，WAMP 可以轻松地连接和操作 MySQL。MySQL 是一种在服务器上运行的数据库系统，特别适用于 Web 应用动态网页。MySQL 支持标准的 SQL

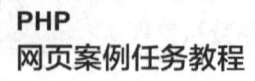

语言，使 WAMP 可以使用常见的查询语句来操作数据库。它还提供了许多高级功能，如事务处理、存储过程和触发器，使 WAMP 能够更灵活地处理数据。MySQL 可以在一些平台上编译，拥有良好的稳定性和技术支持。MySQL 中的数据存储在表中，表是相关数据的集合，由列和行组成。在分类存储信息时，数据库非常有用。作为 PHP 开发人员，熟悉 MySQL 的使用至关重要。MySQL 的快速性、可靠性和易用性使其成为 PHP 开发中最受欢迎的数据库系统之一。通过与 PHP 配合使用，WAMP 可以轻松地实现与数据库的交互和操作，无论是构建简单的网站，还是复杂的企业应用动态网页，掌握 MySQL 可以帮助 WAMP 更好地组织和管理数据，提高开发效率和数据处理能力。

2. PHP 与 MySQL 能实现跨平台

PHP 是一种通用的服务器端脚本语言，而 MySQL 是一种广泛使用的开源关系型数据库管理系统。它们之间的结合可以在各种操作系统和平台上进行，包括 Windows、Linux、macOS 等。PHP 作为服务器端脚本语言，提供了与 MySQL 进行交互的丰富功能和灵活性。它提供了一系列的 MySQL 扩展和 API，使开发人员能够连接到 MySQL，执行查询、插入、更新和删除数据等操作。这些功能使 PHP 能够轻松地与 MySQL 进行通信和数据交换。跨平台的意思是 PHP 和 MySQL 可以在不同的操作系统和平台上运行，并且能够相互配合工作。无论是在 Windows 服务器、Linux 服务器还是 macOS 服务器上，开发人员都可以使用 PHP 和 MySQL 进行开发和部署数据库驱动的 Web 应用动态网页。这种跨平台性使得 PHP 和 MySQL 成为许多网站和应用动态网页开发的首选组合。开发人员可以使用他们喜欢的操作系统和开发环境，无须担心与 MySQL 的兼容性问题。他们可以编写一次代码，然后在不同的平台上进行部署，无须对代码进行任何修改。

总之 PHP 与 MySQL 组合是跨平台的，可以在多个操作系统和平台上无缝协同工作，为开发人员提供了灵活性和便利性。无论是开发小型网站还是大型企业级应用动态网页，PHP 和 MySQL 的组合都是一种性价比高且稳定、可靠的选择。

3. MySQLi 和 PDO 的作用与区别

MySQLi 和 PDO 都是 PHP 中用于与数据库进行交互的扩展库，用于执行数据库各种操作，但它们有不同的特点和用途。

（1）MySQLi 方式

MySQLi 是 PHP 提供的 MySQL 数据库的官方扩展，它提供了对 MySQL 面向对象和面向过程的两种不同 API 风格，开发人员可以选择使用更适合他们编程风格的方式。

① 预处理语句：MySQLi 支持预处理语句，这对于防止 SQL 注入攻击非常有用。预处理语句允许将参数绑定到 SQL 查询中，而不是直接将数据插入查询字符串。

② 支持多语句查询：MySQLi 支持一次执行多个 SQL 语句，可以减少与数据库的交互次数，从而提高性能。

③ 更多 MySQL 特性支持：MySQLi 提供了对 MySQL 的许多高级特性的支持，如存储过程、触发器、多语句查询等。

（2）PDO 方式

PDO 是 PHP 的一个数据库抽象层，它不只仅限于 MySQL，还支持多种数据库，包括 MySQL、SQLite、PostgreSQL 等。

① 数据库无关性：PDO 的一个主要优势是它可以与多种不同类型的数据库一起使用，而无须更改代码，这使得在项目中更容易切换数据库引擎。

② 预处理语句：与 MySQLi 一样，PDO 也支持预处理语句，可以提供更强的安全性。

③ 面向对象：PDO 提供了一个面向对象的 API，这使得代码更易于组织和维护。

④ 错误处理：PDO 具有强大的错误处理机制，可以通过设置不同的错误模式来控制错误报告级别。

（3）MySQLi 和 PDO 的区别

① 数据库支持方面，MySQLi 主要用于 MySQL。PDO 支持多种数据库，使用更灵活。

② API 风格方面，MySQLi 提供了面向对象和面向过程两种 API 风格。PDO 提供了面向对象的 API 风格。

③ 预处理语句方面，MySQLi 和 PDO 都支持预处理语句，但用法略有不同。

④ 多语句查询方面，MySQLi 支持执行多语句查询，PDO 需要使用不同的方法来实现。

⑤ 错误处理方面，MySQLi 使用 mysqli_error 和 mysqli_errorno 等函数来处理错误。PDO 具有更灵活的错误处理机制，可以设置不同的处理错误模式。

（4）数据的安全性

① 数据安全尤为重要，MySQLi 和 PDO 都提供了一些功能来防止安全漏洞，尤其是 SQL 注入攻击方面。

② 预处理语句方面，MySQLi 和 PDO 都支持预处理语句，这是防止 SQL 注入攻击的强大工具。它们允许将用户提供的数据与 SQL 查询分开，从而防止恶意输入被解释为 SQL 代码。

③ 错误处理方面，MySQLi 和 PDO 都具备错误处理机制，允许开发人员处理数据库操作中的错误。这有助于更好地控制和保护敏感信息，并在错误发生时采取适当的措施。

④ 参数绑定方面，使用参数绑定是防止 SQL 注入的一部分，MySQLi 和 PDO 都支持这一功能。将参数绑定到 SQL 语句中，可以确保数据以安全的方式插入查询中。

⑤ 过滤输入方面，无论使用 MySQLi 还是 PDO，都应该合理过滤和验证用户输入。过滤和验证用户输入是防止不良数据进入数据库的重要步骤，可以通过使用过滤函数或验

证库来实现。

总之，MySQLi 和 PDO 在安全性方面提供了类似的功能，可以有效地保护数据库免受 SQL 注入等攻击。然而，开发人员仍然需要遵循最佳实践，编写安全的代码，包括使用预处理语句、适当的错误处理和输入验证，以确保应用程序的安全性。

4. 优势和劣势

MySQLi 的优势是提供面向对象和面向过程的 API，适应不同的编程风格，对 MySQL 的高级特性有更好的支持，更多的 MySQL 专用函数。MySQLi 的劣势是不跨数据库支持，只支持 MySQL；API 的劣势是相对复杂，可能需要更多的代码。

PDO 的优势是跨数据库支持，更灵活，可以在不同数据库之间轻松切换，面向对象的 API，代码更易于维护和扩展，具有强大的错误处理机制。PDO 的劣势是在某些情况下，可能需要编写更多的代码来实现与 MySQLi 相同的功能，对于某些数据库特定的功能，可能需要特定的驱动程序。

综上所述，选择使用 MySQLi 还是 PDO 取决于项目需求和个人偏好。如果只需要与 MySQL 数据库交互，可能更倾向于使用 MySQLi；如果需要跨多个数据库进行开发，或者希望代码更具灵活性，PDO 可能是更好的选择。

思考与练习

叙述题

1. 简述 PHP 连接 MySQL 的几种方法名称。
2. 写出 PHP 最简单连接 mysql（面向过程）方式的代码。
3. 写出 PHP 连接 MySQL MySQLi（面向过程）方式的代码。
4. 写出 PHP 连接 MySQL MySQLi（面向对象）方式的代码。
5. 写出 PHP 连接 MySQL PDO 方式的代码。
6. PHP 连接 MySQL 之后，完成了相关功能，写出关闭 MySQL 的连接方法的代码。
7. 简述 MySQLi 方式。
8. 简述 PDO 方式。
9. 简述 MySQLi 和 PDO 的区别与不同。
10. 简述 MySQLi 和 PDO 的优势和劣势。
11. 简述 MySQLi 和 PDO 在数据安全性方面的措施比对。

任务二

设计分页浏览集团公司留言动态网页

任务描述

根据网络信息部门负责人的要求，工程师小明需要在已完成的任务一的基础上进行改进，重点是提升留言管理动态网页的设计界面，以实现更加美观的表格效果。

在项目中，工程师小明的任务是设计名为"050201.php"的动态网页，该网页将作为集团公司网站的一部分。其主要功能是显示公司留言数据库的内容，每页显示一条数据。

工程师小明将着重优化页面设计，以实现更加美观的表格效果。这可能涉及对表格的样式、布局、颜色等方面进行优化，以确保用户体验感的提升。此外，工程师小明还需要确保网页的动态性，即能够根据数据库中的内容实时生成页面，并在每页中呈现一条留言数据。通过这样的改进，工程师小明将为集团公司网站提供更加吸引人、更加友好的用户留言管理页面，提升用户对集团公司网站的满意度和留言交互的效果。同时，这也有助于提升公司形象和用户体验感，为集团公司的网站建设工作贡献一份专业而出色的成果。

任务描述设计页面效果，如图 5-2-1 所示。

图 5-2-1 任务描述设计页面效果

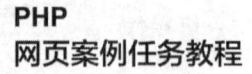

任务分析

1. 技术准备工作

（1）数据库系统主要技术参数：连接名称为"phpmysql"，MySQL 数据库服务器 IP 地址为"127.0.0.1"，用户名为"root"，密码为"168168"，数据库名称为"liuyan"。

（2）网站系统主要技术参数：Web 站点路径为"C:\phpweb"，Web 测试 IP 地址为"127.0.0.1"，Web 测试端口号为"8899"。

（3）网页文件命名为"050201.php"。

2. 任务概要

根据网络信息部门负责人的要求，工程师小明对给出的任务进行了分析，以下是任务施工概要。

（1）数据库连接与函数定义。进行数据库连接，确保与数据库的通信。定义了函数，用于处理 SQL 查询参数的值。

（2）数据查询和分页处理。定义了变量，用于控制每页显示的记录数和当前页码。通过获取当前页码，构建查询语句，实现分页查询。执行查询，获取结果集，并计算总记录数和总页数。

（3）数据显示和页面导航。使用表格展示查询结果。使用循环遍历结果集，并输出记录的各个字段值。创建页面导航链接，包括第一页、前一页、下一页和最后一页的链接。

（4）页面布局和样式。嵌入公司标志和动画图像。设置页面标题和表格来展示查询结果。

（5）控制表格边框和单元格的间距，在页面底部嵌入底部图像。

（6）结果集释放。释放查询结果集，释放资源。

（7）完成设计后，进行全面的测试、调试和验收工作，确保页面在各种浏览器和设备上的兼容性和正常显示，记录主要施工技术参数。

工程师小明能够理解该网页的数据查询、分页显示和导航功能的实现方式。此外，他还能注意到该网页的布局结构和样式设置，以及数据库连接和结果集释放的处理。根据任务要求，工程师小明可以根据需求对源代码进行修改和优化，以提升用户体验感和功能表现。

方法和步骤

1. 准备工作

按照网站规划参数进行配置。Web 站点路径：C:\phpweb，Web 测试 IP 地址：127.0.0.1，Web 测试端口号：8899。参照项目一中的任务一、任务二、任务三，配置好 WAMP 环境，配置好 Dreamweaver 软件，如果已经配置好 WAMP 环境和 Dreamweaver 软件，此步骤可以略过。启动配置 WAMP 环境与 Dreamweaver 软件，创建网站过程详见项目一中的三个任务步骤，在 MySQL 数据库服务器中，准备好"liuyan"数据库和"liuyan"表；准备好账号"root"和密码"168168"备用。

2. 创建"050201.php"动态网页

（1）单击"开始"按钮，打开"动态网页"，启动 Dreamweaver 软件，单击"文件"菜单，选择"新建"选项，创建 PHP 动态网页"050201.php"。

（2）网页属性中输入网页标题"显示公司留言数据库"。

（3）在网页中插入标题元素"<h2>标题 2</h2>"，输入文字"分页浏览集团公司留言"，再从"image"文件夹中选择插入图片"700.jpg"，修改其默认宽度为 750、高度为 232，按 <Shift+Enter> 组合键换行，再从"image"文件夹中选择插入图片"602.gif"。

（4）连接 MySQL 数据库"liuyan"（详细步骤和示意图见项目五任务一）。单击"窗口"菜单，选择"数据库"选项，单击"数据库"标签面板中"+"按钮，选择"MySQL 连接"选项，弹出"MySQL 连接"对话框，输入连接名称、MySQL 数据库服务器、用户名、密码，单击"选取"按钮，在数据库对话框中选择数据库"liuyan"选项，单击"确定"按钮，返回"MySQL 连接"对话框，这时已经完成参数填写，单击"测试"按钮，弹出提示"成功创建连接脚本"，单击"确定"按钮，返回上一界面，再单击"确定"按钮，至此完成了创建 MySQL 数据库连接的操作。

（5）在数据库面板标签中，能够看到刚才创建的 PHPMySQL 连接。完成此操作后在网站根目录下，会自动建立目录 Connections，在该目录中会自动建立"PHPMySQL.php"文件，打开"PHPMySQL.php"文件，在源代码末尾加一句"mysql_set_charset('utf8', $PHPMySQL);"，作用是防止浏览器显示中文时乱码，见下面代码第 12 行，修改后请保存并关闭文件。

```
01.<?php
02. # FileName="Connection_php_mysql.htm"(文件名="Connection_php_mysql.htm")
03. # Type="MYSQL"(类型="MYSQL")
04. # HTTP="true"(HTTP="true")
```

05. $hostname_PHPMySQL = "127.0.0.1";   //数据库服务器的主机名或IP地址
06. $database_PHPMySQL = "liuyan";   //要连接的数据库名称
07. $username_PHPMySQL = "root";   //数据库用户名
08. $password_PHPMySQL = "168168";   //数据库密码
09.   //连接到MySQL数据库服务器，并选择指定的数据库
10. $PHPMySQL = mysql_pconnect($hostname_PHPMySQL, $username_PHPMySQL, $password_PHPMySQL) or trigger_error(mysql_error(), E_USER_ERROR);
11.   //设置数据库连接的字符集为utf8支持简体中文
12. mysql_set_charset('utf8', $PHPMySQL);
13. ?>

（6）创建绑定记录集（查询）（详细步骤和示意图见项目五任务一）。

（7）将鼠标光标定位在图片"602.gif"之前。

（8）单击"窗口"菜单，选择"插入"选项，调出插入面板，在插入面板中选择"数据"选项，再单击"动态数据:动态表格"按钮旁的"▼"按钮，选择"动态表格"选项，如图5-2-2所示。

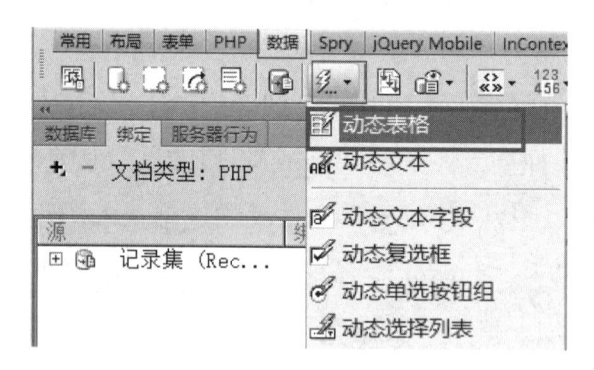

图 5-2-2　选择"动态表格"选项

（9）弹出"动态表格"对话框，对话框中记录集默认为"Recordset1"，在显示处输入"1"记录，其他选项保持默认，单击"确定"按钮，如图5-2-3所示。

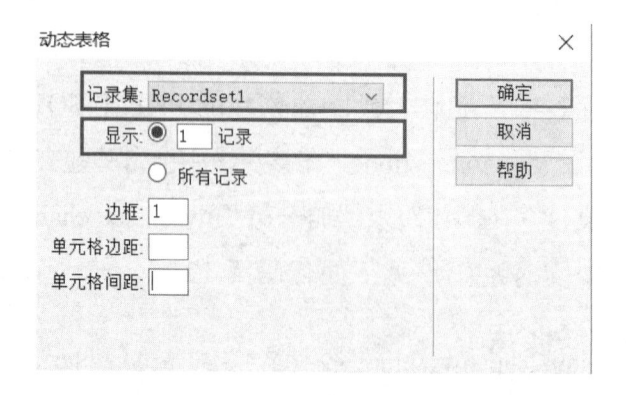

图 5-2-3　"动态表格"对话框

（10）插入动态表格后，效果如图 5-2-4 所示。

图 5-2-4 插入动态表格后效果

（11）将鼠标光标定位在动态表格之后、图片"602.gif"之前。

（12）在插入面板中选择"数据"选项，单击"记录集分页:记录集导航条"旁的"▼"按钮，选择"记录集导航条"选项，如图 5-2-5 所示。

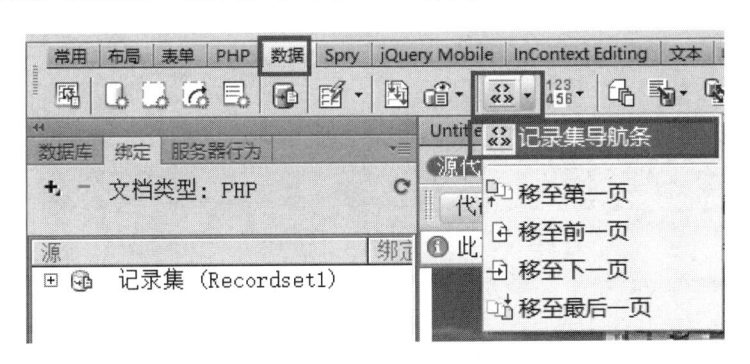

图 5-2-5 选择"记录集导航条"选项

（13）弹出"记录集导航条"对话框，记录集默认为"Recordset1"，显示方式默认为"文本"，单击"确定"按钮，如图 5-2-6 所示。

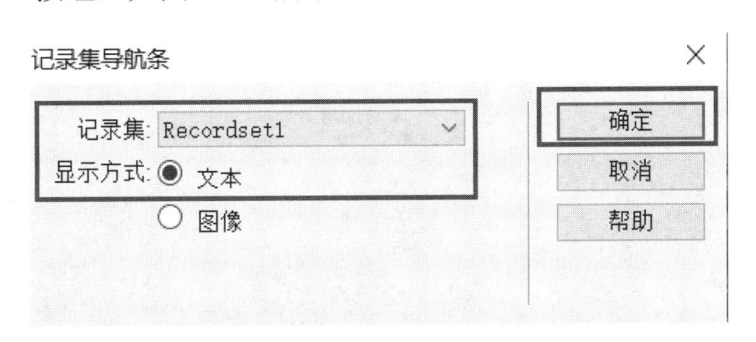

图 5-2-6 "记录集导航条"对话框

3. "050201.php"动态网页源代码

```
01. <?php                                                    // PHP代码开始标签
02. require_once('Connections/PHPMySQL.php');                 // 引入数据库连接文件
03. ?> <!-- PHP代码结束标签 -->
04. <?php                                                    // PHP代码开始标签
05. if (!function_exists("GetSQLValueString")) {
06. function GetSQLValueString($theValue, $theType, $theDefinedValue = "", $theNotDefinedValue = "")
                                                             // 定义SQL值处理函数
07. {
08. if (PHP_VERSION < 6) {                                   // 检查PHP版本是否低于6
09. $theValue = get_magic_quotes_gpc() ? stripslashes($theValue) : $theValue;   // 去除魔术引号
10. }
11. $theValue = function_exists("mysql_real_escape_string") ? mysql_real_escape_string($theValue) : mysql_escape_string($theValue);                 // 转义字符串
12. switch ($theType) {                                      // 根据类型处理值
13. case "text":
14. $theValue = ($theValue != "") ? "'" . $theValue . "'" : "NULL";             // 文本类型
15. break;
16. case "long":
17. case "int":
18. $theValue = ($theValue != "") ? intval($theValue) : "NULL";                 // 整型
19. break;
20. case "double":
21. $theValue = ($theValue != "") ? doubleval($theValue) : "NULL";              // 浮点型
22. break;
23. case "date":
24. $theValue = ($theValue != "") ? "'" . $theValue . "'" : "NULL";             // 日期型
25. break;
26. case "defined":
27. $theValue = ($theValue != "") ? $theDefinedValue : $theNotDefinedValue;     // 自定义值
28. break;
29. }
30. return $theValue;
31. }
32. }
33. ?> <!-- PHP代码结束标签 -->
34. <?php                                                    // PHP代码开始标签
35. $currentPage = $_SERVER["PHP_SELF"];                     // 获取当前页面的URL
36. $maxRows_Recordset1 = 1;                                 // 每页显示的记录数
```

37. $pageNum_Recordset1 = 0;   // 默认页码
38. if (isset($_GET['pageNum_Recordset1'])) {
39. $pageNum_Recordset1 = $_GET['pageNum_Recordset1'];   // 从URL获取页码
40. }
41. $startRow_Recordset1 = $pageNum_Recordset1 * $maxRows_Recordset1;   // 计算起始行号
42. ?> <!-- PHP代码结束标签 -->
43. <?php   // PHP代码开始标签
44. mysql_select_db($database_PHPMySQL, $PHPMySQL);   // 选择数据库
45. $query_Recordset1 = "SELECT * FROM liuyan";   // 查询所有留言
46. $query_limit_Recordset1 = sprintf("%s LIMIT %d, %d", $query_Recordset1, $startRow_Recordset1, $maxRows_Recordset1);   // 添加LIMIT子句实现分页
47. $Recordset1 = mysql_query($query_limit_Recordset1, $PHPMySQL) or die(mysql_error());
                                                                       // 执行查询
48. $row_Recordset1 = mysql_fetch_assoc($Recordset1);   // 获取当前页的第一条记录
49. ?> <!-- PHP代码结束标签 -->
50. <?php   // PHP代码开始标签
51. if (isset($_GET['totalRows_Recordset1'])) {
52. $totalRows_Recordset1 = $_GET['totalRows_Recordset1'];   // 从URL获取总记录数
53. } else {
54. $all_Recordset1 = mysql_query($query_Recordset1);
55. $totalRows_Recordset1 = mysql_num_rows($all_Recordset1);   // 查询总记录数
56. }
57. $totalPages_Recordset1 = ceil($totalRows_Recordset1/$maxRows_Recordset1)-1; // 计算总页数
58. ?> <!-- PHP代码结束标签 -->
59. <?php   // PHP代码开始标签
60. $queryString_Recordset1 = "";
61. if (!empty($_SERVER['QUERY_STRING'])) {
62. $params = explode("&", $_SERVER['QUERY_STRING']);
63. $newParams = array();
64. foreach ($params as $param) {
65. if (stristr($param, "pageNum_Recordset1") == false &&
66. stristr($param, "totalRows_Recordset1") == false) {
67. array_push($newParams, $param);
68. }
69. }
70. if (count($newParams) != 0) {
71. $queryString_Recordset1 = "&" . htmlentities(implode("&", $newParams));
72. }
73. }

74. $queryString_Recordset1 = sprintf("&totalRows_Recordset1=%d%s", $totalRows_Recordset1, $queryString_Recordset1);

75. ?> <!-- PHP代码结束标签 -->

76. <!doctype html> <!-- 声明文档类型为HTML -->

77. <html> <!-- HTML根元素 -->

78. <head> <!-- 文档头部 -->

79. <meta charset="UTF-8"> <!-- 设置字符编码为UTF-8 -->

80. <title>显示公司留言数据库</title> <!-- 页面标题 -->

81. </head>

82. <body>

83. <h2><img src="/image/700.jpg" width="750" height="232">
  <!-- 显示标题图片 -->

84. 显示公司留言数据库

85. </h2>

86. <table border="1"> <!-- 创建表格，边框为1 -->

87. <tr> <!-- 表格行 -->

88. <td>ly_id</td> <!-- 列标题 -->

89. <td>ly_biaoti</td> <!-- 列标题 -->

90. <td>ly_neirong</td> <!-- 列标题 -->

91. <td>kh_id</td> <!-- 列标题 -->

92. <td>ly_shijian</td> <!-- 列标题 -->

93. <td>hf_neirong</td> <!-- 列标题 -->

94. <td>gly_id</td> <!-- 列标题 -->

95. <td>hf_shijian</td> <!-- 列标题 -->

96. </tr>

97. <?php do { ?> <!-- PHP循环开始 -->

98. <tr> <!-- 表格行 -->

99. <td><?php echo $row_Recordset1['ly_id']; ?></td> <!-- 显示ly_id -->

100. <td><?php echo $row_Recordset1['ly_biaoti']; ?></td> <!-- 显示ly_biaoti -->

101. <td><?php echo $row_Recordset1['ly_neirong']; ?></td> <!-- 显示ly_neirong -->

102. <td><?php echo $row_Recordset1['kh_id']; ?></td> <!-- 显示kh_id -->

103. <td><?php echo $row_Recordset1['ly_shijian']; ?></td> <!-- 显示ly_shijian -->

104. <td><?php echo $row_Recordset1['hf_neirong']; ?></td> <!-- 显示hf_neirong -->

105. <td><?php echo $row_Recordset1['gly_id']; ?></td> <!-- 显示gly_id -->

106. <td><?php echo $row_Recordset1['hf_shijian']; ?></td> <!-- 显示hf_shijian -->

107. </tr>

108. <?php } while ($row_Recordset1 = mysql_fetch_assoc($Recordset1)); ?> <!-- PHP循环结束 -->

109. </table>

110. <table border="0"> <!-- 创建无边框表格 -->

111. <tr> <!-- 表格行 -->

112. `<td><?php if ($pageNum_Recordset1 > 0) {` // 如果不是第一页 `?>`

113. `<a href="<?php printf("%s?pageNum_Recordset1=%d%s", $currentPage, 0, $queryString_Recordset1); ?>">第一页</a>`

114. `<?php }` // 如果不是第一页 `?></td>`

115. `<td><?php if ($pageNum_Recordset1 > 0) {` // 如果不是第一页 `?>`

116. `<a href="<?php printf("%s?pageNum_Recordset1=%d%s", $currentPage, max(0, $pageNum_Recordset1 - 1), $queryString_Recordset1); ?>">前一页</a>`

117. `<?php }` // 如果不是第一页 `?></td>`

118. `<td><?php if ($pageNum_Recordset1 < $totalPages_Recordset1) {` // 如果不是最后一页 `?>`

119. `<a href="<?php printf("%s?pageNum_Recordset1=%d%s", $currentPage, min($totalPages_Recordset1, $pageNum_Recordset1 + 1), $queryString_Recordset1); ?>">下一个</a>`

120. `<?php }` // 如果不是最后一页 `?></td>`

121. `<td><?php if ($pageNum_Recordset1 < $totalPages_Recordset1) {` // 如果不是最后一页 `?>`

122. `<a href="<?php printf("%s?pageNum_Recordset1=%d%s", $currentPage, $totalPages_Recordset1, $queryString_Recordset1); ?>">最后一页</a>`

123. `<?php }` // 如果不是最后一页 `?></td>`

124. `</tr>`

125. `</table>`

126. `<img src="/image/602.gif" width="750" height="80">` `<!-- 显示底部图片 -->`

127. `</body>`

128. `</html>`

129. `<?php`

130. `mysql_free_result($Recordset1);` // 释放查询结果

131. `?>`

"050201.php"动态网页拆分视图，如图 5-2-7 所示。

图 5-2-7 "050201.php"动态网页拆分视图

"050201.php"动态网页运行结果，如图 5-2-8 所示。

图 5-2-8 "050201.php"动态网页运行结果

相关知识与技能

1. 创建数据库

在上一任务中，如果已成功连接到了 MySQL 数据库，那么本节将进一步创建数据库。该数据库存有多个表。需要 CREATE 权限来创建或删除 MySQL 数据库，使用 MySQLi 和 PDO 创建 MySQL 数据库，CREATE DATABASE 语句用于在 MySQL 数据库中创建数据库。在下面的示例中，创建了名为"myDB"的数据库。

例如，"ex5201.php"代码，连接到 MySQL 数据库服务器，创建名为"myDB"的新数据库。

```
01. <!DOCTYPE html> <!-- 声明文档类型为HTML5 -->
02. <html> <!-- 开始HTML文档 -->
03. <head> <!-- 开始头部区域 -->
04. <meta charset="UTF-8"> <!-- 设置字符编码为UTF-8 -->
05. <title>面向对象MySQLi方式连接数据创建名为myDB的新数据库</title> <!-- 设置网页标题 -->
06. </head> <!-- 结束头部区域 -->
07. <body> <!-- 开始网页主体 -->
08. <?php
09. $host = "127.0.0.1";                    // 数据库服务器地址
10. $user = "root";                          // MySQL用户名
```

```
11. $pass = "168168";                              // MySQL密码
12.                                                // 创建连接
13. $conn = new mysqli($host, $user, $pass);       // 使用mysqli类创建数据库连接对象
14.                                                // 检测连接
15. if ($conn->connect_error) {                    // 检查连接是否成功
16. die("Conn failed: " . $conn->connect_error);   // 如果连接失败，输出错误信息并终止脚本执行
17. }
18.                                                // 创建数据库
19. $sql = "CREATE DATABASE myDB";                 // 定义创建数据库的SQL语句
20. if ($conn->query($sql) === TRUE) {             // 执行SQL语句并检查是否成功
21. echo "数据库{myDB}创建成功！ ";                  // 如果数据库创建成功，输出成功消息
22. } else {
23. echo "数据库{myDB}创建失败!" . $conn->error;    // 如果创建失败，输出错误信息
24. }
25. $conn->close();                                // 关闭数据库连接
26. ?>
27. </body> <!-- 结束网页主体 -->
28. </html> <!-- 结束HTML文档 -->
```

这段代码用于实现连接到数据库并创建新数据库"myDB"。第8~24行，用于连接到MySQL数据库并创建一个新的数据库。第9~13行，连接数据库系统。第15~17行的条件语句判断、检测数据库连接是否成功。第19~24行，用于创建一个名为"myDB"的新数据库，按照创建数据库情况显示提示信息。第25行，关闭了数据库连接。使用面向对象的MySQLi方式来实现数据库连接和操作，代码主要功能是连接到MySQL数据库服务器，创建一个名为"myDB"的新数据库，然后关闭数据库连接。

例如，"ex5202.php"代码，以PDO方式连接到MySQL数据库服务器，创建名为"myDBPDO"的新数据库。

```
01. <!DOCTYPE html> <!-- 声明文档类型为HTML5 -->
02. <html> <!-- 开始HTML文档 -->
03. <head> <!-- 开始头部区域 -->
04. <meta charset="UTF-8"> <!-- 设置字符编码为UTF-8 -->
05. <title>用PDO创建名为myDBPDO的新数据库</title> <!-- 设置网页标题 -->
06. </head> <!-- 结束头部区域 -->
07. <body> <!-- 开始网页主体 -->
08. <?php
09. $servername = "127.0.0.1";        // 数据库服务器地址，这里使用了您提供的测试IP地址
10. $username = "root";               // MySQL用户名，通常是 "root"
11. $password = "168168";             // MySQL密码，根据您提供的信息是 "168168"
```

```
12. try {
13.                                                 // 创建 PDO 连接对象，连接到MySQL服务器
14. $conn = new PDO("mysql:host=$servername", $username, $password);
15.                                                 // 设置 PDO 错误模式为异常，以便捕获错误
16. $conn->setAttribute(PDO::ATTR_ERRMODE, PDO::ERRMODE_EXCEPTION);
17.                                                 // 创建数据库
18. $sql = "CREATE DATABASE myDBPDO";               // SQL语句：创建数据库
19.                 // 使用 exec() 函数执行 SQL 查询，因为没有结果需要返回
20. $conn->exec($sql);
21. echo "数据库 myDBPDO 创建成功！<br>";            // 输出成功信息
22. } catch (PDOException $e) {
23. echo $sql . "<br>" . $e->getMessage();          // 捕获异常并输出错误信息
24. }
25. $conn = null;                                   // 关闭数据库连接
26. ?>
27. </body> <!-- 结束网页主体 -->
28. </html> <!-- 结束HTML文档 -->
```

这段代码主要功能是用 PDO 连接到 MySQL 数据库并执行数据库。

2. 创建 MySQL 表

创建完数据库之后，就可以在数据库中创建数据表了。数据表需要有唯一的名称并由行和列组成，可以使用 MySQLi 或 PDO 创建 MySQL 表。CREATE TABLE 语句用于创建 MySQL 表。

（1）CREATE TABLE 语句格式

```
CREATE TABLE table_name (
    column1 datatype constraints,
    column2 datatype constraints,
);
```

（2）参数说明

table_name：表格的名称，可以自定义表格名称，它是唯一的，用于标识该表格。

column1、column2：表格的列名，可以定义表格中包含的列，每个列名后面可以指定其数据类型和约束条件。

datatype：列的数据类型，表示该列可以存储的数据种类，如整数、字符串、日期等。不同的数据库管理系统支持不同的数据类型。

constraints：列的约束条件，用于规定列的行为，包括主键、唯一性、非空等。不同的约束条件具有不同的作用。

例如，"ex5203.php"代码，连接到 MySQL 数据库服务器，创建名为"myDB"的新数据库，并在该数据库中创建一个名为"guanliyuan"的表格，"guanliyuan"的表格字段有：gly_id 主键唯一标识符，整数类型，长度 20；gly_yonghuming 管理员的用户名，字符类型，长度 20；gly_mima 管理员的密码，字符类型，长度 10；gly_jibie 管理员的权限级别，整数类型，长度 20。

```
01. <!DOCTYPE html> <!-- 声明文档类型为HTML5 -->
02. <html> <!-- 开始HTML文档 -->
03. <head> <!-- 开始头部区域 -->
04. <meta charset="UTF-8"> <!-- 设置字符编码为UTF-8 -->
05. <title>用PDO方式创建一个名为guanliyuan的表格</title> <!-- 设置网页标题 -->
06. </head> <!-- 结束头部区域 -->
07. <body> <!-- 开始网页主体 -->
08. <?php
09. $host = "127.0.0.1";                    // 数据库服务器地址
10. $user = "root";                         // MySQL用户名
11. $pass = "168168";                       // MySQL密码
12. $db = "myDB";                           // 要创建的数据库名称
13. try {
14.                                         // 创建 PDO 连接对象，连接到MySQL服务器
15. $conn = new PDO("mysql:host=$host", $user, $pass);
16.                                         // 设置 PDO 错误模式为异常，以便捕获错误
17. $conn->setAttribute(PDO::ATTR_ERRMODE, PDO::ERRMODE_EXCEPTION);
18.                                         // 创建数据库
19. $sql = "CREATE DATABASE IF NOT EXISTS $db";
                                            // SQL语句：创建数据库，如果数据库已存在则不执行
20. $conn->exec($sql);                      // 执行SQL语句
21. echo "数据库 $db 创建成功！<br>";        // 输出成功信息
22.                                         // 切换到创建的数据库
23. $conn->exec("USE $db");                 // 切换到新创建的数据库为当前数据库
24.                                         // 创建表guanliyuan
25. $createTableSQL = "
26. CREATE TABLE IF NOT EXISTS guanliyuan (
27. gly_id INT(20) UNSIGNED NOT NULL AUTO_INCREMENT,   // 主键，自增
28. gly_yonghuming CHAR(20) DEFAULT NULL,              // 用户名字段
29. gly_mima CHAR(10) DEFAULT NULL,                    // 密码字段
30. gly_jibie INT(20) DEFAULT NULL,                    // 用户级别字段
31. PRIMARY KEY (gly_id)                               // 设置主键
32. ) ENGINE=InnoDB DEFAULT CHARSET=utf8;              // 使用InnoDB引擎，字符集为utf8
```

```
33. ";
34. $conn->exec($createTableSQL);              // 执行上面定义的创建表的SQL语句
35. echo "表 guanliyuan 创建成功！<br>";         // 输出成功信息
36. } catch (PDOException $e) {
37. echo "错误: " . $e->getMessage();           // 捕获异常并输出错误信息
38. }
39. $conn = null;                              // 关闭数据库连接
40. ?>
41. </body> <!-- 结束网页主体 -->
42. </html> <!-- 结束HTML文档 -->
```

这段代码主要作用是连接到 MySQL 数据库服务器，创建一个新的数据库"myDB"，并在该数据库中创建一个名为"guanliyuan"的表格。使用 PHP 的 PDO 库执行数据库操作，并包含错误处理机制，以捕获和报告潜在的错误。最后，代码关闭数据库连接以释放资源。第 9～12 行，定义了连接数据库参数。第 13～38 行，使用 try-catch 结构，尝试连接到 MySQL 数据库，并创建数据库和表格，如连接或创建过程中出现异常或错误，则会在界面上显示错误信息提示。第 25～34 行，定义了用于创建"guanliyuan"表格的 SQL 语句，并执行该语句以创建表格。

3. 使用 MySQLi 和 PDO 向表中插入数据

（1）INSERT INTO 语句格式

```
INSERT INTO table_name (column1, column2, column3,...)
VALUES (value1, value2, value3,...)
```

（2）参数说明

table_name：指定要插入数据的目标表格的名称。

(column1, column2, column3, ...)：可选参数，用于指定要插入数据的特定列。如果不提供列名称，将默认插入所有列。

VALUES：关键字表示要插入的数据值的开始。

(value1, value2, value3, ...)：与列名称对应的数据值，按照相同的顺序插入。

例如，"ex5204.php"代码，是用 PDO 方式连接到 MySQL 数据库服务器，打开"liuyan"数据库向"guanliyuan"表中插入记录数据。

```
01. <!DOCTYPE html> <!-- 声明文档类型为HTML5 -->
02. <html> <!-- 开始HTML文档 -->
03. <head> <!-- 开始头部区域 -->
04. <meta charset="UTF-8"> <!-- 设置字符编码为UTF-8 -->
05. <title>PDO方式连接数据库向guanliyuan表添加5个用户</title> <!-- 设置网页标题 -->
06. </head> <!-- 结束头部区域 -->
```

```
07. <body> <!-- 开始网页主体 -->
08. <?php
09. try {
10.                         // 尝试建立到数据库的连接
11. $pdo = new PDO("mysql:host=127.0.0.1;dbname=liuyan", "root", "168168");
                            // 创建PDO对象，连接到MySQL数据库
12.                         // 设置PDO属性，以便在发生错误时抛出异常，以进行更好的错误处理和调试
13. $pdo->setAttribute(PDO::ATTR_ERRMODE, PDO::ERRMODE_EXCEPTION);
                            // 设置错误模式为异常模式
14.                         // 构建要插入的用户数据的数组
15. $data = array(   // 定义一个二维数组，包含要插入的用户数据
16. array("usr4", "pwd1", 1),
17. array("usr5", "123", 2),
18. array("usr6", "456", 2),
19. array("usr7", "123", 2),
20. array("usr8", "456", 2)           // 您可以继续添加更多记录
21. );
22.                         // 准备插入数据的SQL语句，这里使用占位符来确保安全性
23. $query = "INSERT INTO guanliyuan (gly_yonghuming, gly_mima, gly_jibie) VALUES (?, ?, ?)";
                            // 定义SQL插入语句，使用占位符
24. $stmt = $pdo->prepare($query);    // 准备SQL语句，返回PDOStatement对象
25.                         // 循环插入记录
26. foreach ($data as $record) {      // 遍历用户数据数组
27. $usr = $record[0];                // 获取用户名
28. $pwd = $record[1];                // 获取密码
29. $lvl = $record[2];                // 获取用户级别
30.                         // 将参数绑定到SQL语句的占位符上
31. $stmt->bindParam(1, $usr);        // 绑定第一个占位符到用户名
32. $stmt->bindParam(2, $pwd);        // 绑定第二个占位符到密码
33. $stmt->bindParam(3, $lvl);        // 绑定第三个占位符到用户级别
34.                         // 执行SQL语句，并检查执行结果
35. if ($stmt->execute()) {           // 执行预处理语句
36. echo "成功向guanliyuan表添加用户".$usr."。<br>";    // 如果成功，输出成功信息
37. } else {
38. echo "向guanliyuan表添加用户".$usr."失败。<br>";    // 如果失败，输出失败信息
39. }
40. }
41.                         // 关闭数据库连接，释放资源
42. $pdo = null;                      // 将PDO对象设置为null，关闭连接
```

43. } catch (PDOException $e) {
44.   // 捕获并处理可能的PDO异常，输出错误消息
45. echo "数据库连接或操作失败：" . $e->getMessage();   // 捕获异常并输出错误信息
46. }
47. ?>
48. </body> <!-- 结束网页主体 -->
49. </html> <!-- 结束HTML文档 -->

第8~41行，PHP代码块，实现数据库连接与数据插入功能。第8行，使用try语句块开始异常处理。第9行，通过PDO创建数据库连接，连接到liuyan数据库。第10行，设置PDO错误处理模式为异常模式，以便在发生错误时抛出异常。第12~18行，定义一个二维数组$data，包含要插入的用户数据。第20行，定义SQL插入语句，使用占位符?确保安全性。第21行，使用prepare()方法准备SQL语句，返回PDOStatement对象。第23~37行，使用foreach循环遍历用户数据数组，逐条插入数据。第24~26行，从数组中提取用户名、密码和用户级别。第28~30行，使用bindParam()方法将参数绑定到SQL语句的占位符上。第32~36行，执行SQL语句，并根据执行结果输出成功或失败信息。第39行，关闭数据库连接，释放资源。第40~41行，捕获并处理可能的PDOException异常，输出错误信息。第42行，关闭数据库连接，释放资源。第43~46行，捕获可能发生的PDO异常，输出错误消息。

例如，"ex5205.php"代码，是用MySQLi方式连接到MySQL数据库服务器，打开"liuyan"数据库向"guanliyuan"表中插入记录数据。

01. <!DOCTYPE html> <!-- 声明文档类型为HTML5 -->
02. <html> <!-- 开始HTML文档 -->
03. <head> <!-- 开始头部区域 -->
04. <meta charset="UTF-8"> <!-- 设置字符编码为UTF-8 -->
05. <title>MySQLi方式向guanliyuan表添加5个用户</title> <!-- 设置网页标题 -->
06. </head> <!-- 结束头部区域 -->
07. <body> <!-- 开始网页主体 -->
08. <?php
09.   // 连接到数据库
10. $conn = mysqli_connect("127.0.0.1", "root", "168168", "liuyan");
                                   // 使用mysqli_connect函数连接到MySQL数据库
11.   // 构造要插入的数据数组
12. $records = array(// 定义一个二维数组，包含要插入的用户数据
13. array("admin4", "pss1", 1),   // 用户名、密码、级别
14. array("admin5", "123", 2),
15. array("admin6", "456", 2),

```
16.     array("admin7", "123", 2),
17.     array("admin8", "456", 2)              // 可继续添加更多记录
18. );
19.                                             // 循环插入记录
20. foreach ($records as $record) {             // 遍历$records数组
21.     $username = $record[0];                 // 获取用户名
22.     $password = $record[1];                 // 获取密码
23.     $level = $record[2];                    // 获取用户级别
24.     $query = "INSERT INTO guanliyuan (gly_yonghuming, gly_mima, gly_jibie) VALUES ('$username', '$password', $level)";
                                                // 构建INSERT查询语句
25.     $result = mysqli_query($conn, $query);  // 执行INSERT查询
26.                                             // 检查插入是否成功
27.     if ($result) {
28.         echo "对guanliyuan表添加用户".$username."成功。<br>";    // 如果成功，输出成功信息
29.     } else {
30.         echo "对guanliyuan表添加用户操作失败：" . mysqli_error($conn) ."<br>";
                                                // 如果失败，输出错误信息
31.     }
32. }
33. mysqli_close($conn);                        // 使用mysqli_close函数关闭数据库连接
34. ?>
35. </body> <!-- 结束网页主体 -->
36. </html> <!-- 结束HTML文档 -->
```

这段代码的主要功能是将 5 条用户记录数据插入名为"guanliyuan"的数据库表，每条用户记录包括用户名、密码和用户级别。如果插入操作成功，将输出成功消息；如果插入操作失败，将输出失败消息和相关的错误信息。最后关闭数据库连接。第 10 行，使用 mysqli_connect 函数连接到 MySQL 数据库服务器，提供了服务器 IP 地址、用户名、密码和数据库名称。这里创建了一个数据库连接对象$conn。第 12~18 行，创建了一个名为 $records 的数组，包含 5 条用户记录的数据，每个记录包括用户名、密码和用户级别。第 20~31 行用 foreach 循环遍历$records 数组，将每条用户记录插入数据库表。第 24 行，创建了一个 SQL 查询，具体将每条用户数据信息插入"guanliyuan"表。第 25 行，执行 SQL 查询，并将结果存储在$result 变量中。第 26~30 行，检查$result 变量，确认插入用户的操作是否成功，如果成功，输出成功消息；如果失败，输出失败消息和相关的错误信息。第 33 行，关闭数据库连接。

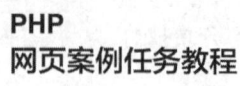

思考与练习

叙述题

1. 写出创建数据库语句格式，并举例说明。
2. 写出创建 MySQL 数据库表语句格式，并举例说明。
3. 写出 INSERT INTO 语句格式，并举例说明。
4. 参照本任务，设计浏览管理员数据表动态网页。
5. 参照本任务，设计浏览 guanliyuan 用户数据表动态网页。

任务三

设计编辑留言数据动态网页

任务描述

根据网络信息部门负责人的要求，工程师小明需要在项目中设计名为"050301.php"的动态网页，实现对留言数据的分页和编辑管理功能。

任务要点：

（1）设计动态网页"050301.php"。

（2）实现分页功能，将留言数据分页展示，每页显示一条数据，方便显示管理。

（3）实现编辑功能，允许对当前页这一条留言数据进行编辑操作，以便及时更新或修改信息。

完成任务后，需要进行多次测试和调试，确保功能正常运行。如有问题或需要进一步指导，请及时向上级领导汇报并寻求支持。请按照以上要求完成任务，并确保代码的可靠性、安全性和可维护性。

任务描述代码与设计页面效果，如图 5-3-1 所示。

图 5-3-1 任务描述代码与设计页面效果

任务分析

根据任务要求，部门经理布置给工程师小明的任务是设计动态网页用于管理客户留言数据。以下是任务的概要分析。

1. 技术准备工作

（1）数据库系统主要技术参数：连接名称为"PHPMySQL"，MySQL 服务器 IP 地址为"127.0.0.1"，用户名为"root"，密码为"168168"，数据库名称为"liuyan"。

（2）网站系统主要技术参数：Web 站点路径为"C:\phpweb"，Web 测试 IP 地址为"127.0.0.1"，Web 测试端口号为"8899"。

（3）动态网页文件命名为"050301.php"。

2. 任务施工简要步骤

（1）将已调试完成的"050201.php"文件中的源代码全选复制。将复制的代码粘贴到新文件"050201gai.php"中。

（2）修改"050201gai.php"的表格布局。

（3）在动态网页"050201gai.php"新布局中，添加了一个超链接：

<a href="050301.php?ly_id=<?php echo $row_Recordset1['ly_id']; ?>">编辑修改</a>。

（4）完成"050201gai.php"修改后，主要功能是连接到 MySQL 数据库"liuyan"、能分页导航显示留言数据，关键点就是可以通过超链接"编辑修改"，能传递参数超链接跳转到本任务创建的"050301.php"页面。

（5）创建"050301.php"动态网页文件。按照本任务施工步骤完成后，"050301.php"动态网页获得从"050201gai.php"超链接传递参数，就实现了对指定数据库表数据修改编

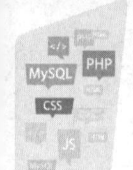

辑，并能将修改编辑后的数据保存到数据库表，保存完成后跳转回"050201gai.php"页面。

（6）完成设计后，进行全面的测试、调试和验收工作，确保页面在各种浏览器和设备上的兼容性和正常显示，记录主要施工技术参数。

以上是任务的简要分析，工程师小明需要根据这个分析，按照要求进行网页设计和编码，确保留言数据的分页展示功能、编辑功能正常运行。在设计过程中，应注意代码的可靠性、安全性和可维护性。完成后，要进行多次测试和调试，确保功能无误。如有问题或需要进一步指导，需要及时与上级领导沟通并寻求支持。

方法和步骤

1. 准备工作

按照网站规划参数进行配置。Web 站点路径：C:\phpweb，Web 测试 IP 地址：127.0.0.1，Web 测试端口号：8899。参照项目一中的任务一、任务二、任务三，配置好 WAMP 环境，配置好 Dreamweaver 软件，如果已经配置好 WAMP 环境和 Dreamweaver 软件，此步骤可以略过。启动配置 WAMP 环境与 Dreamweaver 软件，创建网站过程详见项目一中的三个任务步骤，在 MySQL 数据库服务器中，准备好"liuyan"数据库和"liuyan"表；准备好账号"root"和密码"168168"备用。

2. 修改动态网页"050201.php"

（1）单击"开始"按钮，打开"动态网页"，启动 Dreamweaver 软件，单击"文件"菜单，选择"新建"选项，创建 PHP 动态网页"050201gai.php"。

（2）把前面已经调试完成的"050201.php"文件中的源代码全选复制。

（3）把复制好的源代码粘贴到刚才新建的动态网页"050201gai.php"中，在表格"ly_id"列左侧插入一列，分别输入"操作"和"编辑修改"，在表格第一行对应的单元格中分别输入"序号""标题""内容"，之后删除标题栏中的英文，删除粗线框内的表格列（共五列），修改参数如图 5-3-2 所示。

（4）选择上一步输入"编辑修改"四个字，属性中输入超链接"050301.php?ly_id= <?php echo $row_Recordset1['ly_id']; ?>"，如图 5-3-3 所示，结果详见源代码第 93 行。

```
<a href="050301.php?ly_id=<?php echo $row_Recordset1['ly_id']; ?>">编辑修改</a>
```

（5）对表格进行调整，插入两列表格，设置表格宽度为"750"，把"序号""标题""内容""操作"调整到表格第一列，把其他部分调整到表格第二列，可以用鼠标选择后拖动完成调整。具体调整就是把原来第一行四个单元格内容调整到第一列，原来第二行四个单元格内容调整到第二列，保留第一列和第二列，删除其他无用空列，调整后效果如图 5-3-4 所示。

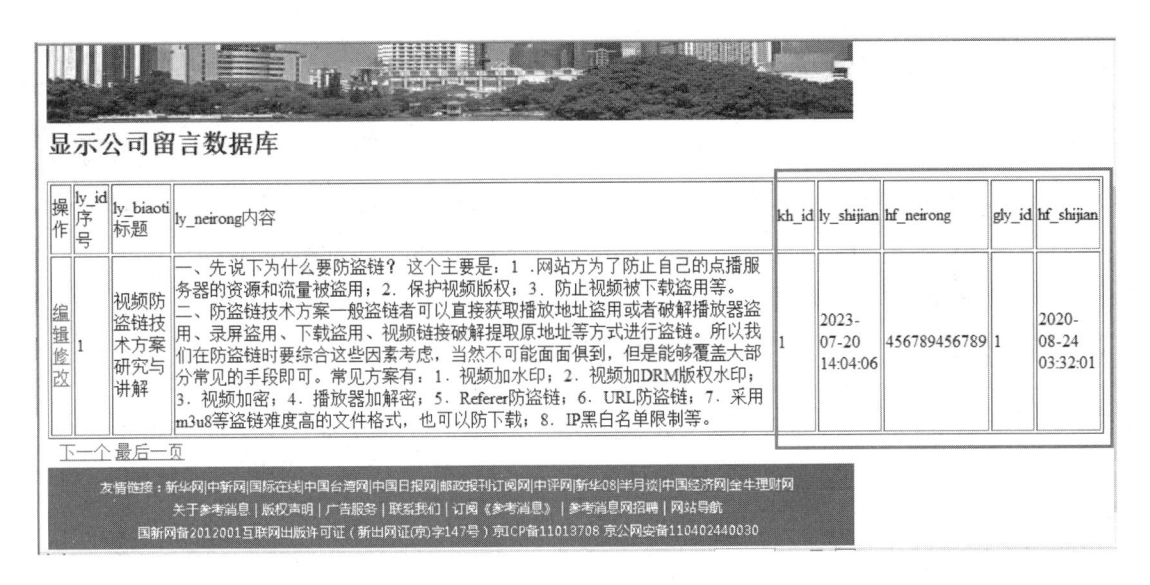

图 5-3-2　修改参数

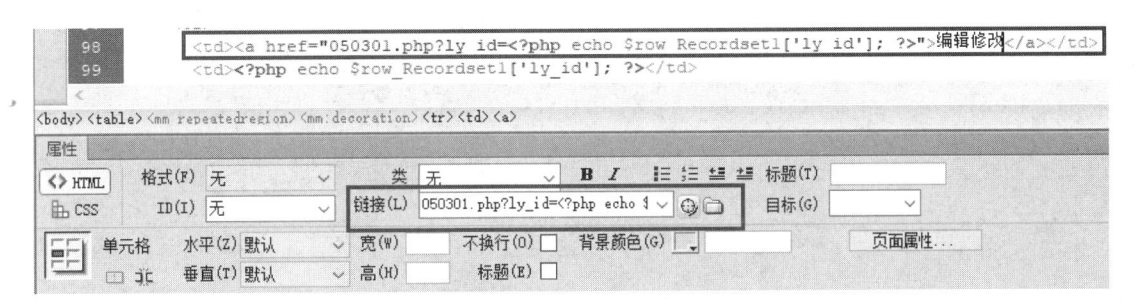

图 5-3-3　输入超链接

图 5-3-4　对表格进行调整后效果

3. "050201gai.php" 修改后的网页源代码

```
01. <?php                                         // PHP代码开始标签
02. require_once('Connections/PHPMySQL.php');     // 引入数据库连接文件
```

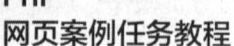

03. ?> <!-- PHP代码结束标签 -->
04. <?php   // PHP代码开始标签
05. if (!function_exists("GetSQLValueString")) {   // 检查是否已定义GetSQLValueString函数
06. function GetSQLValueString($theValue, $theType, $theDefinedValue = "", $theNotDefinedValue = "") {
                                                    // 定义GetSQLValueString函数
07. if (PHP_VERSION < 6) {   // 检查PHP版本是否低于6
08. $theValue = get_magic_quotes_gpc() ? stripslashes($theValue) : $theValue; // 处理魔术引号
09. }
10. $theValue = function_exists("mysql_real_escape_string") ? mysql_real_escape_string($theValue) : mysql_escape_string($theValue);   // 转义字符串
11. switch ($theType) {   // 根据类型格式化值
12. case "text":
13. $theValue = ($theValue != "") ? "'" . $theValue . "'" : "NULL";   // 文本类型
14. break;
15. case "long":
16. case "int":
17. $theValue = ($theValue != "") ? intval($theValue) : "NULL";   // 整数类型
18. break;
19. case "double":
20. $theValue = ($theValue != "") ? doubleval($theValue) : "NULL";   // 浮点数类型
21. break;
22. case "date":
23. $theValue = ($theValue != "") ? "'" . $theValue . "'" : "NULL";   // 日期类型
24. break;
25. case "defined":
26. $theValue = ($theValue != "") ? $theDefinedValue : $theNotDefinedValue; // 自定义值
27. break;
28. }
29. return $theValue;   // 返回格式化后的值
30. }
31. }
32. ?> <!-- PHP代码结束标签 -->
33. <?php   // PHP代码开始标签
34. $currentPage = $_SERVER["PHP_SELF"];   // 获取当前页面的URL
35. $maxRows_Recordset1 = 1;   // 设置每页显示的记录数
36. $pageNum_Recordset1 = 0;   // 初始化当前页码
37. if (isset($_GET['pageNum_Recordset1'])) {   // 检查是否通过GET方法传递了页码
38. $pageNum_Recordset1 = $_GET['pageNum_Recordset1']; // 获取当前页码
39. }

40. $startRow_Recordset1 = $pageNum_Recordset1 * $maxRows_Recordset1;   // 计算起始记录位置
41. mysql_select_db($database_PHPMySQL, $PHPMySQL);   // 选择数据库
42. $query_Recordset1 = "SELECT * FROM liuyan";   // 构造查询语句
43. $query_limit_Recordset1 = sprintf("%s LIMIT %d, %d", $query_Recordset1, $startRow_Recordset1, $maxRows_Recordset1);   // 添加分页限制
44. $Recordset1 = mysql_query($query_limit_Recordset1, $PHPMySQL) or die(mysql_error());   // 执行查询
45. $row_Recordset1 = mysql_fetch_assoc($Recordset1);   // 获取查询结果的第一行
46. if (isset($_GET['totalRows_Recordset1'])) {   // 检查是否通过GET方法传递了总记录数
47. $totalRows_Recordset1 = $_GET['totalRows_Recordset1'];   // 获取总记录数
48. } else {
49. $all_Recordset1 = mysql_query($query_Recordset1);   // 查询所有记录
50. $totalRows_Recordset1 = mysql_num_rows($all_Recordset1);   // 获取总记录数
51. }
52. $totalPages_Recordset1 = ceil($totalRows_Recordset1/$maxRows_Recordset1)-1;   // 计算总页数
53. $queryString_Recordset1 = "";   // 初始化查询字符串
54. if (!empty($_SERVER['QUERY_STRING'])) {   // 检查是否有查询字符串
55. $params = explode("&", $_SERVER['QUERY_STRING']);   // 分割查询字符串
56. $newParams = array();   // 初始化新参数数组
57. foreach ($params as $param) {   // 遍历参数
58. if (stristr($param, "pageNum_Recordset1") == false && stristr($param, "totalRows_Recordset1") == false) {   // 排除分页参数
59. array_push($newParams, $param);   // 添加到新参数数组
60. }
61. }
62. if (count($newParams) != 0) {   // 如果有其他参数
63. $queryString_Recordset1 = "&" . htmlentities(implode("&", $newParams));   // 生成新的查询字符串
64. }
65. }
66. $queryString_Recordset1 = sprintf("&totalRows_Recordset1=%d%s", $totalRows_Recordset1, $queryString_Recordset1);   // 添加总记录数到查询字符串
67. ?> <!-- PHP代码结束标签 -->
68. <!doctype html> <!-- 声明文档类型为HTML -->
69. <html> <!-- 开始HTML文档 -->
70. <head> <!-- 开始头部区域 -->
71. <meta charset="UTF-8"> <!-- 设置字符编码为UTF-8 -->
72. <title>显示公司留言数据</title> <!-- 设置文档标题 -->
73. </head> <!-- 结束头部区域 -->

74. <body> <!-- 开始网页主体 -->

75. <h2><img src="/image/700.jpg" width="750" height="232">
 <!-- 显示标题图片 -->

76. 显示公司留言数据库 </h2> <!-- 显示标题 -->

77. <table width="750" border="1"> <!-- 创建表格 -->

78. <tr> <!-- 表格行 -->

79. <td>序号</td> <!-- 表格单元格 -->

80. <td><?php echo $row_Recordset1['ly_id']; ?></td> <!-- 显示留言ID -->

81. </tr>

82. <?php do { ?> <!-- 开始循环 -->

83. <tr> <!-- 表格行 -->

84. <td>标题</td> <!-- 表格单元格 -->

85. <td><?php echo $row_Recordset1['ly_biaoti']; ?></td> <!-- 显示留言标题 -->

86. </tr>

87. <tr> <!-- 表格行 -->

88. <td>内容</td> <!-- 表格单元格 -->

89. <td><?php echo $row_Recordset1['ly_neirong']; ?></td> <!-- 显示留言内容 -->

90. </tr>

91. <tr> <!-- 表格行 -->

92. <td>操作</td> <!-- 表格单元格 -->

93. <td><a href="050301.php?ly_id=<?php echo $row_Recordset1['ly_id']; ?>">编辑修改</a></td> <!-- 显示编辑链接 -->

94. </tr>

95. <?php } while ($row_Recordset1 = mysql_fetch_assoc($Recordset1)); ?> <!-- 结束循环 -->

96. </table>

97. <table border="0"> <!-- 创建分页导航表格 -->

98. <tr> <!-- 表格行 -->

99. <td><?php if ($pageNum_Recordset1 > 0) { ?> <!-- 如果不是第一页 -->

100. <a href="<?php printf("%s?pageNum_Recordset1=%d%s", $currentPage, 0, $queryString_Recordset1); ?>">第一页</a> <!-- 显示第一页链接 -->

101. <?php } ?></td>

102. <td><?php if ($pageNum_Recordset1 > 0) { ?> <!-- 如果不是第一页 -->

103. <a href="<?php printf("%s?pageNum_Recordset1=%d%s", $currentPage, max(0, $pageNum_Recordset1 - 1), $queryString_Recordset1); ?>">前一页</a> <!-- 显示前一页链接 -->

104. <?php } ?></td>

105. <td><?php if ($pageNum_Recordset1 < $totalPages_Recordset1) { ?> <!-- 如果不是最后一页 -->

106. <a href="<?php printf("%s?pageNum_Recordset1=%d%s", $currentPage, min($totalPages_Recordset1, $pageNum_Recordset1 + 1), $queryString_Recordset1); ?>">下一页</a> <!-- 显示下一页链接 -->

107. <?php } ?></td>

108. `<td><?php if ($pageNum_Recordset1 < $totalPages_Recordset1) { ?>` <!-- 如果不是最后一页 -->
109. `<a href="<?php printf("%s?pageNum_Recordset1=%d%s", $currentPage, $totalPages_Recordset1, $queryString_Recordset1); ?>">最后一页</a>` <!-- 显示最后一页链接 -->
110. `<?php } ?></td>`
111. `</tr>`
112. `</table>`
113. `<img src="/image/602.gif" width="750" height="80">` <!-- 显示底部图片 -->
114. `</body>` <!-- 结束网页主体 -->
115. `</html>` <!-- 结束HTML文档 -->
116. `<?php`   // PHP代码开始标签
117. `mysql_free_result($Recordset1);`   // 释放查询结果资源
118. `?>` <!-- PHP代码结束标签 -->

"050201gai.php"动态网页拆分视图，如图 5-3-5 所示。

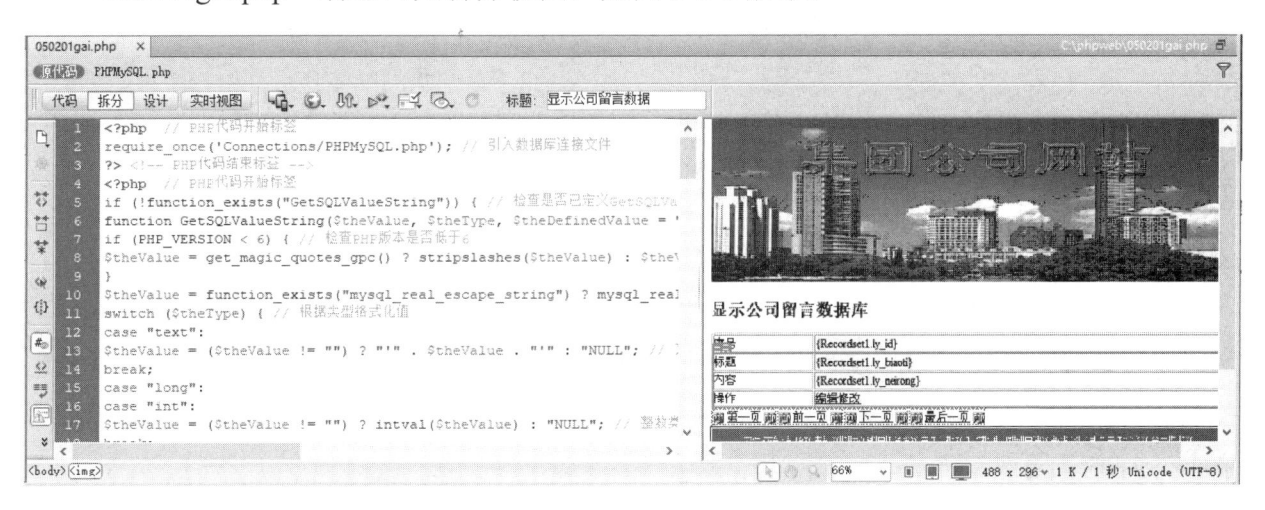

图 5-3-5 "050201gai.php"动态网页拆分视图

4. 创建"050301.php"动态网页

（1）单击"开始"按钮，打开"动态网页"，启动 Dreamweaver 软件，单击"文件"菜单，选择"新建"选项，创建 PHP 动态网页"050301.php"。

（2）输入动态网页标题"编辑留言数据动态网页"。

（3）连接 MySQL 数据库"liuyan"（详细步骤和示意图见项目五任务一）。单击"窗口"菜单，选择"数据库"选项，单击"数据库"标签面板中"+"按钮，选择"MySQL 连接"选项，弹出"MySQL 连接"对话框，输入连接名称、MySQL 数据库服务器、用户名、密码，单击"选取"按钮，在数据库对话框中选择数据库"liuyan"选项，单击"确定"按钮，返回"MySQL 连接"对话框，这时已经完成参数填写，单击"测试"按钮，弹出提示"成功创建连接脚本"，单击"确定"按钮，返回上一界面，再单击"确定"按钮，至此完成了创建 MySQL 数据库连接的操作。

（4）在数据库面板标签中，能够看到刚才创建的 PHPMySQL 连接。完成此操作后在网站根目录下，会自动建立目录 Connections，在该目录中会自动建立"PHPMySQL.php"文件，打开"PHPMySQL.php"文件，在源代码末尾加一句"mysql_set_charset('utf8', $PHPMySQL);"，作用是防止浏览器显示中文时乱码，见源代码第 12 行，修改后请保存并关闭文件。

```
01. <?php
02. # FileName="Connection_php_mysql.htm"(文件名="Connection_php_mysql.htm")
03. # Type="MySQL"(类型="MySQL")
04. # HTTP="true"(HTTP="true")
05. $hostname_PHPMySQL = "127.0.0.1";          //数据库服务器的主机名或IP地址
06. $database_PHPMySQL = "liuyan";             //要连接的数据库名称
07. $username_PHPMySQL = "root";               //数据库用户名
08. $password_PHPMySQL = "168168";             //数据库密码
09.                                            //连接到MySQL数据库服务器，并选择指定的数据库
10. $PHPMySQL = mysql_pconnect($hostname_PHPMySQL, $username_PHPMySQL, $password_PHPMySQL) or trigger_error(mysql_error(), E_USER_ERROR);
11.                                            //设置数据库连接的字符集为utf8支持简体中文
12. mysql_set_charset('utf8', $PHPMySQL);
13. ?>
```

（5）创建绑定记录集（查询），单击"数据库"标签旁边的"绑定"按钮，再单击"+"按钮，弹出快捷菜单，单击其中的"记录集（查询）"按钮。在快捷工具条中，单击"数据标签"，再单击其中的"记录集"按钮，弹出"记录集"对话框，名称处默认为"Recordset1"，连接处选择"PHPMySQL"选项，表格处选择"liuyan"选项，列处选择"全部"选项，筛选处选择"ly_id"选项，URL 参数处自动填写"ly_id"，排序处默认选择"无"选项，单击"确定"按钮，如图 5-3-6 所示。

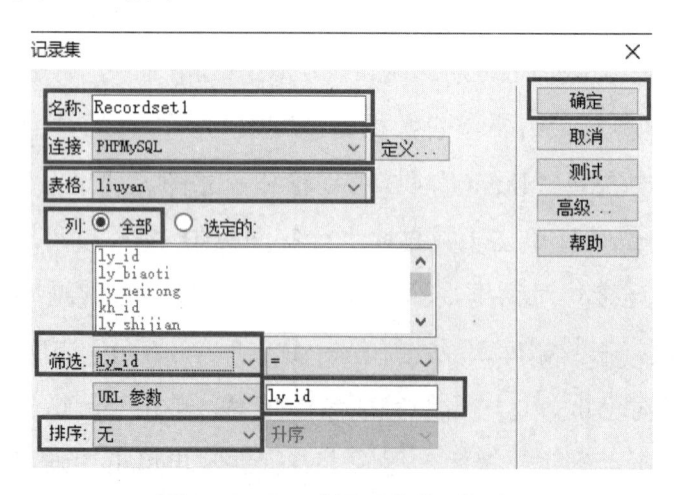

图 5-3-6 "记录集"对话框

（6）单击"窗口"菜单，选择"插入"选项，调出插入面板，在插入面板中选择"数据"选项，单击"更新记录"旁的"▼"按钮，选择"更新记录表单向导"选项，如图 5-3-7 所示。

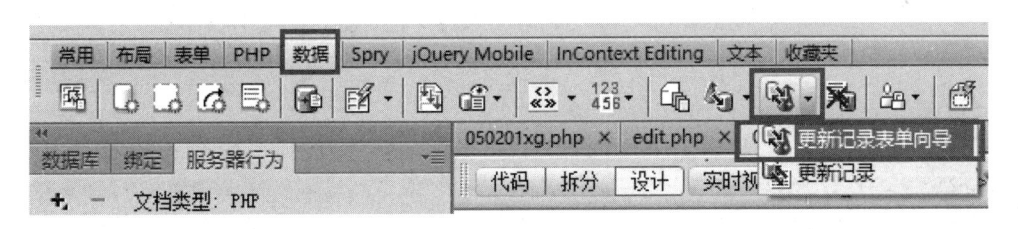

图 5-3-7　选择"更新记录表单向导"选项

（7）弹出"更新记录表单"对话框，"连接"处选择"PHPMySQL"选项；"要更新的表格"处选择"liuyan"选项；"选取记录自"处选择"Recordset1"选项；"唯一键列"处选择"ly_id"选项；"在更新后，转到"处填写"050201gai.php"；"表单字段"处有"+""-"按钮，单击"-"按钮删除不要的列，仅保留"ly_biaoti""ly_neirong"两个字段。"标签""显示为""默认值"保持默认。单击"确定"按钮后网页中产生表单，参数设置如图 5-3-8 所示。（注意："在更新后，转到"处一定要单击"浏览"按钮，选择填入"050201gai.php"）

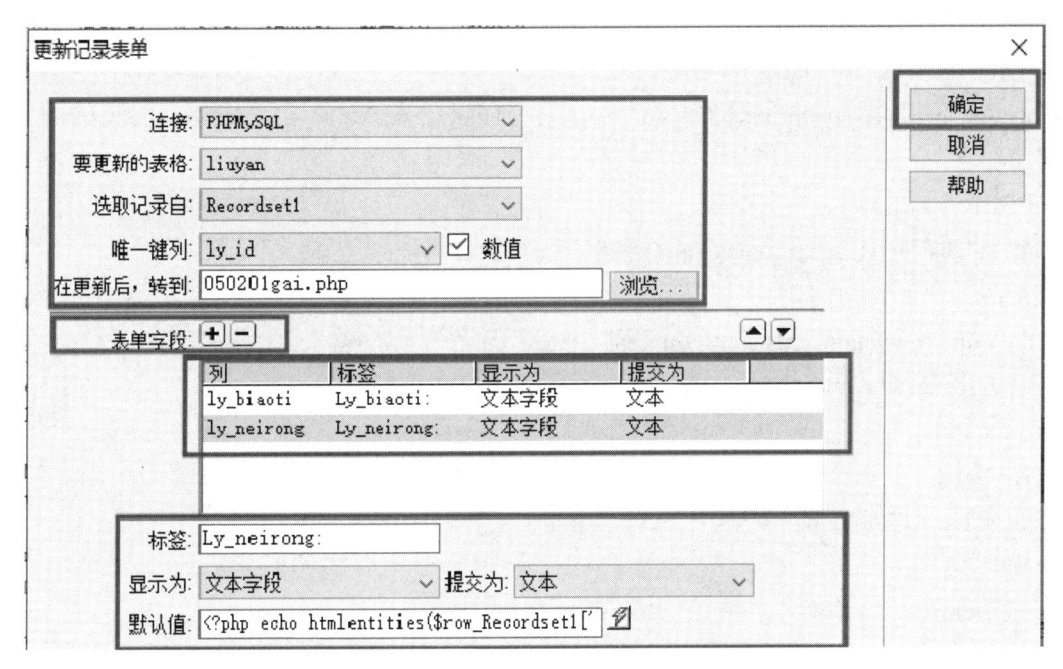

图 5-3-8　"更新记录表单"对话框参数设置

（8）在表单的前面从"image"文件夹中选择插入图片"700.jpg"，修改其默认属性宽度为750、高度为387，按<Shift+ Enter>组合键换行，输入文字"编辑留言数据动态网页"。在表单的下方，从"image"文件夹选择插入图片"602.gif"，效果如图 5-3-9 所示。

图 5-3-9 插入图片与标题后效果

（9）鼠标光标定位在表格中，删除"ly_biaoti"，输入"标题"，删除"ly_neirong"，输入"内容"。

5. "050301.php"网页源代码

01. <?php   // PHP代码开始标签
02. require_once('Connections/PHPMySQL.php');   // 引入数据库连接文件
03. ?> <!-- PHP代码结束标签 -->
04. <?php   // PHP代码开始标签
05. if (!function_exists("GetSQLValueString")) {
06. function GetSQLValueString($theValue, $theType, $theDefinedValue = "", $theNotDefinedValue = "")
07. {
08. if (PHP_VERSION < 6) {
09. $theValue = get_magic_quotes_gpc() ? stripslashes($theValue) : $theValue;
10. }
11. $theValue = function_exists("mysql_real_escape_string") ? mysql_real_escape_string($theValue) : mysql_escape_string($theValue);
12. switch ($theType) {
13. case "text":
14. $theValue = ($theValue != "") ? "'" . $theValue . "'" : "NULL";
15. break;
16. case "long":
17. case "int":
18. $theValue = ($theValue != "") ? intval($theValue) : "NULL";
19. break;
20. case "double":
21. $theValue = ($theValue != "") ? doubleval($theValue) : "NULL";
22. break;

23. case "date":
24. $theValue = ($theValue != "") ? "'" . $theValue . "'" : "NULL";
25. break;
26. case "defined":
27. $theValue = ($theValue != "") ? $theDefinedValue : $theNotDefinedValue;
28. break;
29. }
30. return $theValue;
31. }
32. }
33. ?> <!-- PHP代码结束标签 -->
34. <?php   // PHP代码开始标签
35. $editFormAction = $_SERVER['PHP_SELF'];
36. if (isset($_SERVER['QUERY_STRING'])) {
37. $editFormAction .= "?" . htmlentities($_SERVER['QUERY_STRING']);
38. }
39. ?> <!-- PHP代码结束标签 -->
40. <?php   // PHP代码开始标签
41. if ((isset($_POST["MM_update"])) && ($_POST["MM_update"] == "form1")) {
42. $updateSQL = sprintf("UPDATE liuyan SET ly_biaoti=%s, ly_neirong=%s WHERE ly_id=%s",
43. GetSQLValueString($_POST['ly_biaoti'], "text"),
44. GetSQLValueString($_POST['ly_neirong'], "text"),
45. GetSQLValueString($_POST['ly_id'], "int"));
46. mysql_select_db($database_PHPMySQL, $PHPMySQL);
47. $Result1 = mysql_query($updateSQL, $PHPMySQL) or die(mysql_error());
48. $updateGoTo = "050201gai.php";
49. if (isset($_SERVER['QUERY_STRING'])) {
50. $updateGoTo .= (strpos($updateGoTo, '?')) ? "&" : "?";
51. $updateGoTo .= $_SERVER['QUERY_STRING'];
52. }
53. header(sprintf("Location: %s", $updateGoTo));
54. }
55. ?> <!-- PHP代码结束标签 -->
56. <?php   // PHP代码开始标签
57. $colname_Recordset1 = "-1";
58. if (isset($_GET['ly_id'])) {
59. $colname_Recordset1 = $_GET['ly_id'];
60. }
61. mysql_select_db($database_PHPMySQL, $PHPMySQL);

62. $query_Recordset1 = sprintf("SELECT * FROM liuyan WHERE ly_id = %s", GetSQLValueString($colname_Recordset1, "int"));

63. $Recordset1 = mysql_query($query_Recordset1, $PHPMySQL) or die(mysql_error());

64. $row_Recordset1 = mysql_fetch_assoc($Recordset1);

65. $totalRows_Recordset1 = mysql_num_rows($Recordset1);

66. ?> <!-- PHP代码结束标签 -->

67. <!doctype html>   <!-- 声明文档类型为HTML -->

68. <html>   <!-- HTML根元素 -->

69. <head>

70. <meta charset="UTF-8">   <!-- 设置字符编码为UTF-8 -->

71. <title>编辑留言数据动态网页</title>   <!-- 页面标题 -->

72. </head>

73. <body>

74. <h2><img src="image/700.jpg" width="750" height="387" />   <!-- 显示标题图片 -->

75.

76. 编辑留言数据动态网页

77. </h2>

78. <form action="<?php echo $editFormAction; ?>" method="post" name="form1" id="form1">   <!-- 表单提交到当前页面 -->

79. <table align="center">

80. <tr valign="baseline">

81. <td nowrap="nowrap" align="right">标题:</td>

82. <td><input type="text" name="ly_biaoti" value="<?php echo htmlentities($row_Recordset1['ly_biaoti'], ENT_COMPAT, 'utf-8'); ?>" size="32" /></td>   <!-- 输入框 -->

83. </tr>

84. <tr valign="baseline">

85. <td align="right" valign="top" nowrap="nowrap">内容:</td>

86. <td valign="baseline"><textarea name="ly_neirong" cols="32" rows="6"><?php echo htmlentities($row_Recordset1['ly_neirong'], ENT_COMPAT, 'utf-8'); ?></textarea></td>   <!-- 文本域 -->

87. </tr>

88. <tr valign="baseline">

89. <td nowrap="nowrap" align="right"> </td>

90. <td><input type="submit" value="编辑修改保存记录" /></td>   <!-- 提交按钮 -->

91. </tr>

92. </table>

93. <input type="hidden" name="MM_update" value="form1" />   <!-- 隐藏字段 -->

94. <input type="hidden" name="ly_id" value="<?php echo $row_Recordset1['ly_id']; ?>" />   <!-- 隐藏字段 -->

95. </form>

96. <h2>
97. <img src="image/602.gif" width="750" height="80" />   <!-- 显示底部图片 -->
98. </h2>
99. <p> </p>
100. </body>
101. </html>
102. <?php   // PHP代码开始标签
103. mysql_free_result($Recordset1); // 释放查询结果
104. ?> <!-- PHP代码结束标签 -->

"050301.php"动态网页拆分视图，如图 5-3-10 所示。

图 5-3-10 "050301.php"动态网页拆分视图

"050301.php"动态网页运行结果，如图 5-3-11 所示。

图 5-3-11 "050301.php"动态网页运行结果

相关知识与技能

1. 用 PHP 在 MySQL 数据库中读取数据

当 PHP 连接到 MySQL 数据库后，需要向数据库读取数据，可以使用 SELECT 语句。

语句格式：SELECT * FROM 表名。

SELECT column_name(s) FROM table_name

语句中 SELECT 表示选择要执行查询命令，星号（*）是一个通配符，用于表示选择所有列。在 SELECT 语句中，如果使用了星号（*），那么查询将会返回选定表中的所有列的数据，而不需要逐个列出列名；如不想要表的全部字段，可以不使用星号（*）选择所有列时，也可以在星号（*）这个位置直接列出具体表的字段，用逗号分隔字段的方式列出查询的指定列名，这样可以更精确地控制获取的数据。FROM 子句后面跟具体表名，表示要对哪个表进行 SELECT。注意下面几个例题任务相关数据库表为空，自行向表里加入一些数据用于测试。

例如，"ex5301.php"代码，采用面向对象 MySQLi 方式连接数据库，并用 SELECT 查询"guanliyuan"表，把 SELECT 查询检索管理员信息结果显示在页面上。

```
01. <!DOCTYPE html> <!-- 声明文档类型为HTML5 -->
02. <html> <!-- 开始HTML文档 -->
03. <head> <!-- 开始头部区域 -->
04. <meta charset="UTF-8"> <!-- 设置字符编码为UTF-8 -->
05. <title>面向对象MySQLi方式连接数据库并用SELECT查询guanliyuan表显示</title> <!-- 设置网页标题 -->
06. </head> <!-- 结束头部区域 -->
07. <body> <!-- 开始网页主体 -->
08. <?php                                  // 数据库连接参数
09. $servername = "localhost";             // 数据库服务器的主机名或IP地址
10. $username = "root";                    // 数据库用户名
11. $password = "168168";                  // 数据库密码
12. $dbname = "liuyan";                    // 数据库名
13.                                        // 创建连接
14. $conn = new mysqli($servername, $username, $password, $dbname);
                                           // 使用mysqli类创建数据库连接
15.                                        // 检测连接
16. if ($conn->connect_error) {            // 检查连接是否成功
17. die("Connection failed: " . $conn->connect_error);   // 如果连接失败,输出错误信息并终止脚本
18. }
```

19. $sql = "SELECT gly_id, gly_yonghuming, gly_mima, gly_jibie FROM guanliyuan";
                                  // 定义要执行的SQL查询语句
20. $result = $conn->query($sql); // 执行SQL语句,结果存储在$result变量中
21. if ($result->num_rows > 0) {   // 如果查询结果中有数据
22.   // 输出每行数据
23. while ($row = $result->fetch_assoc()) { // 使用fetch_assoc方法逐行获取查询结果
24. echo "
 ID: " . $row["gly_id"] . "
 Username: " . $row["gly_yonghuming"] . "
 Password: " . $row["gly_mima"] . "
 Level: " . $row["gly_jibie"] . "<br>";
                                  // 输出每行数据的管理员ID、用户名、密码和级别
25. }
26. } else {
27. echo "库表中没有数据";   // 如果查询结果中没有数据,输出"0 results"
28. }
29. $conn->close();   // 使用close方法关闭数据库连接释放资源
30. ?>
31. </body> <!-- 结束网页主体 -->
32. </html> <!-- 结束HTML文档 -->

例如,"ex5302.php"代码,通过 PDO 连接到数据库服务器,并用 SELECT 查询"guanliyuan"表,把 SELECT 查询检索管理员信息结果显示在页面上。

01. <!DOCTYPE html> <!-- 声明文档类型为HTML5 -->
02. <html> <!-- 开始HTML文档 -->
03. <head> <!-- 开始头部区域 -->
04. <meta charset="UTF-8"> <!-- 设置字符编码为UTF-8 -->
05. <title>采用PDO方式连接数据库并用SELECT查询guanliyuan表显示</title> <!-- 设置网页标题 -->
06. </head> <!-- 结束头部区域 -->
07. <body> <!-- 开始网页主体 -->
08. <?php   // 下面是数据库连接参数
09. $servername = "localhost";   // 数据库服务器的主机名或IP地址
10. $username = "root";   // 数据库用户名
11. $password = "168168";   // 数据库密码
12. $dbname = "liuyan";   // 数据库名
13. try {
14.   // 使用PDO连接数据库
15. $conn = new PDO("mysql:host=$servername;dbname=$dbname", $username, $password);
                                  // 创建PDO对象连接数据库
16. $conn->setAttribute(PDO::ATTR_ERRMODE, PDO::ERRMODE_EXCEPTION);
                                  // 设置PDO错误模式为异常模式
17.   // 构建查询语句
18. $sql = "SELECT gly_id, gly_yonghuming, gly_mima, gly_jibie FROM guanliyuan";

```
19. $stmt = $conn->query($sql);                        // 执行查询并返回PDOStatement对象
20.                                                    // 判断是否有查询结果
21. if ($stmt->rowCount() > 0) {                       // 检查是否有返回的行
22.                                                    // 循环遍历查询结果集
23. while ($row = $stmt->fetch(PDO::FETCH_ASSOC)) {
                                                       // 使用fetch方法获取每一行数据,以关联数组形式返回
24.                                                    // 输出管理员信息
25. echo "<br> ID: " . $row["gly_id"] ."<br> Username: " . $row["gly_yonghuming"] ."<br> Password: " . $row["gly_mima"] ."<br> Level: " . $row["gly_jibie"] ."<br>";
26. }
27. } else {
28. echo "0 results";                                  // 如果没有查询到数据,输出提示信息
29. }
30. } catch (PDOException $e) {
31.                                                    // 捕获连接异常并输出错误信息
32. echo "Connection failed: " . $e->getMessage();     // 捕获异常并输出错误信息
33. }
34.                                                    // 关闭数据库连接
35. $conn = null;                                      // 将PDO对象设置为null,关闭连接
36. ?>
37. </body> <!-- 结束网页主体 -->
38. </html> <!-- 结束HTML文档 -->
```

第 1～7 行是 HTML 文档的声明与头部信息有字符编码设置和网页标题等。第 8～34 行是 PHP 代码块,用于实现数据库连接与查询功能。其中,第 8～12 行定义了数据库连接参数,包括服务器的主机名或 IP 地址、用户名、密码和数据库名;第 14～34 行通过 try-catch 语句处理数据库连接和查询操作,确保异常能够被捕获并处理。第 15 行,使用 PDO 连接到数据库。第 16 行,设置 PDO 的错误处理模式为异常模式。第 18 行定义了 SQL 查询语句,用于查询 guanliyuan 表中的数据。第 19 行,执行查询并将结果存储。第 21～29 行,处理查询结果并输出管理员信息或提示"0 results"。第 30～33 行,捕获 PDOException 异常并输出错误信息。第 34 行,关闭数据库连接。第 35～37 行,结束 HTML 文档的主体和整个 HTML 文档。

2. SELECT 命令的 WHERE 子句

在 MySQL 数据库中用 SELECT 命令可以从数据表中获取记录数据,其中 SELECT 命令可用 WHERE 子句筛选出满足条件的结果,WHERE 子句用于过滤记录数据。

语句格式:SELECT * FROM 表名 WHERE 条件

```
SELECT column_name(s)
FROM table_name
WHERE column_name operator value
```

WHERE 子句后面是筛选条件，筛选条件就是一个逻辑表达式。

例如，"ex5303.php"代码，用于连接数据库，执行包含 WHERE 子句的 SELECT 查询操作。

```
01. <!DOCTYPE html> <!-- 声明文档类型为HTML5 -->
02. <html> <!-- 开始HTML文档 -->
03. <head> <!-- 开始头部区域 -->
04. <meta charset="UTF-8"> <!-- 设置字符编码为UTF-8 -->
05. <title>采用PDO方式连接数据库并用SELECT查询guanliyuan表显示</title> <!-- 设置网页标题 -->
06. </head> <!-- 结束头部区域 -->
07. <body> <!-- 开始网页主体 -->
08. <?php
09.                                       // 数据库连接参数
10. $sern = "127.0.0.1";                  // MySQL服务器地址
11. $un = "root";                         // 数据库用户名
12. $ps = "168168";                       // 数据库密码
13. $dbn = "liuyan";                      // 数据库名称
14. $conn = new mysqli($sern, $un, $ps, $dbn);   // 用上面参数创建数据库连接
15.                                       // 检查连接是否成功
16. if ($conn->connect_error) {
17. die("连接失败: " . $conn->connect_error);    // 如果连接失败，终止脚本并显示错误信息
18. }
19.                                       // 构建复杂的WHERE子句
20. $cond = "gly_jibie = 2 AND (gly_mima = '123' OR gly_mima = '456')";   // 定义查询条件
21. $sql = "SELECT * FROM guanliyuan WHERE " . $cond;   // 构建完整的SQL查询语句
22. $result = $conn->query($sql);         // 执行SQL查询
23.                                       // 检查查询结果
24. if ($result->num_rows > 0) {          // 如果查询到数据
25. while ($row = $result->fetch_assoc()) {      // 使用while循环逐行获取数据
26.                                       // 用echo输出每行记录的字段值
27. echo "gly_id: " . $row["gly_id"] . " - gly_yonghuming: " . $row["gly_yonghuming"] . " - gly_mima: " . $row["gly_mima"] . " - gly_jibie: " . $row["gly_jibie"] . "<br>";
28. }
29. } else {
30. echo "没有符合条件的数据";             // 如果没有匹配的数据，提示输出消息
31. }
```

```
32. $conn->close();                    // 关闭数据库连接，释放资源
33. ?>
34. </body> <!-- 结束网页主体 -->
35. </html> <!-- 结束HTML文档 -->
```

源代码第 9～13 行定义了数据库连接参数。第 14 行创建了一个 MySQLi 数据库连接。第 16～18 行，检查数据库连接是否成功，如果连接失败则输出错误信息并终止脚本。第 20 行，用于构建查询语句的 WHERE 部分，定义一个复杂的条件子句表达式。第 21 行，构建完整的 SELECT 查询语句。第 22 行，执行查询语句。第 24～31 行，检查查询结果的行数，如果大于 0，则通过循环遍历结果集中的每一行记录，并使用 echo 语句输出记录的字段值。第 32 行，关闭数据库连接，释放资源。主要功能是连接数据库并执行 SELECT 查询操作，展示了复杂 WHERE 子句的筛选功能。

思考与练习

叙述题

1. 在语句 SELECT * FROM 表名中，星号（*）的作用是什么？请写出该语句不同的应用方法。

2. 在语句 SELECT * FROM 表名中，FROM 表名的作用是什么？

3. 在语句 SELECT * FROM 表名 WHERE 条件中，WHERE 条件的作用是什么？

4. 在本次任务中，管理留言显示的表头还是英文，请将网页中的英文字母修改成具有提示作用的简体中文，使动态网页更加友好。

任务四

设计新增留言、保存与删除留言动态网页

任务描述

根据公司决定，为解决上传信息不完整导致的问题，网络信息部门需要设计动态网页来核验每一条记录，并提供可以进行编辑、修改的功能。此外，电话、信件等留言方式也

需要同步保存到系统中,以便进行统一管理。网络信息部门负责人指派工程师小明完成这项任务。

任务要求:

(1)设计名为"050401.php"的动态网页,可以新增留言并保存留言数据;

(2)设计名为"050401del.php"的动态网页,提供可删除选择的某一条留言数据的功能,以便完成公司要求的删除任务。

工程师小明需要将这些要求融入动态网页的设计中,确保可以方便用户新增、保存留言数据,也能按任务要求删除选择的某一条留言数据。这将会增强信息管理功能的完整性,并使公司能够更有效地管理留言数据。完成后,工程师小明应将动态网页放置在项目路径下的"liuyan"文件夹中,确保该功能正常运行。

任务描述代码与设计页面效果,如图 5-4-1 所示。

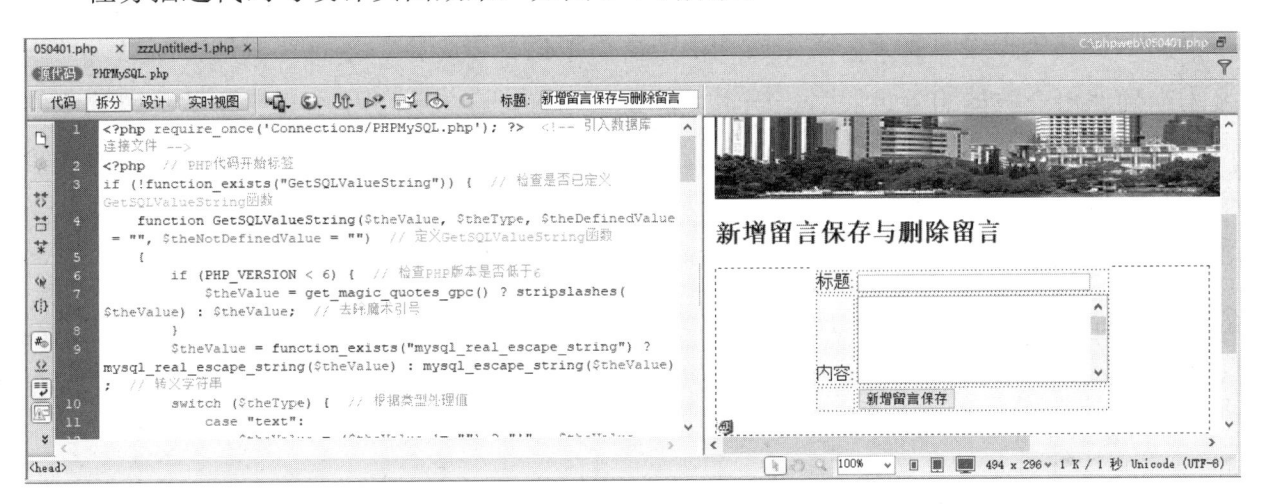

图 5-4-1 任务描述代码与设计页面效果

任务分析

工程师小明在仔细分析了情况后,确定通过 Dreamweaver 软件的文件集成系统功能来完成任务,实现对记录数据进行删除的功能,同时确保满足部门负责人布置的任务要求。

(1)数据库系统主要技术参数:连接名称为"PHPMySQL",MySQL 数据库服务器 IP 地址为"127.0.0.1",用户名为"root",密码为"168168",数据库名称为"liuyan"。

(2)网站系统主要技术参数:Web 站点路径为"C:\phpweb",Web 测试 IP 地址为"127.0.0.1",Web 测试端口号为"8899"。

(3)为本次网页设计做准备,需要对前面施工任务完成的动态网页"050201gai.php"

另存为"050201xg.php",并在超链接"编辑修改"右侧,新添加超链接:

<a href="050401del.php?ly_id=<?php echo $row_Recordset1['ly_id']; ?>">删除本条留言数据</a>。

(4)为实现新增留言,创建动态网页文件命名为"050401.php"。

(5)为实现删除留言,创建动态网页文件命名为"050401del.php"。删除留言的过程就是在动态网页"050201xg.php"实现循环遍历输出每条留言记录,并给每条留言数据设计了超链接"<a href="050401del.php?ly_id=<?php echo $row_Recordset1['ly_id']; ?>">删除本条留言数据</a>"用来传递参数给动态网页"050401del.php",动态网页"050401del.php"自动完成传递参数指定的数据,之后跳转返回动态网页"050201xg.php"。

(6)完成设计后,进行全面测试、调试和验收工作,确保页面在各种浏览器和设备上的兼容性和正常显示,并记录主要施工技术参数。

以上是对任务的简要分析,工程师小明需要根据这个分析,按照要求进行网页设计和编码,确保留言数据的分页展示、编辑功能正常运行。在设计过程中,应注意代码的可靠性、安全性和可维护性。完成后,再进行多次测试和调试,确保功能无误。如有问题或需要进一步指导,需要及时与领导沟通并寻求支持。

方法和步骤

1. 准备工作

按照网站规划参数进行配置。Web 站点路径:C:\phpweb,Web 测试 IP 地址:127.0.0.1,Web 测试端口号:8899。参照项目一中任务一、任务二、任务三,配置好 WAMP 环境,配置好 Dreamweaver 网站环境,如果已经配置好 WAMP 环境和 Dreamweaver 软件,此步骤可以略过。启动配置 WAMP 环境与 Dreamweaver 软件,创建网站过程详见项目一中的三个任务步骤,在 MySQL 数据库服务器中,准备好"liuyan"数据库和"liuyan"表;准备好账号"root"和密码"168168"备用。复制前面完成设计的动态网页"050201gai.php",粘贴并重命名为"050201xg.php",修改其内容,在网页表格的第四行第二列,"编辑修改"右侧,输入中文全角空格,输入文字"删除本条留言数据",并设置超链接,参照代码"<a href= "050401del.php? ly_id=<?php echo $row_Recordset1['ly_id']; ?>">删除本条留言数据</a>",其作用是通过这个超级链接把要删除的留言数据的 ly_id 值,传递给"050401del.php"动态网页。"050201xg.php"动态网页效果,如图 5-4-2 所示。

显示公司留言数据库

序号	14
标题	802
内容	刚好符合法规搜索
操作	编辑修改　　删除本条留言数据

第一页 前一页

图 5-4-2 "050201xg.php"动态网页效果

2. 创建"050401.php"动态网页

（1）单击"开始"按钮，打开"动态网页"，启动 Dreamweaver 软件，单击"文件"菜单，选择"新建"选项，创建 PHP 动态网页"050401.php"。

（2）在网页属性中输入网页标题"新增留言保存与删除留言"。

（3）在网页的"image"文件夹中选择插入图片"700.jpg"，修改其默认宽度为 750、高度为 232，按<Shift+Enter>组合键换行，插入标题元素"<h2>标题 2</h2>"，输入文字"新增留言保存与删除留言"，按<Shift+Enter>组合键换行，再从"image"文件夹中选择插入图片"602.gif"。

（4）连接 MySQL 数据库"liuyan"（详细步骤和示意图见项目五任务一）。单击"窗口"菜单，选择"数据库"选项，单击"数据库"标签面板中的"+"按钮，选择"MySQL 连接"选项，弹出"MySQL 连接"对话框，输入连接名称、MySQL 数据库服务器、用户名、密码，单击"选取"按钮，在数据库对话框中选择数据库"liuyan"选项，单击"确定"按钮，返回"MySQL 连接"对话框，这时已经完成参数设置。单击"测试"按钮，弹出提示"成功创建连接脚本"，单击"确定"按钮，返回上一页面，再单击"确定"按钮，至此完成了创建 MySQL 数据库连接的操作。

（5）在数据库面板标签中，能看到刚才创建的 PHPMySQL 连接。完成此操作后，在网站根目录下会自动建立目录 Connections，在该目录中会自动建立"PHPMySQL.php"文件，打开"PHPMySQL.php"文件，在源代码末尾加一句"mysql_set_charset('utf8',

$PHPMySQL);"，其作用是防止浏览器显示中文时乱码，见源代码第 12 行，修改后请保存并关闭浏览器。

```
01. <?php
02. # FileName="Connection_php_mysql.htm"(文件名="Connection\_php\_mysql.htm")
03. # Type="MYSQL"(类型="MYSQL")
04. # HTTP="true"(HTTP="true")
05. $hostname_PHPMySQL = "127.0.0.1";        //数据库服务器的主机名或IP地址
06. $database_PHPMySQL = "liuyan";           //要连接的数据库名称
07. $username_PHPMySQL = "root";             //数据库用户名
08. $password_PHPMySQL = "168168";           //数据库密码
09.                                          //连接到MySQL数据库服务器，并选择指定的数据库
10. $PHPMySQL = mysql_pconnect($hostname_PHPMySQL, $username_PHPMySQL, $password_PHPMySQL) or trigger_error(mysql_error( ),E_USER_ERROR);
11.                                          //设置数据库连接的字符集为utf8支持简体中文
12. mysql_set_charset('utf8', $PHPMySQL);
13. ?>
```

（6）鼠标光标定位在标题"新增留言保存与删除留言"下方，单击"窗口"菜单，选择"插入"选项，调出插入面板，在插入面板中选择"数据"选项，单击"插入记录:插入记录表单向导"旁的"▾"按钮，选择"插入记录表单向导"选项，如图 5-4-3 所示。

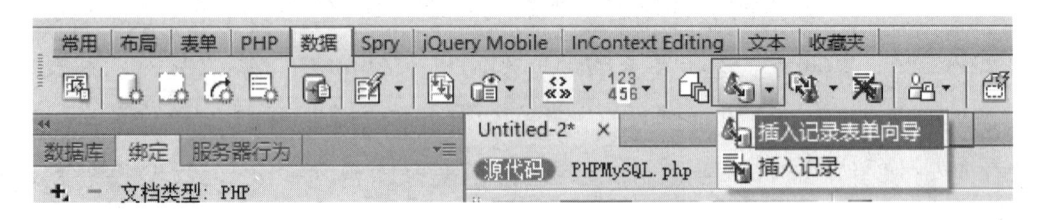

图 5-4-3 选择"插入记录表单向导"选项

（7）弹出"插入记录表单"对话框，"连接"处选择"PHPMySQL"选项；"表格"处选择"liuyan"选项；"插入后，转到"处输入或者浏览选择"050201xg.php"选项；"表单字段"处通过"+""-"按钮对选择的字段进行操作，最终保留"ly_biaoti""ly_neirong"字段，其他保持默认，单击"确定"按钮，如图 5-4-4 所示。

（8）在源代码中，找到语句"<input type="submit" value="插入记录" />"，把按钮提示文字"插入记录"改为"新增留言保存"，具体见源代码第 73 行。修改表格中的"Ly_biaoti"为"标题"，修改表格中的"Ly_neirong"为"内容"，选择内容右边的控件，修改属性为"多行"，行数为"6"，具体见源代码第 69 行。修改后效果如图 5-4-5 所示。

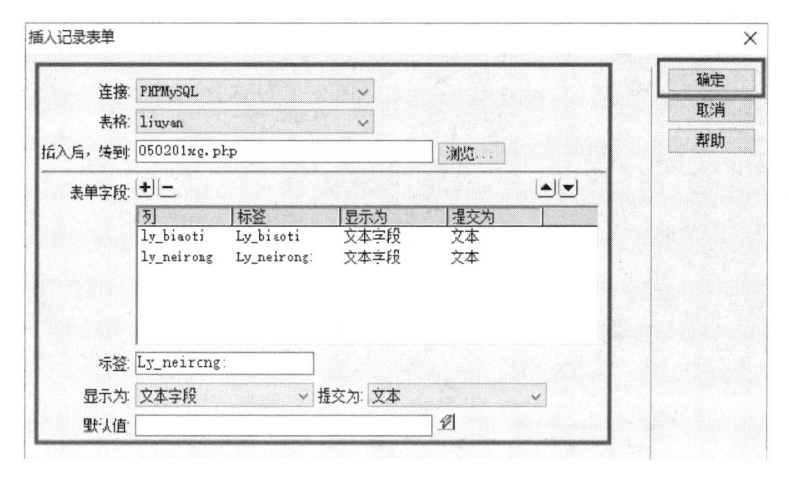

图 5-4-4 "插入记录表单"对话框

图 5-4-5 修改后效果

3. "050401.php"动态网页源代码

01. `<?php require_once('Connections/PHPMySQL.php'); ?>`   <!-- 引入数据库连接文件 -->
02. `<?php`   // PHP代码开始标签
03. `if (!function_exists("GetSQLValueString")) {`   // 检查是否已定义GetSQLValueString函数
04. `function GetSQLValueString($theValue, $theType, $theDefinedValue = "", $theNotDefinedValue = "")`
                                            // 定义GetSQLValueString函数
05. `{`
06. `if (PHP_VERSION < 6) {`   // 检查PHP版本是否低于6
07. `$theValue = get_magic_quotes_gpc() ? stripslashes($theValue) : $theValue;`   // 去除魔术引号
08. `}`
09. `$theValue = function_exists("mysql_real_escape_string") ? mysql_real_escape_string($theValue) : mysql_escape_string($theValue);`   // 转义字符串
10. `switch ($theType) {`   // 根据类型处理值
11. `case "text":`
12. `$theValue = ($theValue != "") ? "'" . $theValue . "'" : "NULL";`   // 文本类型
13. `break;`
14. `case "long":`
15. `case "int":`
16. `$theValue = ($theValue != "") ? intval($theValue) : "NULL";`   // 整型
17. `break;`

18. case "double":
19. $theValue = ($theValue != "") ? doubleval($theValue) : "NULL";   // 浮点型
20. break;
21. case "date":
22. $theValue = ($theValue != "") ? "'" . $theValue . "'" : "NULL";   // 日期型
23. break;
24. case "defined":
25. $theValue = ($theValue != "") ? $theDefinedValue : $theNotDefinedValue;   // 自定义值
26. break;
27. }
28. return $theValue;   // 返回处理后的值
29. }
30. }
31. ?> <!-- PHP代码结束标签 -->
32. <?php   // PHP代码开始标签
33. $editFormAction = $_SERVER['PHP_SELF'];   // 获取当前页面的URL
34. if (isset($_SERVER['QUERY_STRING'])) {   // 检查是否存在查询字符串
35. $editFormAction .= "?" . htmlentities($_SERVER['QUERY_STRING']);
                                                                                   // 将查询字符串附加到表单提交地址
36. }
37. ?> <!-- PHP代码结束标签 -->
38. <?php   // PHP代码开始标签
39. if ((isset($_POST["MM_insert"])) && ($_POST["MM_insert"] == "form1")) {
                                                                                   // 检查是否提交了表单
40. $insertSQL = sprintf("INSERT INTO liuyan (ly_biaoti, ly_neirong) VALUES (%s, %s)",
                                                                                   // 构造插入SQL语句
41. GetSQLValueString($_POST['ly_biaoti'], "text"),   // 标题
42. GetSQLValueString($_POST['ly_neirong'], "text"));   // 内容
43. mysql_select_db($database_PHPMySQL, $PHPMySQL);   // 选择数据库
44. $Result1 = mysql_query($insertSQL, $PHPMySQL) or die(mysql_error());   // 执行插入操作
45. $insertGoTo = "050201xg.php";   // 定义插入后的跳转页面
46. if (isset($_SERVER['QUERY_STRING'])) {   // 检查是否存在查询字符串
47. $insertGoTo .= (strpos($insertGoTo, '?')) ? "&" : "?";   // 添加查询字符串
48. $insertGoTo .= $_SERVER['QUERY_STRING'];
49. }
50. header(sprintf("Location: %s", $insertGoTo));   // 跳转到指定页面
51. }
52. ?> <!-- PHP代码结束标签 -->

53. <!doctype html>   <!-- 声明文档类型为HTML -->
54. <head>
55. <meta charset="UTF-8">   <!-- 设置字符编码为UTF-8 -->
56. <title>新增留言保存与删除留言</title>   <!-- 页面标题 -->
57. </head>
58. <body>
59. <img src="image/700.jpg" width="750" height="232" />
   <!-- 显示顶部图片 -->
60. <h2>新增留言保存与删除留言</h2>   <!-- 页面标题 -->
61. <form action="<?php echo $editFormAction; ?>" method="post" name="form1" id="form1">   <!-- 表单提交到当前页面 -->
62. <table align="center">
63. <tr valign="baseline">
64. <td nowrap="nowrap" align="right">标题:</td>   <!-- 标题字段 -->
65. <td><input type="text" name="ly_biaoti" value="" size="32" /></td>   <!-- 输入框 -->
66. </tr>
67. <tr valign="baseline">
68. <td nowrap="nowrap" align="right">内容:</td>   <!-- 内容字段 -->
69. <td><textarea name="ly_neirong" cols="32" rows="6"></textarea></td>   <!-- 文本域 -->
70. </tr>
71. <tr valign="baseline">
72. <td nowrap="nowrap" align="right"> </td>
73. <td><input type="submit" value="新增留言保存" /></td>   <!-- 提交按钮 -->
74. </tr>
75. </table>
76. <input type="hidden" name="MM_insert" value="form1" />   <!-- 隐藏字段 -->
77. </form>
78. <p><img src="image/602.gif" width="750" height="80" /></p>   <!-- 显示底部图片 -->
79. </body>
80. </html>

4. 创建"050401del.php"动态网页

（1）在网页属性中输入网页标题"新增留言保存与删除留言"。

（2）连接 MySQL 数据库"liuyan"（详细步骤和示意图见项目五任务一）。单击"窗口"菜单，选择"数据库"选项，单击"数据库"标签面板中"+"按钮，再选择"MySQL 连接"选项，弹出"MySQL 连接"对话框，输入连接名称、MySQL 数据库服务器、用户名、密码，单击"选取"按钮，在数据库对话框中选择数据库"liuyan"选项，单击"确定"按钮，返回"MySQL 连接"对话框，这时已经完成参数设置，单击"测试"按钮，弹出提示

"成功创建连接脚本",单击"确定"按钮,返回上一页面,再单击"确定"按钮,至此完成了创建 MySQL 数据库连接的操作。

(3)在数据库面板标签中,能看到刚才创建的 PHPMySQL 连接。完成此操作后在网站根目录下会自动建立目录 Connections,在该目录中会自动建立"PHPMySQL.php"文件,打开"PHPMySQL.php"文件,在源代码末尾加一句"mysql_set_charset('utf8', $PHPMySQL);",作用是防止浏览器显示中文时乱码,见源代码第 12 行,修改后保存并关闭浏览器。

```
01. <?php
02. # FileName="Connection_php_mysql.htm"(文件名="Connection_php_mysql.htm")
03. # Type="MYSQL"(类型="MYSQL")
04. # HTTP="true"(HTTP="true")
05. $hostname_PHPMySQL = "127.0.0.1";        //数据库服务器的主机名或IP地址
06. $database_PHPMySQL = "liuyan";           //要连接的数据库名称
07. $username_PHPMySQL = "root";             //数据库用户名
08. $password_PHPMySQL = "168168";           //数据库密码
09.                                          //连接到MySQL数据库服务器,并选择指定的数据库
10. $PHPMySQL = mysql_pconnect($hostname_PHPMySQL, $username_PHPMySQL,
$password_PHPMySQL) or trigger_error(mysql_error(), E_USER_ERROR);
11.                                          //设置数据库连接的字符集为utf8支持简体中文
12. mysql_set_charset('utf8', $PHPMySQL);
13. ?>
```

(4)单击"窗口"菜单,选择"插入"选项,调出插入面板,在插入面板中选择"数据"选项,单击"删除记录"按钮,弹出"删除记录"对话框。"首先检查是否已定义变量"处选择"URL 参数"选项;"连接"处选择"PHPMySQL"选项;"表格"处选择"liuyan"选项;"主键列"处选择"ly_id"选项;"主键值"处选择"URL 参数"选项;在右侧输入"ly_id";"删除后,转到"处输入或浏览选择"050201xg.php"选项,如图 5-4-6 所示。

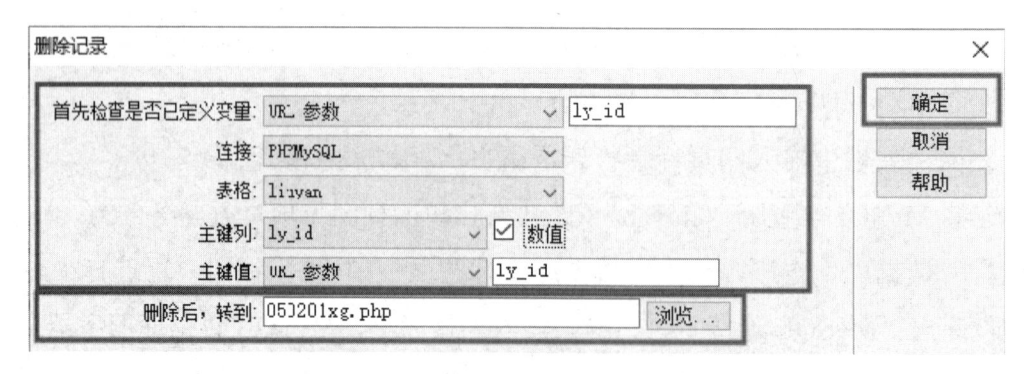

图 5-4-6 "删除记录"对话框

5. "050401del.php" 动态网页源代码

```
01. <?php require_once('Connections/PHPMySQL.php'); ?> <!-- 引入数据库连接文件 -->
02. <?php                                              // PHP代码开始标签
03. if (!function_exists("GetSQLValueString")) {       // 检查是否已定义GetSQLValueString函数
04. function GetSQLValueString($theValue, $theType, $theDefinedValue = "", $theNotDefinedValue = "")
                                                       // 定义GetSQLValueString函数
05. {
06. if (PHP_VERSION < 6) {                             // 检查PHP版本是否低于6
07. $theValue = get_magic_quotes_gpc() ? stripslashes($theValue) : $theValue;   // 去除魔术引号
08. }
09. $theValue = function_exists("mysql_real_escape_string") ? mysql_real_escape_string($theValue) : mysql_escape_string($theValue);                                              // 转义字符串
10. switch ($theType) {                                // 根据类型处理值
11. case "text":
12. $theValue = ($theValue != "") ? "'" . $theValue . "'" : "NULL";   // 文本类型
13. break;
14. case "long":
15. case "int":
16. $theValue = ($theValue != "") ? intval($theValue) : "NULL";       // 整型
17. break;
18. case "double":
19. $theValue = ($theValue != "") ? doubleval($theValue) : "NULL";    // 浮点型
20. break;
21. case "date":
22. $theValue = ($theValue != "") ? "'" . $theValue . "'" : "NULL";   // 日期型
23. break;
24. case "defined":
25. $theValue = ($theValue != "") ? $theDefinedValue : $theNotDefinedValue;   // 自定义值
26. break;
27. }
28. return $theValue;                                  // 返回处理后的值
29. }
30. }
31. ?> <!-- PHP代码结束标签 -->
32. <?php                                              // PHP代码开始标签
33. if ((isset($_GET['ly_id'])) && ($_GET['ly_id'] != "")) { // 检查是否存在GET参数ly_id且不为空
34. $deleteSQL = sprintf("DELETE FROM liuyan WHERE ly_id=%s",   // 构造删除SQL语句
35. GetSQLValueString($_GET['ly_id'], "int"));                  // 获取ly_id的值
36. mysql_select_db($database_PHPMySQL, $PHPMySQL);    // 选择数据库
```

```
37. $Result1 = mysql_query($deleteSQL, $PHPMySQL) or die(mysql_error());    // 执行删除操作
38. $deleteGoTo = "050201xg.php";                                          // 定义删除后的跳转页面
39. if (isset($_SERVER['QUERY_STRING'])) {                                 // 检查是否存在查询字符串
40. $deleteGoTo .= (strpos($deleteGoTo, '?')) ? "&" : "?";                 // 添加查询字符串
41. $deleteGoTo .= $_SERVER['QUERY_STRING'];
42. }
43. header(sprintf("Location: %s", $deleteGoTo));                          // 跳转到指定页面
44. }
45. ?> <!-- PHP代码结束标签 -->
46. <!doctype html>    <!-- 声明文档类型为HTML -->
47. <html>   <!-- HTML根元素 -->
48. <head>
49. <meta charset="UTF-8">    <!-- 设置字符编码为UTF-8 -->
50. <title>获得留言表ly_id删除得ly_id对应的留言数据</title>   <!-- 页面标题 -->
51. </head>
52. <body>
53. </body>
54. </html>
```

相关知识与技能

1. PHP MySQL 命令 UPDATE

在 PHP 中，使用 MySQL 数据库执行 UPDATE 命令是一种修改数据库中现有数据的方式。

格式：UPDATE table_name SET column1 = value1, column2 = value2, ... WHERE condition。

参数：table_name 为要更新数据的数据库表名。column1、column2……为要修改的列名。value1、value2……为对应列名要设置的新值。WHERE condition 是用于指定要更新记录的条件。

用途：用于在数据库表中更新现有数据。可以通过设置新的值来修改表中的列数据。常用于需要修改数据的情况，如更新用户信息、修改文章内容、纠正数据错误等。

例如，"ex5401.php" 代码。该代码连接到数据库并执行 UPDATE 命令，用于更新数据库中的记录数据。需要注意的是，如果表中没有指定的记录用来执行 UPDATE 命令，就需要用 insert 命令添加记录数据。

```
01. <!DOCTYPE html> <!-- 声明文档类型为HTML5 -->
```

02. <html> <!-- 开始HTML文档 -->
03. <head> <!-- 开始头部区域 -->
04. <meta charset="UTF-8"> <!-- 设置字符编码为UTF-8 -->
05. <title>执行UPDATE命令更新数据库中的记录数据</title> <!-- 设置网页标题 -->
06. </head> <!-- 结束头部区域 -->
07. <body> <!-- 开始网页主体 -->
08. <?php   // PHP代码开始标签
09. $conn = mysqli_connect("127.0.0.1", "root", "168168", "liuyan");
                        // 连接到MySQL数据库，指定主机、用户名、密码和数据库名
10. if (!$conn) {   // 检查数据库连接是否成功
11. die("数据库连接失败：" . mysqli_connect_error());   // 如果连接失败，输出错误信息并终止脚本
12. }
13. $newxm = "XGad23";   // 新用户名
14. $newjb = 99;   // 新级别
15. $id = 3;   // 要更新的记录的ID
16. $query = "UPDATE guanliyuan SET gly_yonghuming = '$newxm', gly_jibie = $newjb WHERE gly_id = $id";   // 构建SQL更新语句
17. $result = mysqli_query($conn, $query);   // 执行SQL查询
18. if ($result) {   // 检查更新操作是否成功
19. echo "修改了gly_id编号为{$id}的记录，用户名改为{$newxm}，级别改为{$newjb}，记录数据已更新。";   // 如果成功，输出成功信息
20. } else {
21. echo "更新操作失败：" . mysqli_error($conn);   // 如果失败，输出错误信息
22. }
23. mysqli_close($conn);   // 关闭数据库连接，释放资源
24. ?> <!-- PHP代码结束标签 -->
25. </body> <!-- 结束网页主体 -->
26. </html> <!-- 结束HTML文档 -->

此段代码主要功能是连接到数据库并执行UPDATE命令，用于更新数据库中的记录。其中，第10行，使用mysqli_connect()函数连接到MySQL数据库。第12～14行，定义要更新的用户名、级别和记录ID。第16行，构建UPDATE命令语句。第18行，使用mysqli_query()函数执行UPDATE命令，将更新语句发送给数据库执行；将新的用户名和级别更新到数据库中的指定记录。第19～23行，根据更新操作的结果，使用条件判断来输出相应的成功或失败的信息。

2. PHP MySQL 命令 DELETE

在PHP中，使用MySQL数据库执行DELETE命令是一种从数据库表中删除数据记录

的方式。

格式：DELETE FROM table_name WHERE condition;。

参数：table_name 为要删除数据的数据库表名。WHERE condition 为指定要删除的记录的条件。

用途：用于从数据库中永久删除数据。例如，可以使用 DELETE 命令来删除用户、文章、评论等记录。

例如，"ex5402.php"代码。该代码连接到数据库"liuyan"并执行 DELETE 命令以删除表"guanliyuan"中指定记录。需要注意的是，如果表中没有指定的记录，需要用 insert 命令添加记录数据。

```
01. <!DOCTYPE html> <!-- 声明文档类型为HTML5 -->
02. <html> <!-- 开始HTML文档 -->
03. <head> <!-- 开始头部区域 -->
04. <meta charset="UTF-8"> <!-- 设置字符编码为UTF-8 -->
05. <title>执行DELETE命令删除数据库中的记录数据</title> <!-- 设置网页标题 -->
06. </head> <!-- 结束头部区域 -->
07. <body> <!-- 开始网页主体 -->
08. <?php                        // PHP代码开始标签
09.                              // 连接到数据库
10. $conn = mysqli_connect("127.0.0.1", "root", "168168", "liuyan");
                                 // 连接到MySQL数据库，指定主机、用户名、密码和数据库名
11.                              // 要删除的记录的ID
12. $id = 8;                     // 定义要删除的记录的ID
13.                              // 构建 DELETE 查询
14. $query = "DELETE FROM guanliyuan WHERE gly_id = $id";
                                 // 构建SQL查询语句，删除gly_id为$id的记录
15.                              // 执行查询
16. $result = mysqli_query($conn, $query);              // 执行SQL查询
17. if ($result) {                                      // 检查删除操作是否成功
18. echo "删除了gly_id编号为{$id}的记录，记录数据删除成功。";  // 如果成功，输出成功信息
19. } else {
20. echo "删除操作失败：" . mysqli_error($conn);         // 如果失败，输出错误信息
21. }
22.                              // 关闭数据库连接
23. mysqli_close($conn);         // 关闭数据库连接，释放资源
24. ?> <!-- PHP代码结束标签 -->
25. </body> <!-- 结束网页主体 -->
26. </html> <!-- 结束HTML文档 -->
```

此段代码用于连接到数据库，并执行 DELETE 命令以删除数据库中特定记录。代码通过 MySQLi 数据库扩展与数据库的交互。第 10 行，连接到数据库。第 12 行，声明变量$id 用于存储要删除的记录的 ID。第 14 行，构建 DELETE 命令用于从名为"guanliyuan"的表中删除 gly_id 等于$id 的记录。第 16 行，使用 mysqli_query( )函数执行第 14 行构建的 DELETE 命令语句。第 17~21 行，根据查询结果输出成功或失败的信息。第 23 行，关闭数据库连接，释放资源。整体功能是删除数据库中指定 ID=8 的记录。

3. PHP 与 ODBC

ODBC 是数据库连接标准，旨在为应用程序和数据库提供统一的接口，实现不同数据库系统之间的无缝对接。ODBC 的核心思想是通过提供通用的、标准化的方法，使开发人员能够在不同数据库系统之间共享代码、查询和操作数据，而无须关心底层数据库的具体细节。这为数据库操作提供了更大的灵活性和可移植性。ODBC 实现了数据库独立，允许开发人员在不同的数据库系统之间进行平滑迁移，而无须重写多数代码。它利用驱动程序来实现这种功能，每个数据库系统都有专门的 ODBC 驱动程序，这些驱动程序充当着数据库与应用程序之间的翻译器，将应用程序的请求转换为适用于特定数据库的格式。

在 PHP 中，ODBC 进行了扩展，使开发人员能够通过 ODBC 标准与多种数据库进行交互。这意味着，无论是 Microsoft SQL Server、Oracle、MySQL 还是其他类型的数据库，开发人员都可以使用相同的函数来连接、查询和操作数据，从而降低了学习和管理不同数据库系统的难度。使用 ODBC 可以减少开发和维护不同数据库系统所需的工作量，提高应用程序的可扩展性，因为更换数据库系统时，只需要调整驱动程序，而不是整个程序代码；使用 ODBC 还可以提高数据的安全性和一致性，因为 ODBC 实现了数据访问和操作的标准、统一方案。

总之，ODBC 在数据库连接和操作领域起着重要作用。它为开发人员提供了一种通用的、跨数据库的方法，使开发人员能够更轻松地处理多种数据库系统，实现了数据库的独立性和应用程序的可移植性。通过标准化数据库连接，ODBC 构建了桥梁，将不同数据库之间的差异抽象化，为跨平台的数据库交互带来了方便和效率。

在 Windows 中安装 MySQL ODBC 驱动程序页面，如图 5-4-7 所示。

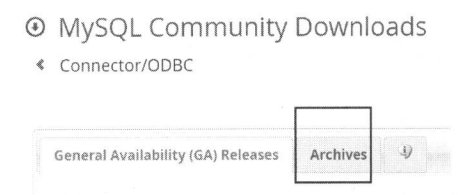

图 5-4-7　在 Windows 中安装 MySQL ODBC 驱动程序页面

以下是安装的一般步骤。

（1）下载 MySQL ODBC 驱动程序。MySQL 数据库官方网站下载速度慢、易断线，请登录华信教育资源网，在本书的配套资源中下载，建议下载 32 位的驱动程序，选择对应的安装文件，通常选择 msi 格式。下载驱动程序页面如图 5-4-8 所示。

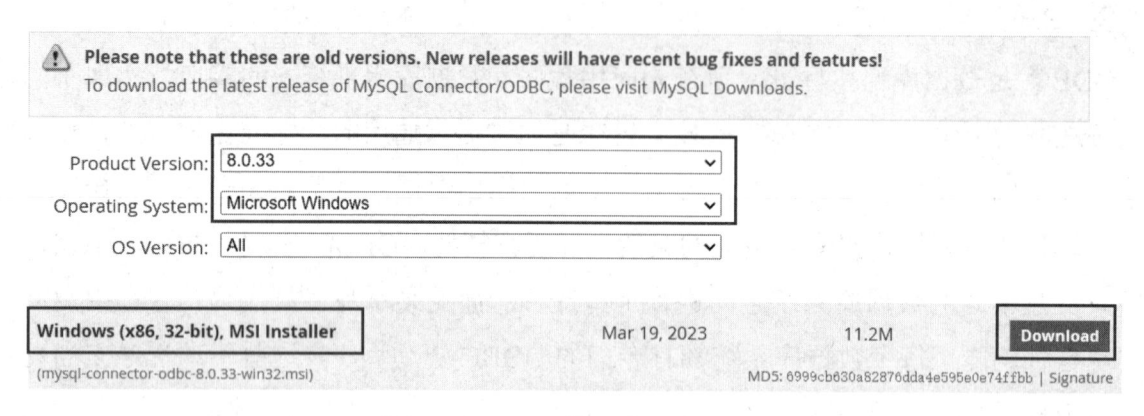

图 5-4-8　下载驱动程序页面

（2）双击"mysql-connector-odbc-8.0.33-win32.msi"文件，运行安装程序。

（3）安装完成后，下一步工作就是创建 ODBC 数据源。

（4）先打开 Windows 的控制面板，在搜索框中输入"ODBC"数据源，单击"设置 ODBC 数据源（32 位）"按钮，弹出"ODBC 数据源管理程序（32 位）"对话框，单击"系统 DSN"选项卡，单击"添加"按钮，如图 5-4-9 所示。

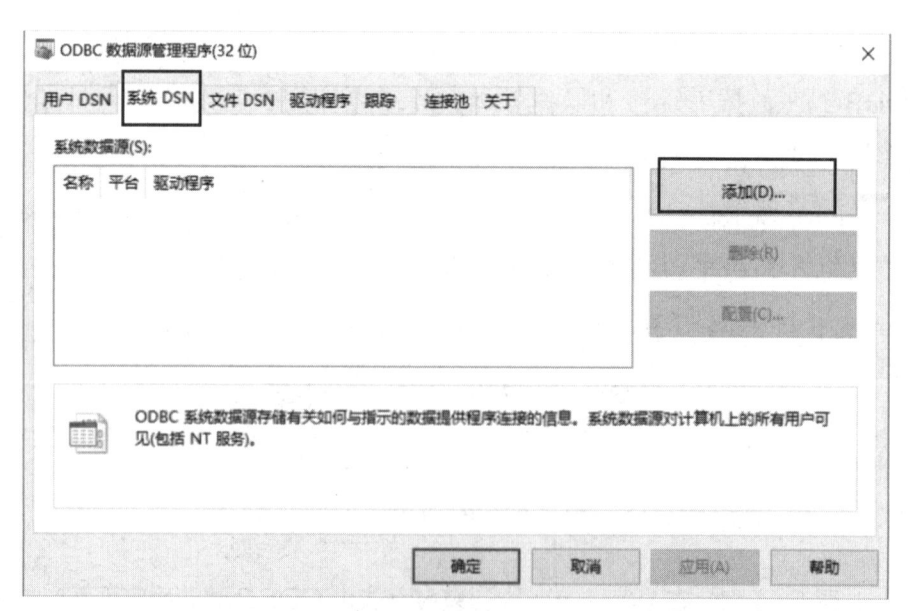

图 5-4-9　"ODBC 数据源管理程序（32 位）"对话框

（5）单击"添加"按钮后，弹出对话框"创建新数据源"，滚动滑块到最下方，单击选择驱动程序"MySQL ODBC 8.0 Unicode Driver"选项，单击下方"完成"按钮。

（6）弹出"MySQL Connector/ODBC Data Source Configuration"对话框，用于配置ODBC等参数信息。在"Data Source Name"处输入自定义的DSN信息，这里自定义为"mydsn"。Description为描述数据源信息，可以略过。在"TCP/IP Server"处输入服务器的IP地址"127.0.0.1"，Port端口默认为"3306"，在"User"处输入MySQL数据库的用户名"root"，在"Password"处输入MySQL数据库的密码"168168"，在"Database"处选择数据库"liuyan"选项。单击"Test"按钮，如果这时信息正确无误，会弹出对话框，显示"Connection successful"，表示连接成功，单击"OK"按钮。至此完成了"系统DSN"配置，确认配置了一些连接参数，如主机名、用户名、密码、数据库名称等。

（7）"系统DSN"配置完成后，在PHP代码中，使用odbc_connect( )函数来连接MySQL数据库。连接字符串是所创建的DSN的名称"mydsn"，类似于DSN_NAME。确保连接字符串的格式正确，如$conn = odbc_connect("mydns", " "," ");，见下面源代码第9行。

（8）运行代码需确保数据库连接字符串、DSN和数据库设置正确，再运行PHP代码。通过MySQL ODBC驱动程序，可以在Windows中使用ODBC来连接、查询和操作MySQL数据库。这种方法提供了跨数据库平台的通用性，允许使用相同的代码在不同类型的数据库系统之间进行交互。

例如，"ex5403.php"代码，使用ODBC连接"liuyan"数据库，并列出"liuyan"数据库中所有表名称。

```
01. <!DOCTYPE html>   <!-- 声明文档类型为HTML5 -->
02. <html>   <!-- 开始HTML文档 -->
03. <head>   <!-- 开始头部区域 -->
04. <meta charset="UTF-8">   <!-- 设置字符编码为UTF-8 -->
05. <title>测试用ODBC方式连接liuyan数据库</title>   <!-- 设置网页标题 -->
06. </head>   <!-- 结束头部区域 -->
07. <body>   <!-- 开始网页主体 -->
08. <?php          // PHP代码开始标签
09. $conn = odbc_connect("mydsn", "", "");
                  // 使用ODBC连接数据库，DSN为mydsn，用户名和密码为空
10. if ($conn) {    // 检查是否成功连接到数据库
11. echo "连接ODBC成功！<br><br>";        // 如果连接成功，输出提示信息
12.                                      // 获取liuyan数据库中所有表的信息
13. $result = odbc_tables($conn);        // 调用odbc_tables函数获取数据库中的表信息
14. if ($result) {                       // 检查是否成功获取表信息
15. echo "liuyan数据库中的表:<br>";      // 输出表信息的标题
```

```
16.                                                    // 循环遍历liuyan数据库
17. while ($row = odbc_fetch_array($result)) {         // 使用odbc_fetch_array循环获取表信息
18. if ($row['TABLE_CAT'] === 'liuyan') {              // 检查表是否属于liuyan数据库
19. echo "表名: " . $row['TABLE_NAME'] . "<br>";       // 输出表名
20. }
21. }
22. odbc_free_result($result);                         // 释放结果集资源
23. } else {
24. echo "无法获取表信息。<br>";                        // 如果无法获取表信息，输出提示信息
25. }
26. odbc_close($conn);                                 // 关闭ODBC连接
27. } else {
28. echo "连接ODBC失败。<br>";                         // 如果连接失败，输出提示信息
29. }
30. ?> <!-- PHP代码结束标签 -->
31. </body> <!-- 结束网页主体 -->
32. </html> <!-- 结束HTML文档 -->
```

此段代码第 9 行使用了 ODBC 函数连接数据库，函数名为 odbc_connect。该函数有三个参数：第一个是 ODBC 的数据源名称，即"mydsn"；第二个是数据库用户名；第三个是数据库密码。这里用空字符串是因为 Windows 控制面板里设置过了用户名和密码，空字符串也有保密的作用。

第 10~29 行，如果通过 ODBC 的 DSN 连接 MySQL 数据库成功，就会显示连接成功的提示信息，接着获取"liuyan"数据库中所有表的信息，用 while 循环遍历"liuyan"数据库，把"liuyan"数据库中每一个表名字显示出来。

思考与练习

一、填空题

1. ODBC_____是数据库连接标准，旨在为应用程序和数据库提供统一的_____，可实现不同数据库系统之间的平滑无障碍对接。ODBC 的核心思想是通过提供通用的、标准化的_____，使开发人员能够在不同数据库系统之间共享代码、_____和操作数据，而无须关心底层数据库的具体实现细节。这为数据库操作提供了更大的_____和可移植性。

2. 在 PHP 中，ODBC 提供了_____，使开发人员能够通过 ODBC_____与多种数据库进行_____。这意味着，无论是 Microsoft SQL Server、Oracle、MySQL 还是其他类型的_____，开发人员都可以使用相同的_____来连接、查询和操作数据，从而降低了学习和管理不同数据库系统的难度。

二、叙述题

1．简述在 PHP 中使用 ODBC 可以带来哪些好处？

2．简述 MySQL 数据库命令 UPDATE 的功能、格式、参数和用途。

3．简述 MySQL 数据库命令 DELETE 的功能、格式、参数和用途。

4．在本次任务中，管理留言显示的表格表头部分还是英文，请进入"编辑字段……"修改相关网页源代码，将英文字段名改为中文字段名，使动态网页更加友好。

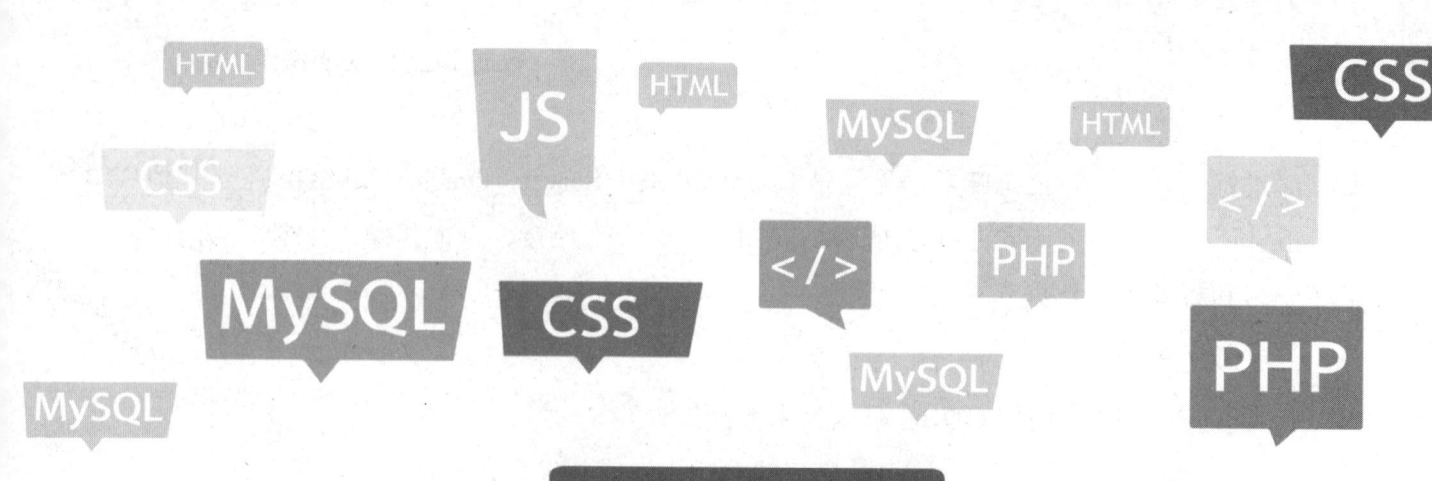

项目六

服务器端文件操作

项目引言

　　随着公司信息化建设的不断推进，公司在信息化领域的业务需求也在不断拓展，对公司的技术日志文本文件等进行管理就显得尤为重要。首先，针对日常工作中技术信息记录的需求，任务的目标在于提高信息记录的便捷性，确保其能够及时有效地记录工作中的关键技术信息；其次，通过 WAMP 环境设计日志文本文件列表可以方便地查看保存的日志文本文件，旨在提高对项目进展的了解，促进团队成员之间的信息共享，实现高效的文件查阅与管理；再次，用户通过对日志文本文件内容的编辑和删除操作，可以灵活地编辑和删除已保存的日志文本文件内容，这一功能不仅提高了对日志文本文件内容的灵活处理，也为团队成员提供了更为定制化的文件管理体验；最后，还需要满足公司对已上传到平台的文件进行管理的需求，用户可以上传多种类型的文件，实现文件的分类、版本控制、搜索和筛选。通过文件权限管理，确保只有获得授权的用户能够访问和修改文件，提高公司文件的安全性和可管理性。

　　本项目就是在公司的 WAMP 环境中，设计 PHP 动态网页，在服务器端实现日志文本文件的创建、读取、修改、写入、删除、上传资料等功能。

能力目标

◆ 能运用 fopen( )、fwrite( )、fclose( )等函数创建日志文本文件动态网页
◆ 能运用 scandir( )、pathinfo( )、file_get_contents( )等函数设计查看日志文本文件内容动态网页
◆ 能运用 file_put_contents( )、file( )、unlink( )等函数设计编辑保存或删除日志文本文件动态网页
◆ 能运用 File 类设计上传公司文档资料动态网页

任务一

设计公司日志文本文件动态网页

任务描述

根据公司设计标准化的要求，网络信息部门的负责人将任务委派给工程师小明。在设计公司网站的过程中，工程师小明需要记录动态网页设计过程中的代码、思路和其他技术内容。这些记录将以文本文件的形式保存，并以日期作为文件名。此外，工程师小明还需要设计名为"060101.php"的动态网页来完成这个任务。为了保留相关的文字信息，日志文本文件将以 TXT 文件类型保存。工程师小明应按照要求准确记录并保存所有相关的技术细节和过程，以确保设计的完整性和可追溯性，这将有助于项目的顺利进行和未来工作的维护。通过详细记录，工程师小明可以提供清晰的技术档案，以供团队成员和上级管理层参考，并在必要时进行技术交流和知识共享。记录的准确性和及时性对于项目的顺利进行和团队协作至关重要，因此工程师小明应认真对待这一任务，并确保每个日志文本文件都包含详尽的技术信息。这将为公司网站的设计和维护提供有价值的参考，并为未来的技术改进提供有力支持。

任务描述设计页面效果，如图 6-1-1 所示。

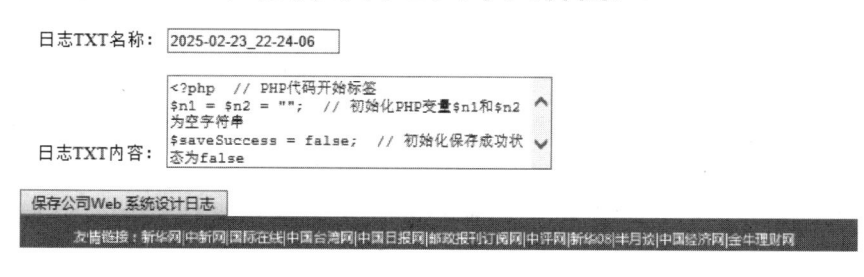

图 6-1-1 任务描述设计页面效果

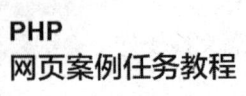

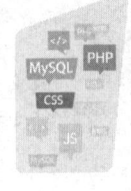

任务分析

网页的布局包括标题、图片和表单，表单中包含两个输入字段。通过网页上的表单，用户可以输入日志文本文件的文件名和内容，并通过单击"提交"按钮来保存该日志文本文件。这个功能的目的是满足公司部门经理的要求，即要求工程师能够记录公司网站设计过程中的代码、思路和其他技术内容。通过保存日志文本文件，可以确保设计的完整性和可追溯性，并为团队成员和上级管理层提供参考和交流的依据。

1. 技术准备工作

（1）网站系统主要技术参数：Web 站点路径为"C:\phpweb"，Web 测试 IP 地址为"127.0.0.1"，Web 测试端口号为"8899"。

（2）动态网页文件命名为"060101.php"。

（3）完成设计后，进行全面的测试、调试和验收工作，确保页面在各种浏览器及设备上能兼容和正常显示，并能记录主要施工技术参数。

2. 设计公司网站

技术人员需要了解公司网站的设计需求和目标，包括页面布局、功能要求、用户体验等。

3. 记录代码和思路

在动态网页设计过程中，技术人员需要记录代码和思路等技术内容。这些技术内容可以包括编写的代码片段、解决问题的思路、算法设计等。记录可以以日志文本文件的形式保存，以便后续查阅和参考。

4. 文件格式和命名规则

技术人员需要确保正确使用适当的文件格式（如 TXT 文件）来存储记录，并根据日期来命名日志文本文件，以便日后查找和管理日志文本文件。

5. 动态网页设计

任务描述中提到工程师小明需要设计名为"060101.php"的动态网页来实现该功能。技术人员需要具备动态网页设计的技能和经验，使用适当的编程语言（如 PHP）和技术来实现所需的功能。

6. 日志文本文件保存和管理

要求将记录保存为日志文本文件，并确保准确记录文件名和内容。技术人员需要编写代码来实现日志文本文件的保存和管理功能，包括创建并命名文件、写入日志文本文件内容等操作。

综上所述，从技术人员的角度来看，这个任务涉及公司网站设计、代码记录、文件格式与命名、动态网页设计，以及日志文本文件的保存和管理等方面。技术人员需要具备相关的技术知识和技能以完成任务，并确保设计的完整性、可追溯性和可维护性。同时，技术人员也应当注重良好的沟通和协作，与团队成员保持密切沟通，确保任务的顺利完成。

方法和步骤

1. 准备工作

按照网站规划参数进行配置。Web 站点路径：C:\phpweb，Web 测试 IP 地址：127.0.0.1，Web 测试端口号：8899。参照项目一中任务一、任务二、任务三，配置并启动 WAMP 环境，配置好 Dreamweaver 软件。如果已经配置并启动 WAMP 环境和 Dreamweaver 软件，此步骤可以略过。

2. 创建"060101.php"动态网页

（1）单击"开始"按钮，打开"动态网页"，启动 Dreamweaver 软件，单击"文件"菜单，选择"新建"选项，创建 PHP 动态网页"060101.php"。

（2）在网页属性中输入网页标题"公司 WAMP 系统设计日志文本文件建立"。

（3）在网页的"image"文件夹中选择插入图片"601.jpg"，按<Shift+Enter>组合键换行，插入标题元素"<h1>标题 1</h1>"，输入文字"公司 WAMP 系统设计日志文本文件建立"，按<Shift+Enter>组合键换行，再从"image"文件夹中选择插入图片"602.gif"。

（4）参照源代码第 7～22 行和第 24～31 行，在</head>头部后面输入 PHP 代码段。

（5）在文字"公司 WAMP 系统设计日志文本文件建立"处，换行。

（6）参照源代码第 34～42 行。插入"form 表单"，表单中插入单行文本框，设置宽度为 20 个字符，初始值为"<?php echo date('Y-m-d_H-i-s'); ?>"，选择只读属性，在单行文本框左边输入"日志 TXT 名称:"，按<Shift+Enter>组合键换行，在表单中插入多行文本框，设置其宽度为 40 个字符、高度为 5 行，初始值为"<?php echo $n2; ?>"。在多行文本框左边输入"日志 TXT 内容:"，按<Shift+Enter>组合键换行，在表单中插入按钮，按钮属性值为"保存公司 Web 系统设计日志"，动作值为"提交按钮"，按钮属性源代码为<input type="submit" value="保存公司 Web 系统设计日志">。

3. "060101.php" 动态网页源代码

```
01. <!doctype html>          <!-- 声明文档类型为HTML -->
02. <html>
03. <head>
04. <meta charset="UTF-8">    <!-- 设置字符编码为UTF-8，支持多种语言和符号 -->
05. <title>保存公司Web系统设计日志</title>  <!-- 设置网页标题 -->
06. </head>
07. <?php                     // PHP代码开始标签
08. $n1 = $n2 = "";            // 初始化PHP变量$n1和$n2为空字符串
09. $saveSuccess = false;      // 初始化保存成功状态为false
10. if (isset($_REQUEST['num1'])) {  // 检查是否接收到名为"num1"的表单数据
11. $n1 = $_REQUEST['num1'];   // 将表单提交的"num1"数据赋值给PHP变量$n1
12. $n2 = $_REQUEST['num2'];   // 将表单提交的"num2"数据赋值给PHP变量$n2
13. $saveSuccess = false;      // 初始化保存成功状态为false
14. /* 写入文件： */
15. $my_file = $n1 . '.txt';   // 使用当前日期时间作为文件名，将文件名拼接得到
16. $handle = fopen($my_file, 'w') or die('Cannot open file: ' . $my_file);
                // 打开文件，以写入模式('w')打开，若无法打开则输出错误信息并终止脚本执行
17. $data = $n2;               // 将$n2的值赋给PHP变量$data
18. fwrite($handle, $data);    // 将$data的内容写入打开的文件
19. fclose($handle);           // 关闭文件句柄，释放资源
20. $saveSuccess = true;       // 将保存成功状态设置为true，表示保存成功
21. }
22. ?> <!-- PHP代码结束标签 -->
23. <body>
24. <?php                     // PHP代码开始标签
25. if ($saveSuccess) {        // 如果保存成功
26.                           // 构造JavaScript代码，使用alert函数弹出确认对话框
27. echo '<script>';
28. echo 'alert("保存成功，文件名为：' . $my_file . '\\n保存路径为：' . $_SERVER['DOCUMENT_ROOT'] . '");';
29. echo '</script>';
30. }
31. ?> <!-- PHP代码结束标签 -->
32. <img src="image/601.jpg" width="747" height="236"><br>  <!-- 显示顶部图片 -->
33. <h1>公司WAMP系统设计日志文本文件建立</h1>  <!-- 设置标题和加粗的文本 -->
```

34. `<form action="060101.php" method="post">` <!-- 创建表单,提交到"060101.php"页面,使用POST方法 -->

35. 日志TXT名称：

36. `<input name="num1" type="text" value="<?php echo date('Y-m-d_H-i-s'); ?>" size="20" readonly>` <!-- 文本输入框，用户可以输入数据，并以PHP变量$n1作为默认值，设置宽度为20个字符 -->

37. `<br><br>`

38. 日志TXT内容：

39. `<textarea name="num2" cols="40" rows="5"><?php echo $n2; ?></textarea>` <!-- 多行文本输入框，用户可以输入多行文本，以PHP变量$n2作为默认值，设置宽度为40个字符，高度为5行 -->

40. `<br><br>`

41. `<input type="submit" value="保存公司Web系统设计日志">` <!-- 提交按钮，用户点击后提交表单数据到服务器 -->

42. `</form>`

43. `<img src="/image/602.gif" width="750" height="80">` <!-- 显示底部图片 -->

44. `</body>`

45. `</html>`

4. 源代码主要功能说明

（1）第 1~6 行，声明文件类型为 HTML，设置字符编码为 UTF-8，设置网页标题。`<!doctype html>`：声明文件类型为 HTML。`<html>`：开始 HTML 文档。`<head>`：定义文件头部。`<meta charset="UTF-8">`：设置字符编码为 UTF-8，支持多种语言和符号。`<title>`保存公司 Web 系统设计日志`</title>`：设置网页标题为"保存公司 Web 系统设计日志"。`</head>`：结束头部定义。

（2）第 7~22 行为 PHP 代码，主要作用是在服务器中使公司 WAMP 系统设计日志以 TXT 格式保存。初始化两个 PHP 变量$n1 和$n2 为空字符串，"$saveSuccess = false;"初始化保存成功状态为 false。检查是否接收到名为"num1"的表单数据。如果接收到表单数据，则将"num1"和"num2"的值分别赋给$n1 和$n2，分别用于存储日志 TXT 名称、日志 TXT 内容。然后保存成功状态$saveSuccess 设置为 false。接下来将表单提交的内容写入文件中，并在保存成功后将$saveSuccess 设置为 true，用于存储日志文本文件保存成功的状态标志。

（3）第 23 行，开始`<body>`部分。

（4）第 24~31 行，主要作用是日志文本文件保存成功后，弹出对话框显示保存成功的信息。如果保存成功（$saveSuccess 为 true），则构造一段 JavaScript 代码，在页面加载时通过 alert 函数弹出对话框，显示保存成功的消息，包括保存的文件名和路径。第 25

行为 if 条件语句判断，如果保存成功，则执行下面的代码块。第 26 行为注释。第 27 行为输出<script>标签开始。第 28 行为输出 alert()函数，显示保存成功的消息，包括文件名和保存路径。第 29 行为输出</script>标签结束。第 30、31 行为结束 if 语句块，结束 PHP 代码块。

（5）第 32、33 行为 HTML 代码显示公司标志的顶部图片和文字标题。

（6）第 34~42 行是表单。第 34 行，表单<form>开始，使用 POST 方法将数据提交到"060101.php"页面。

（7）第 35~37 行是文字提示信息等，其中文本框默认初始值显示当前时间作为日志文本文件名，默认值是通过 PHP 函数 date('Y-m-d_H-i-s')生成的当前日期，文本框默认为只读属性，意思是日志文本文件名是不可编辑的。

（8）第 38~40 行是文字提示信息等，其中文本区域（或者多行文本框）用于输入日志文本文件内容，默认显示之前保存的内容，文本框属性宽度为 40 个字符，高度为 5，初始值为<?php echo $n2; ?>，就是设置一个多行文本输入框，用户可以输入多行文本，默认值初始是 PHP 变量$n2 的值。

（9）第 41 行是提交按钮"保存公司 Web 系统设计日志"，用于保存日志文本文件。

（10）第 42、43 行为结束表单，并显示公司友情链接的底部图片。

（11）第 44、45 行为结束 HTML<body>部分，结束 HTML 文档。

"060101.php"动态网页拆分视图，如图 6-1-2 所示。

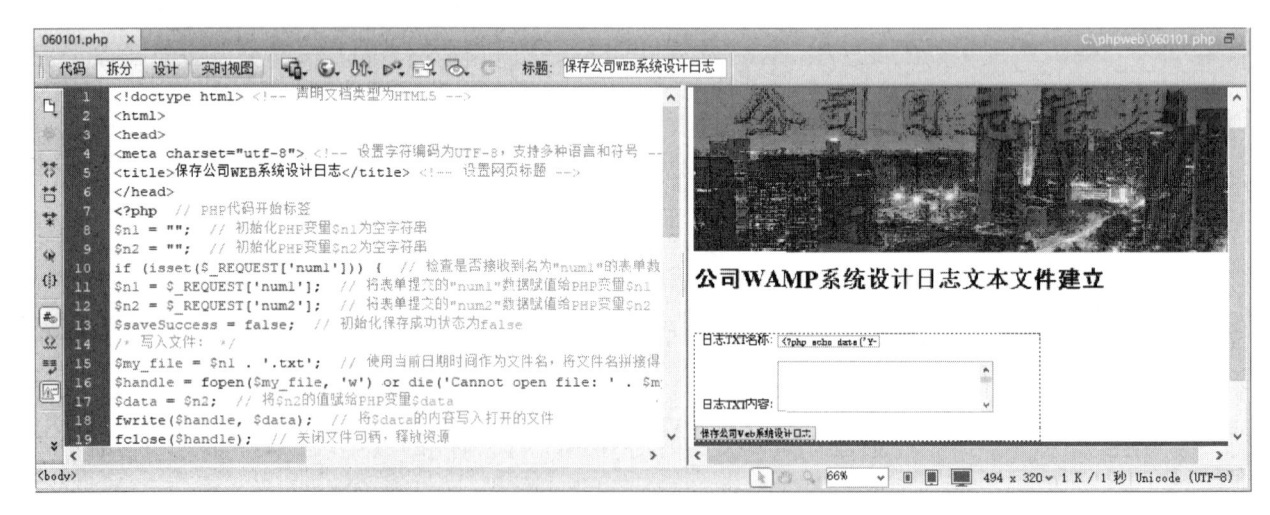

图 6-1-2　"060101.php"动态网页拆分视图

按<Ctrl+S>组合键保存，按 F12 键在浏览器中浏览网页结果，如图 6-1-3 所示。

图 6-1-3　浏览器中浏览网页结果

相关知识与技能

1. 文件操作函数 fopen( )

fopen( )函数是一个重要的文件操作函数，用于打开文件以便后续进行读取、写入、追加等操作。根据指定的模式，fopen( )具有创建、打开、写入、追加等功能，同时提供了丰富的选项，具有灵活性。

格式：fopen($filename, $mode [, $use_include_path = FALSE [, $context]])

参数：$filename 为要打开的文件名或者 URL。$mode 为打开文件的模式，模式字符串指定了文件的操作类型，可以是只读、写入、追加等，常用模式有"r"（只读）、"w"（写入，如果文件存在则截断内容）、"a"（追加）等。$use_include_path 为可选参数，如果设置为 true，那么将在 include_path 中查找文件。$context 为可选参数，一个可选的上下文资源，通常在 stream 上下文中使用。

用法：fopen( )函数结合不同参数用于打开、追加、写入文件。如果成功打开文件或 URL，则返回一个表示文件句柄的资源类型（resource），用于后续的文件读取、写入等操作。如果打开文件失败，函数会返回 false。如果使用"w"模式打开文件，若文件不存在，会创建一个新文件；若文件已存在，会清空其内容。如果使用"a"模式打开文件，文件指针会定位到文件末尾，允许追加写入。

例如，"ex6101.php"代码，以只读"r"模式打开"test.txt"文件。

```
<?php $abc = fopen('test.txt', 'r');        //打开'test.txt'文件以只读模式?>
```

2. 文件操作函数 fread( )

fread( )函数可从文件句柄中读取指定长度的文件内容数据。

格式：fread($handle, $length)。

参数：$handle 为文件句柄。$length 为要读取的字节数。

用法：使用 fread($handle, $length)从文件句柄读取指定数量的字节，读取的内容会被存储为字符串。如果读取失败，返回空字符串（"）或者在出错时返回 false；如果读取文件结束或者已经读取了指定的长度，函数将返回读取到的数据。文件句柄的位置指针会根据读取的数据定位到相应的位置。

例如，"ex6102.php"代码，打开名为"test.txt"的文本文件，先从文本文件中读取内容，然后将读取的内容直接输出。

```
01.  <?php
02.  $abc = fopen('test.txt', 'r');
03.  echo fread($abc, filesize('test.txt'));
04.  ?>
```

3. 文件操作函数 fwrite( )

fwrite( )函数可将数据写入已经打开的文件中。

格式：fwrite($handle, $string [, $length])。

参数：$handle 为已经打开的文件句柄。$string 为需要写入的字符串。$length（可选）为需要写入的字符串最大字节数。

用法：fwrite( )函数将指定的字符串写入已打开的文件句柄中。如果写入成功，则返回成功写入的字节数；如果写入失败，则返回 false。文件句柄的位置指针会根据写入的数据定位到相应的位置。如果有$length 参数，仅写入指定长度的数据；如果没有这个参数，就写入整个字符串。

例如，"ex6103.php"代码，打开名为"test.txt"的文本文件，从文本文件中读取内容，然后将读取的内容直接输出。

```
01. <?php                             // PHP代码开始标签
02. header('Content-Type: text/html; charset=UTF-8');    // 设置响应头，确保显示文字提示不会乱码
03. $abc = fopen('test.txt', 'a');// 打开文件test.txt，如果没有该文件则创建，以追加模式（'a'）打开
04. $wenzi = '999这是准备写入文本文件的一段文字。'; // 定义要写入文件的内容
05. if (fwrite($abc, $wenzi) !== false) {    // 使用fwrite函数写入内容，并检查是否成功
06. echo "写入文件test.txt成功！<br>";      // 如果写入成功，输出成功信息
```

```
07. } else {
08. echo "写入文件test.txt失败！<br>";        // 如果写入失败，输出失败信息
09. }
10. fclose($abc);                              // 关闭文件资源，释放文件句柄
11. ?> <!-- PHP代码结束标签 -->
```

4. 文件操作函数 fclose( )

fclose( )函数用于关闭文件指针，释放系统资源。当完成文件操作后，应该调用此函数以确保文件内容被正确保存并释放与文件相关的资源。

格式：fclose($handle)。

参数：$handle 为将要关闭的文件句柄。

用法：fclose( )函数用于关闭已打开的文件句柄，释放资源。

例如，"ex6104.php"代码。该代码结合前面例子，在代码结尾使用 fclose( )函数关闭之前打开的文件资源句柄$abc，确保操作完成后释放文件资源。

```
01. <?php                                              // PHP代码开始标签
02. header('Content-Type: text/html; charset=UTF-8');  // 设置响应头，确保显示文字提示不会乱码
03. $abc = fopen('test.txt', 'a');  // 打开文件test.txt，如果文件不存在则创建，以追加模式（'a'）打开
04. $wenzi = '这是准备写入文本文件的一段文字。';      // 定义要写入文件的内容
05. if (fwrite($abc, $wenzi) !== false) {              // 使用fwrite函数写入内容，并检查是否成功
06. echo "写入文件test.txt成功！";                     // 如果写入成功，输出成功信息
07. } else {
08. echo "写入文件test.txt失败！";                     // 如果写入失败，输出失败信息
09. }
10. fclose($abc);                                      // 关闭文件资源
11. ?> <!-- PHP代码结束标签 -->
```

5. 检查文件是否存在函数 file_exists( )

file_exists( )函数用于检查指定路径的文件或目录是否存在可用于编写代码，以避免在操作文件或目录之前遇到不存在的情况。该函数常用于文件上传、文件操作等情况发生时，确定要处理的文件或目录是否存在。

格式：file_exists($filename)。

参数：$filename 表示对特定文件或目录进行的描述。

例如，"ex6105.php"代码。

```
01. <?php                                              // PHP代码开始标签
02. header('Content-Type: text/html; charset=UTF-8');  // 设置响应头，确保显示文字提示不会乱码
03. $wjm = 'test.txt';                                 // 定义了一个名为 $wjm 的变量，并将字符串 'test.txt' 赋值给它
```

```
04. if (file_exists($wjm)) {        // 条件语句检查变量 $wjm 所指定的文件是否存在
05. echo "文件test.txt存在";        // 如果文件存在，输出提示信息
06. } else {
07. echo "文件test.txt不存在";      // 如果文件不存在，输出提示信息
08. } ?> <!-- PHP代码结束标签 -->
```

6. 创建目录函数 mkdir( )

mkdir( )函数用于在指定路径创建新的目录文件夹。

格式：mkdir($pathname [,$mode = 0777 [,$recursive = FALSE [,$context]]])。

参数：$pathname 为要创建的目录的路径。$mode（可选）为新创建的目录的权限模式，默认为 0777（最高访问权限）。$recursive（可选）如果设置为 true，则会递归地创建路径中的所有缺失目录，递归的意思是如果文件夹有多层会自动创建过程文件夹；如果设置为 false，则只创建最后一级目录。$context（可选）用于传递上下文信息。

例如，ex6106.php。在 Web 服务器的根目录下创建一个新的文件夹，文件夹名称为 "567testml"。如果文件夹创建成功，会显示"文件夹创建成功！"的信息，以及创建的文件夹路径；如果创建失败，会显示"文件夹创建失败！"的信息。

```
01. <?php                                              // PHP代码开始标签
02. header('Content-Type: text/html; charset=UTF-8');  // 设置响应头，确保显示文字提示不会乱码
03. $mlm = '567testml';                                // $mlm赋值为要创建的文件夹的名称
04. $webRoot = $_SERVER['DOCUMENT_ROOT'];              // 获取 Web 根目录的绝对路径
05. $wzml = $webRoot . '/' . $mlm;                     // 构建要创建新文件夹的绝对路径
06. if (mkdir($wzml, 0777, true)) {                    // 使用mkdir函数创建文件夹
07. echo "文件夹创建成功！<br>";                        // 输出成功信息
08. echo "文件夹路径：$wzml<br>";                       // 输出文件夹路径
09. } else {
10. echo "文件夹创建失败！<br>";                        // 输出失败信息
11. }
12. ?> <!-- PHP代码结束标签 -->
```

7. 删除目录函数 rmdir( )

rmdir( )函数用于删除空的文件夹目录。

格式：rmdir($dirname [,$context])。

参数：$dirname 为要删除的空文件夹的名称和路径。$context（可选）为上下文信息。

用途：rmdir( )函数用于删除空的文件夹，只有在目标文件夹没有任何文件或子文件夹时才能正常删除。该函数常用于清理临时文件、整理文件夹结构等情况。

例如，"ex6107.php"代码。

```
01. <?php                                                    // PHP代码开始标签
02. header('Content-Type: text/html; charset=UTF-8');        // 设置响应头，确保显示文字提示不会乱码
03. $mlm = '666testml';                                      // 替换为想要的文件夹名称
04. $webRoot = $_SERVER['DOCUMENT_ROOT'];                    // 获取Web根目录的绝对路径
05. $wzml = $webRoot . '/' . $mlm;                           // 构建新文件夹的绝对路径
06.                                                          // 尝试创建文件夹
07. if (mkdir($wzml, 0777, true)) {                          // 使用mkdir函数创建文件夹
08.     echo "文件夹创建成功！<br>";                           // 输出成功信息
09.     echo "文件夹路径：$wzml<br>";                         // 输出文件夹路径
10. } else {
11.     echo "文件夹创建失败！<br>";                           // 输出失败信息
12. }
13.                                                          // 尝试删除文件夹
14. if (rmdir($wzml)) {                                      // 使用rmdir函数删除文件夹
15.     echo "文件夹删除成功！<br>";                           // 输出成功信息
16. } else {
17.     echo "文件夹删除失败！<br>";                           // 输出失败信息
18. }
19. ?> <!-- PHP代码结束标签 -->
```

思考与练习

叙述题

1. 简述文件操作函数 fopen( ) 的功能、格式、参数和用途。

2. 简述文件操作函数 fread( ) 的功能、格式、参数和用途。

3. 简述文件操作函数 fwrite( ) 的功能、格式、参数和用途。

4. 简述文件操作函数 fclose( ) 的功能、格式、参数和用途。

5. 简述检查文件是否存在函数 file_exists( ) 的功能、格式、参数和用途。

6. 简述创建目录函数 mkdir( ) 的功能、格式、参数和用途。

7. 简述删除目录函数 rmdir( ) 的功能、格式、参数和用途。

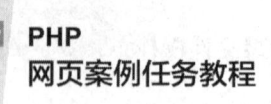

任务二

设计查看日志文本文件动态网页

⏱ 任务描述

在动态网页设计的过程中，有时需要查询保存过的日志文本文件。

为满足新的任务要求，工程师小明将设计一个动态网页，这个动态网页将包含两个主要功能：一是显示公司 WAMP 环境设计的日志文本文件列表；二是显示选定日志文本文件的内容。为了实现第一个功能，需要编写代码来读取并显示保存的日志文本文件列表。工程师小明将使用服务器端脚本语言 PHP 来访问服务器上的文件系统，并获取保存在指定目录中的日志文本文件列表。将使用 HTML 来设计清晰的用户界面，以便用户可以轻松查看日志文本文件列表。每个列表项将显示日志文本文件的名称、大小和创建日期等信息，以便用户可以快速浏览和选择需要查看的文件。为了实现第二个功能，工程师小明将创建交互式的界面，以便用户可以选择要查看的日志文本文件。一旦用户选择了日志文本文件，服务器端脚本将根据用户选择的日志文本文件名称读取日志文本文件内容，并将其呈现在网页上。这可以通过将日志文本文件内容插入到 HTML 模板中实现。工程师小明将确保呈现的内容易于阅读，可以按行或按段落显示，并且适当地进行格式修改，以提高可读性。

工程师小明还将对动态网页进行适当的测试和调试，以确保网页的正常运行和用户体验的流畅性。通过这个新设计的动态网页，公司网络信息部门将能够方便地查看和管理已保存的日志文本文件。这将会提高其他有关人员的工作效率，减少手动查找和处理日志文本文件的工作量，并为部门提供更快速、更直观的方式来访问和分析所需的信息。

工程师小明将设计"060201.php"动态网页，任务描述设计页面效果，如图 6-2-1 所示。

图 6-2-1 任务描述设计页面效果

任务分析

1. 需求分析

（1）动态网页设计：根据任务要求，设计动态网页以满足功能需求。

（2）日志文本文件列表显示：用户需要能够查看公司 WAMP 环境设计的日志文本文件的列表。

（3）日志文本文件内容显示：用户需要能够选择日志文本文件，并查看选定日志文本文件的内容。

2. 技术选型

（1）服务器端脚本语言：选择适合处理服务器端逻辑的脚本语言，如 PHP。

（2）HTML：用于设计用户界面，呈现清晰的列表和内容显示。

3. 功能实现

（1）日志文本文件读取：使用服务器端脚本语言，如 PHP，读取保存的日志文本文件。

（2）日志文本文件列表显示：通过服务器端脚本获取日志文本文件列表，并使用 HTML 设计用户界面，以清晰显示日志文本文件名称等信息。

（3）日志文本文件内容显示：实现用户选择日志文本文件后，通过服务器端脚本读取选定日志文本文件的内容，并将其以易于阅读的方式呈现在网页上。

4. 用户界面设计

（1）列表显示：使用 HTML 创建表格或列表，以呈现日志文本文件信息。每个日志文本文件可以包含文件名、大小和创建日期等。

（2）内容显示：通过 HTML 设计区域，显示选定日志文本文件的内容。可以考虑按行或按段落显示，并适当进行格式修改以提高可读性。

5. 错误处理和优化

（1）错误处理：在服务器端脚本中实施错误处理机制，以防止系统崩溃或数据丢失。例如，处理文件不存在、读取错误等异常情况。

（2）性能优化：考虑对日志文本文件进行分页处理，以防止加载过多内容导致性能下降。可以通过按需加载或使用分页控件来提高用户体验和系统性能。

6. 测试和调试

进行适当的测试和调试，确保动态网页能够正常运行。检查文件读取、列表显示和内容显示的功能是否实现预期。确保网页的响应性和用户体验的流畅性。

通过以上细化的任务分析，可以更清晰地了解动态网页设计的需求和实现步骤。这样的任务分析有助于在开发过程中更好地规划和执行任务，以实现预期的功能和用户体验。

方法和步骤

1. 准备工作

按照网站规划参数进行配置。Web 站点路径：C:\phpweb，Web 测试 IP 地址：127.0.0.1，Web 测试端口号：8899。参照项目一中任务一、任务二、任务三，配置并启动 WAMP 环境，配置好 Dreamweaver 软件，如果已经配置并启动 WAMP 环境和 Dreamweaver 软件，此步骤可以略过。

2. 创建"060201.php"动态网页

（1）单击"开始"按钮，打开"动态网页"，启动 Dreamweaver 软件，单击"文件"菜单，选择"新建"选项，创建 PHP 动态网页"060201.php"。

（2）输入网页标题"显示查看选择的公司 Web 设计日志文本文件内容"。

（3）从网页的"image"文件夹中选择插入图片"601.jpg"，修改其默认宽度为 747、高度为 236，按<Shift+Enter>组合键换行，再从"image"文件夹中选择插入图片"602.gif"。

（4）在两张图片之间，按<Shift+Enter>组合键换行，输入文字"显示查看选择的公司

Web 设计日志文本文件内容",选择输入的文字设置为"标题 2"格式,见源代码第 10 行。

(5)插入"form 表单",完整表单详见源代码第 18~38 行。在表单中输入中文"查看显示日志 TXT 名称:",不换行接着插入"选择菜单"控件,属性设置详见源代码第 20~24 行。下拉列表 select 用于显示可用的日志文本文件列表,名称为"num1"。

(6)按<Shift+Enter>组合键换行,在第 27 行输入文字"查看显示日志 TXT 内容:"。在第 28~35 行插入"多行文本框"控件,属性设置详见源代码第 28 行。在第 29~34 行输入 PHP 代码段。

(7)按<Shift+Enter>组合键换行,插入"按钮"控件,属性为"<input type="submit" value="显示选中文件内容">",详见源代码第 37 行。

3. "060201.php"动态网页源代码

```
01. <!doctype html>    <!-- 声明文档类型为HTML -->
02. <html>    <!-- HTML文档开始 -->
03. <head>    <!-- 页面头部开始 -->
04. <meta charset="UTF-8">    <!-- 设置字符编码为UTF-8 -->
05. <title>显示查看选择的公司Web设计日志文本文件内容</title>    <!-- 页面标题 -->
06. </head>    <!-- 页面头部结束 -->
07. <body>    <!-- 页面主体开始 -->
08. <img src="/image/601.jpg" width="747" height="236">    <!-- 显示顶部图片 -->
09. <br>    <!-- 换行 -->
10. <h2>显示查看选择的公司Web设计日志文本文件内容</h2>    <!-- 显示标题 -->
11. <?php            // PHP代码开始标签
12. $directory = './';        // Web根目录,此处使用当前目录,您可以根据实际情况修改目录路径
13. $files = scandir($directory);        // 获取目录中的文件列表
14.                        // 过滤出 TXT 文件
15. $txt_files = array_filter($files, function($file) {    return pathinfo($file, PATHINFO_EXTENSION) === 'txt';});
16. ?>    <!-- PHP代码结束标签 -->
17. <!-- 列出 TXT 文件列表 -->
18. <form action="" method="post">    <!-- 表单开始 -->
19.  查看显示日志TXT名称:
20. <select name="num1">    <!-- 下拉菜单 -->
21. <?php foreach ($txt_files as $txt_file): ?>    <!-- 遍历TXT文件 -->
22. <option value="<?php echo $txt_file; ?>"><?php echo $txt_file; ?></option>    <!-- 显示文件名 -->
23. <?php endforeach; ?>    <!-- 遍历结束 -->
```

24. </select>
25.
　　<!-- 换行 -->
26.
　　<!-- 换行 -->
27. 查看显示日志TXT内容：
28. <textarea name="num2" cols="50" rows="5">
29. <?php
30. if (isset($_POST['num1'])) {　　　　　　// 检查是否选择了文件
31. $selected_file = $_POST['num1'];　　　// 获取选择的文件名
32. echo file_get_contents($selected_file);　　// 显示选择的 TXT 文件内容
33. }
34. ?>
35. </textarea>
36.
　　<!-- 换行 -->
37. <input type="submit" value="显示选中文件内容">　　<!-- 提交按钮 -->
38. </form>
39. <img src="/image/602.gif" width="750" height="80">　　<!-- 显示底部图片 -->
40. </body>　　<!-- 页面主体结束 -->
41. </html>　　<!-- HTML文档结束 -->

4. 源代码功能作用简要说明

（1）第1~6行代码定义了HTML页面的基本结构，包括文档类型、HTML标签、头部信息及页面主体。第1行声明文档类型为HTML。第2~6行定义了HTML页面的开始和头部信息，包括字符集（UTF-8）和页面标题。

（2）第8行，插入图片。第9行，换行。第10行，使用<h2>标签插入标题。

（3）第11~16行，使用PHP代码段。

（4）第12行，定义变量$directory，存储了Web根目录的路径，也可以根据实际情况修改该路径，设置变量$directory的值为"./"就是当前目录的意思，用于确定存放文件。

（5）第13行，使用scandir( )函数获取指定目录中的所有文件和子目录的列表，调用scandir( )函数来获取指定目录中的文件列表，并将结果存入$files变量。

（6）第14~16行，使用array_filter( )函数对文件列表进行过滤，过滤筛选出扩展名为".txt"的文本文件，将文本文件列表存储在$txt_files数组中。

（7）第18~38行，创建表单，用POST方法提交数据，该表单使用户能够选择要查看的日志文本文件。

（8）第19行，提示用户选择要查看的日志文本文件，显示文字"查看显示日志TXT

名称"。第 20 行，创建下拉列表 select，用于显示可用的日志文本文件列表，名称为"num1"。

（9）第 21~23 行，通过 foreach 循环遍历$txt_files 数组，为每个文本文件创建选项，选项的值是文件名，显示文本就是文件名。

（10）第 24 行，关闭选择控件</select>，与第 21 行配对使用。

（11）第 25、26 行，插入 2 个换行

。

（12）第 27~33 行，允许用户查看选定日志文本文件的内容。

（13）第 27 行，显示文本，提示用户查看日志文本文件的内容，显示日志 TXT 文件内容。第 28 行，创建文本区域控件名称为"num2"，用户可以在这里查看选择的 TXT 文件的内容。

（14）第 29~34 行，PHP 代码段。第 30 行，在文本区域内部使用条件判断，检查是否有提交的数据$_POST['num1']，即用户选择的文本文件名。第 31 行，如果有提交的数据，将用户选择的文本文件名存储在$selected_file 变量中。第 32 行，使用 file_get_contents( )函数读取选择的文本文件内容，并在文本区域控件中显示出来。第 33~35 行，关闭 PHP 代码块。</textarea>关闭文本区域控件。第 36 行，插入换行
。

（15）第 37 行，添加提交按钮，用于显示选中文件的内容。

（16）第 38 行，结束表单</form>。第 39 行，插入图片，用于界面的结尾展示。第 40 行定义了页面的结尾。第 41 行结束了 HTML 文档</html>。

"060201.php"动态网页拆分视图，如图 6-2-2 所示。

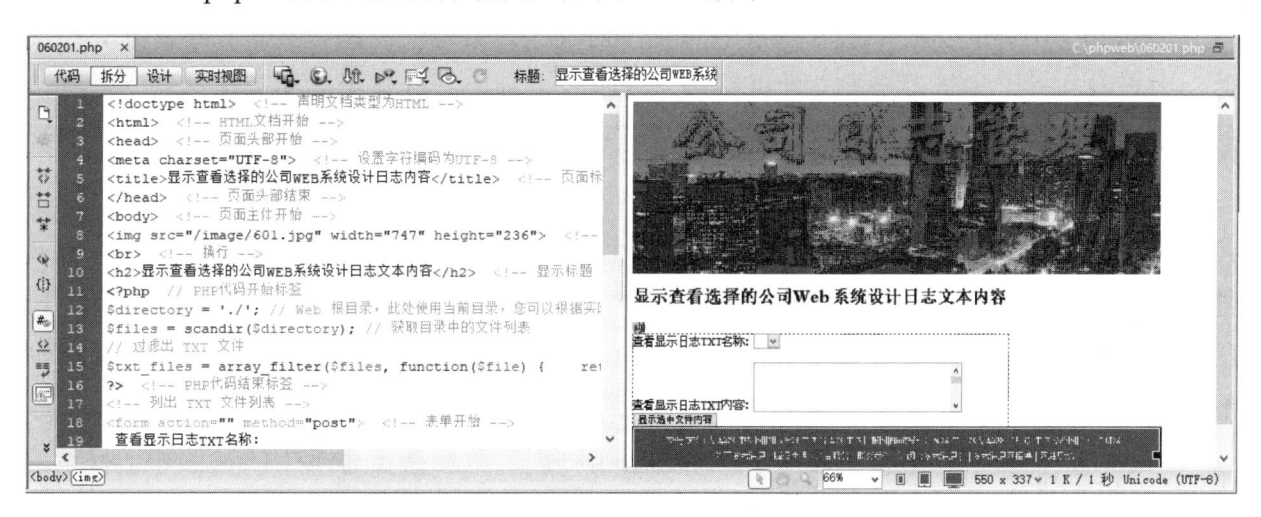

图 6-2-2　"060201.php"动态网页拆分视图

按<Ctrl+S>组合键保存，按 F12 键启动调试动态网页，浏览器中动态网页运行结果，如图 6-2-3 所示。

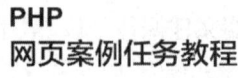

图 6-2-3　浏览器中动态网页运行结果

相关知识与技能

1. 函数 scandir( )

scandir( )函数的功能是获取目录中的文件列表。通俗地说，该函数就像是在计算机文件夹中查看文件，你告诉函数文件夹路径，函数就会列出文件夹里的所有文件和文件夹，然后将列表提供给你。

格式：scandir(directory, sorting_order, context)。

参数：directory 为要扫描的目录路径。sorting_order（可选）为排序顺序，默认按照文件名升序排序，可以使用 SCANDIR_SORT_ASCENDING（升序）和 SCANDIR_SORT_DESCENDING（降序）来自定义排序。context（可选）为可选的上下文资源，用于更精细的目录扫描控制。

用法：扫描目录，返回文件和子目录的数组列表，包含指定目录中的文件和子目录的列表。WAMP 环境可以使用可选的排序参数来自定义排序顺序。

2. 函数 array_filter( )

array_filter( )函数的功能是从数组中过滤出满足条件的元素。例如，你有一张名单，然后你将筛选条件告诉给该函数，它会根据条件帮你过滤出满足条件的元素。

格式：array_filter(array, callback)。

参数：array 为要过滤的数组。callback（可选）为回调函数，用于定义过滤条件。如果省略此参数，函数将删除数组中所有等价于 false 的元素。

用法：从数组中过滤满足条件的元素。

3. 函数 pathinfo( )

pathinfo( )函数的功能是解析文件路径，返回文件信息。这个函数就像是文件路径的分析器。你给它文件路径，它会帮你分析出文件的各种信息，如文件名、文件夹名和扩展名。

格式：pathinfo(path, options)。

参数：path 为文件路径参数。options（可选）为可选参数，用于指定要返回的信息。例如，PATHINFO_DIRNAME、PATHINFO_BASENAME、PATHINFO_EXTENSION 和 PATHINFO_FILENAME。

用法：解析文件路径，返回文件信息，可以通过传递可选的 options 参数来获取不同的路径信息，如文件名、扩展名等。

4. 函数 file_get_contents( )

file_get_contents( )函数的功能是读取文件内容为字符串。这个函数就像是读取书中的内容，你告诉函数文件的名字，它会帮你把文件的内容读取出来，然后可对文字进行相应的操作。

格式：file_get_contents(filename, flags, context, start, max_length)。

参数：filename 为要读取的文件名。flags（可选）为可选的标志参数，用于修改读取行为，如 FILE_USE_INCLUDE_PATH、FILE_IGNORE_NEW_LINES 等。context（可选）为可选的上下文资源，用于更精细的文件读取控制。start（可选）为从文件的哪个位置开始读取。max_length（可选）为最大读取长度。

用法：读取文件内容并返回，将其作为字符串。

思考与练习

叙述题

1．简述函数 scandir( )的格式、参数及功能。
2．简述函数 array_filter( )的格式、参数及功能。
3．简述函数 pathinfo( )的格式、参数及功能。
4．简述函数 file_get_contents( )的格式、参数及功能。

任务三

设计日志文本文件编辑与删除动态网页

任务描述

为了满足工作需要，公司委派网络信息部门的工程师小明负责设计名为"060301.php"的动态网页，用于编辑和删除日志文本文件。该网页将提供以下功能。

（1）浏览显示：用户可以通过网页查看保存的日志文本文件内容，以便了解任务的进展情况。

（2）修改编辑：用户可以在网页上对日志文本文件进行修改和编辑操作，可以添加、删除或更新日志条目，以便准确记录和反映工作进展。

（3）删除操作：用户可以选择要删除的特定日志文本文件条目，网页将提供删除功能，使用户能够轻松地从日志文本文件中删除不需要的内容。

工程师小明将使用适当的编程语言和技术来设计这个动态网页。他将确保网页具有友好的用户界面和良好的用户体验，使用户能够轻松地浏览、编辑和删除日志文本文件。通过这个动态网页，部门经理和其他相关人员将能够方便地管理日志文本文件，记录并及时更新工作进展。这不仅有助于提高工作效率和促进团队协作，还能确保日志文本文件的准确性和完整性。

任务描述设计页面效果，如图 6-3-1 所示。

图 6-3-1　任务描述设计页面效果

任务分析

根据提供的源代码和任务描述，可以看出整个任务涉及设计和开发动态网页，用于编辑和删除日志文本文件。工程师小明将按照模块来进行任务分析和描述。"060301.php"动态网页主要有三个功能。

第一个功能是打开显示选择的公司日志文本文件内容，主要用于浏览和显示公司日志文本文件。页面包括下拉列表，显示可选的日志文本文件。用户可以选择日志文本文件并单击"打开显示选中的公司日志文本文件"按钮来显示其内容。选中的日志文本文件的内容将以文本框的形式在页面上显示。

第二个功能是用户可以对打开的公司日志文本文件内容进行修改及保存，主要用于选择要编辑的公司日志文本文件。用户在下拉列表中选择要编辑的日志文件选项，单击"选择打开显示选中的公司日志文本文件"按钮打开该文件后，即可对其内容进行编辑修改，完成修改后，单击"保存更改"按钮，注意按钮上会提示要保存的文本文件名称，单击该按钮会将修改后的内容更新到选中的日志文本文件中，并在页面上显示"文件已成功保存"的提示消息。

第三个功能是用户可以对选择的公司日志文本文件进行删除。当用户在下拉列表中选择要删除的日志文本文件后，单击"选择打开显示选中的公司日志文本文件"按钮，这时单击"删除文件"按钮，注意该按钮上会提示要删除的文本文件名称，页面将跳转到"060301delcg.php"动态网页。在"060301delcg.php"页面上，按照提示操作，系统会删除该文件，删除成功后会弹出提示框告知用户"文件已成功删除"，单击提示框的"确定"按钮，页面将自动跳转回"060301.php"。

方法和步骤

1. 准备工作

按照网站规划参数进行配置。Web 站点路径：C:\phpweb，Web 测试 IP 地址：127.0.0.1，Web 测试端口号：8899。参照项目一中的任务一、任务二、任务三，配置并启动 WAMP 环境，配置好 Dreamweaver 软件，如果已经配置并启动 WAMP 环境和 Dreamweaver 软件，此步骤可以略过。

2. 创建"060301.php"动态网页

（1）单击"开始"按钮，打开"动态网页"，启动 Dreamweaver 软件，单击"文件"菜

单，选择"新建"选项，创建 PHP 动态网页"060301.php"。

（2）输入网页标题"打开显示选中的公司日志文本文件编辑保存或删除"。

（3）如图 6-3-1 所示，在网页的"image"文件夹中选择插入图片"601.jpg"，修改其默认宽度为 747、高度为 236，按<Shift+Enter>组合键换行，再从"image"文件夹中选择插入图片"602.gif"。

（4）在两张图片之间，按<Shift+Enter>组合键换行，输入文字"打开显示选中的公司日志文本文件"编辑保存或删除，选择输入的文字设置为"标题 1"格式，按<Shift+Enter>组合键换行。

（5）插入"form 表单"，表单属性见源代码第 10 行。

（6）在表单中插入 select 控件，属性类型为"列表"，<select name="templ" size="1">属性 name 为"temp1"，size 为"1"，见源代码第 11 行。

（7）控件<select></select>中需要输入一段 PHP 源代码，见源代码第 12~22 行。

（8）在 select 控件后，按<Shift+Enter>组合键换行，见源代码第 24 行。

（9）插入表单按钮控件，<input name="open" type="submit" value="选择打开显示选中的公司日志文本文件">，属性见源代码第 25 行。

（10）按<Shift+Enter>组合键换行，见源代码第 26 行。

（11）输入 PHP 源代码，见源代码第 27~47 行。

（12）插入表单<textarea>控件，属性见源代码第 49 行。按<Shift+Enter>组合键换行，见源代码第 50 行。设置 h2 标题格式，输入文字"当前操作的文件是：<?php echo $selected_file; ?>"，见源代码第 51 行。插入 2 个按钮，属性见源代码第 52、53 行。第 54 行代码是 PHP 代码块的结束标签。

（13）在第 55 行插入隐藏表单控件<input type="hidden" name="selected_file" value="<?php echo htmlspecialchars($selected_file); ?>">，属性见源代码第 55 行。

3. 设计"060301.php"动态网页

```
01. <!doctype html>    <!-- 声明文档类型为HTML -->
02. <html>    <!-- HTML文档的根元素 -->
03. <head>    <!-- 包含文档的元数据 -->
04. <meta charset="UTF-8">    <!-- 设置字符编码为UTF-8 -->
05. <title>打开显示选中的公司日志文本文件编辑保存或删除</title>    <!-- 设置页面标题 -->
06. </head>    <!-- 元数据部分结束 -->
07. <body>    <!-- 页面的主体内容开始 -->
08. <img src="/image/601.jpg" width="747" height="236">    <!-- 显示图片 -->
09. <h1>打开显示选中的公司日志文本文件编辑保存或删除</h1>    <!-- 显示标题 -->
```

10. `<form action="060301.php" method="post">` <!-- 创建一个表单，提交到060301.php，使用POST方法 -->
11. `<select name="templ" size="1">` <!-- 创建下拉选择框 -->
12. `<?php` //PHP代码开始标签
13. `$selected_file = isset($_POST['selected_file']) ? $_POST['selected_file'] : '';`
    // 获取当前选中的文件名
14. `if (isset($_POST['open']) && isset($_POST['templ'])) {` // 如果是"打开"操作，更新选中的文件
15. `$selected_file = $_POST['templ'];`
16. `}`
17. `foreach (glob(dirname(__FILE__) . '/*.txt') as $filename) {`
    // 遍历当前文件夹中所有的文本文件，并在下拉列表中显示文件名
18. `$filename = basename($filename);`
19. `$selected = ($filename == $selected_file) ? ' selected' : '';`
    // 如果当前文件是之前选中的文件，则设置为选中状态
20. `echo "<option value='" . $filename . "'" . $selected . ">" . $filename . "</option>";`
21. `}`
22. `?>` <!--PHP代码结束标签 -->
23. `</select>` <!-- 下拉选择框结束 -->
24. `<br>` <!-- 换行 -->
25. `<input name="open" type="submit" value="选择打开显示选中的公司日志文本文件">` <!-- 提交按钮，用于打开文件 -->
26. `<br>` <!-- 换行 -->
27. `<?php` //PHP代码开始标签
28. `if ($_SERVER['REQUEST_METHOD'] === 'POST') {`
29. `if (isset($_POST['open'])) {` // 如果单击"打开"按钮
30. `if (isset($_POST['templ'])) {`
31. `$selected_file = $_POST['templ'];`
32. `}`
33. `} elseif (isset($_POST['save']) && isset($_POST['content'])) {` // 如果单击"保存"按钮
34. `if (isset($_POST['selected_file'])) {`
35. `$content = str_replace("\r\n", "\n", $_POST['content']);`
36. `if (file_put_contents($_POST['selected_file'], $content) !== false) {`
37. `echo "<p>文件 " . $_POST['selected_file'] . " 已成功保存。</p>";`
38. `} else {`
39. `echo "<p>保存失败，请检查文件权限。</p>";`
40. `}`
41. `}`
42. `} elseif (isset($_POST['delete'])) {` // 如果单击"删除"按钮
43. `if (isset($_POST['selected_file'])) {`

```
44. unlink($_POST['selected_file']);
45. header("Location: 060301delcg.php?file=" . urlencode($_POST['selected_file']));
46. exit;
47. }}}?>   <!--PHP代码结束标签 -->
48. <?php if (!empty($selected_file)) { ?>   <!-- 如果有选中的文件 -->
49. <textarea cols="50" rows="6" name="content"><?php echo file_get_contents($selected_file); ?></textarea>   <!-- 显示文件内容 -->
50. <br>   <!-- 换行 -->
51. <h2>当前操作的文件是：<?php echo $selected_file; ?></h2>   <!-- 显示当前操作的文件名 -->
52. <button type="submit" name="save">保存更改 (<?php echo $selected_file; ?>)</button>   <!-- 保存按钮，用于保存文件内容 -->
53. <button type="submit" name="delete">删除文件 (<?php echo $selected_file; ?>)</button>   <!-- 删除按钮，用于删除文件 -->
54. <?php } ?>   <!--PHP代码结束标签 -->
55. <input type="hidden" name="selected_file" value="<?php echo htmlspecialchars($selected_file); ?>">   <!-- 确保隐藏字段始终包含当前操作的文件名 -->
56. </form>   <!-- 表单结束 -->
57. <img src="/image/602.gif" width="750" height="80">   <!-- 显示图片 -->
58. </body>   <!-- 页面主体内容结束 -->
59. </html>   <!-- HTML文档结束 -->
```

4. 代码简要说明与解释

（1）第 1～7 行代码定义了 HTML 文档的基本结构，其中<meta>元素指定了字符编码为 UTF-8，确保在显示和处理文本时不会出现乱码问题。<title>元素设置了页面的标题为"打开显示选中的公司日志文本文件"编辑保存或删除，这将在浏览器的标签页上显示。

（2）第 8～9 行，通过<img>元素插入图片，<h1>显示标题。

（3）第 10～59 行是表单<form>标签，action 属性指向自身"060301.php"。<form>标签内包含下拉列表<select>。第 11～23 行，用于下拉列表显示当前目录中所有以".txt"结尾的文本文件的文件名。用 glob()函数遍历了当前文件夹中的所有 TXT 文件，用 glob()函数就获取了目录中的文本文件名逐个显示，为后面操作做好了准备。

（4）第 24 行，插入换行。

（5）第 25 行，提交按钮<input>，type="submit"，显示文字"打开显示选中的公司日志文本文件"。第 26 行，插入换行。第 27 行是 PHP 代码块的开始标签。

（6）第 27～47 行是 PHP 代码块，用于处理表单的提交。首先检查表单是否被提交（用户单击了某个按钮）。如果用户单击了"选择打开显示选中的公司日志文本文件"按钮（$_POST['open']），则检查是否选择了文件（$_POST['templ']），并将选中的文件名存储在

$selected_file 变量中。如果用户单击了"保存更改"按钮（$_POST['save']），则检查是否选择了文件（$_POST['selected_file']）和是否填写了内容（$_POST['content']）。将$_POST['content']的内容存储在$content 变量中，并将修改后的内容写回到选中的文件中。如果保存成功，显示成功消息；否则，显示失败消息。如果用户单击了"删除文件"按钮（$_POST['delete']），则检查是否选择了文件（$_POST['selected_file']）。使用 unlink()函数删除选中的文件，并通过 header()函数跳转到 060301delcg.php 页面，提示用户文件删除成功。通过检查$_POST 数组中是否存在提交按钮的键名（open、save 或 delete），判断用户是否执行了操作。

（7）第 48~56 行代码用于显示选中文件的内容并提供保存和删除操作。第 49 行代码定义了一个文本区域<textarea>，用于显示选中文件的内容。第 51 行代码通过<h2>标签显示当前操作的文件名。第 52、53 行代码定义了两个按钮，分别用于保存更改和删除文件。第 54 行代码是 PHP 代码块的结束标签。

（8）第 55 行代码定义了一个隐藏字段<input>，用于在表单提交时传递选中的文件名。

（9）第 56 行代码关闭表单<form>标签。第 57 行代码通过<img>元素插入了一张图片，图片路径为/image/602.gif，图片宽度为 750，图片高度为 80，用于页面的视觉展示。

（10）第 58、59 行代码关闭<body>和<html>标签，表示 HTML 文档的结束。

"060301.php"动态网页表单中包含下拉菜单，用来显示默认文件夹中的所有日志文本文件列表，可以选择其中日志文本文件，单击按钮后在文本框中显示其内容。页面允许用户编辑日志文本文件内容后，将更改内容保存回选的文本文件中，或者删除选择文本文件。总之，本动态网页的核心功能是根据用户的操作请求，对选择的文本文件执行打开、编辑、保存和删除等操作，并在页面上显示相应的文字提示与反馈。

"060301.php"动态网页拆分视图，如图 6-3-2 所示。

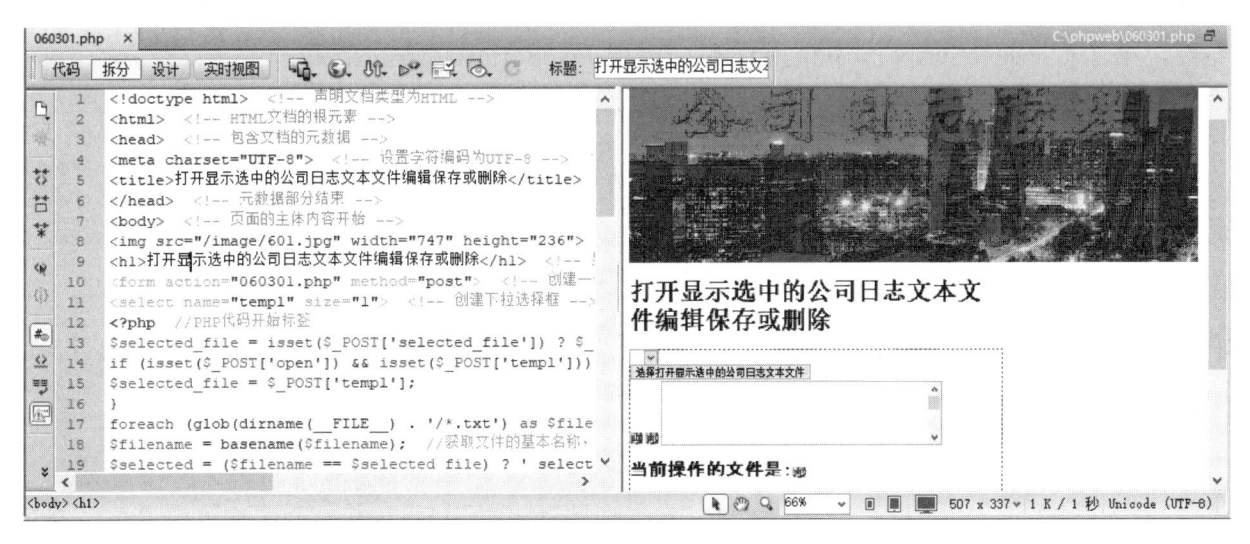

图 6-3-2 "060301.php"动态网页拆分视图

5. 设计"060301delcg.php"动态网页源代码

```
01. <?php                                              //PHP代码开始标签
02. $file = urldecode($_GET['file']);                  // 从URL参数中获取文件名并进行解码
03. ?> <!--PHP代码结束标签 -->
04. <script> <!-- 开始JavaScript脚本 -->
05. alert("文件 <?php echo $file;?> 已成功删除。");    // 弹出提示框，显示被删除的文件名
06. window.location.href = '060301.php';               // 页面跳转到060301.php
07. </script> <!-- 结束JavaScript脚本 -->
08. <html> <!-- 声明HTML文档的根元素 -->
09. <head> <!-- 包含文档的头部信息 -->
10. <meta charset="UTF-8">   <!-- 设置字符编码为UTF-8 -->
11. <title>删除文件成功后自动回到前面网页</title> <!-- 设置页面标题 -->
12. </head> <!-- 结束头部信息 -->
13. <body> <!-- 页面的主体内容开始 -->
14. </body> <!-- 页面的主体内容结束 -->
15. </html> <!-- 结束HTML文档 -->
```

5. 代码简要说明与解释

（1）第1行，PHP代码开始标签，标识PHP代码的开始。第2行，从URL参数中获取名为file的值，并通过urldecode()函数对其进行解码，存储到变量$file中，用于后续显示被删除的文件名。第3行，PHP代码结束标签，标识PHP代码的结束。

（2）第4行，JavaScript脚本开始标签，标识JavaScript代码的开始。第5行，使用alert()函数弹出一个对话框，显示被删除的文件名。文件名通过嵌入的PHP代码<?php echo $file;?>动态生成。第6行，使用window.location.href将页面跳转到060301.php，实现页面的自动跳转。第7行，JavaScript脚本结束标签，标识JavaScript代码的结束。

（3）第8行，声明HTML文档的根元素<html>，标识HTML文档的开始。第9行，定义文档的头部信息<head>，包含元数据。第10行，设置页面的内容类型为text/html，字符集为UTF-8，确保页面正确解析和显示。第11行，设置页面标题为"删除文件成功后自动回到前面网页"，显示在浏览器标签页上。第12行，结束头部信息</head>。第13行，开始页面的主体内容<body>。第14行，结束页面的主体内容</body>。第15行，结束HTML文档</html>。

相关知识与技能

1. 函数 glob( )

glob( )函数用于在文件系统中查找文件，假设文件名描述为"*.txt"，函数会搜索符合这个描述的文件，并返回文件名列表，供进一步处理。通俗地说，该函数就像是你在文件夹里寻找文件，告诉函数描述如"*.txt"，函数会找到所有符合这个描述的文件，并返回文件名的列表。

格式：glob(pattern, flags)。

参数：pattern 为要匹配的模式，包含通配符，用于指定文件名或路径的模式。

flags（可选）为可选的标志参数，用于修改 glob( )函数的行为。常用的标志包括 GLOB_MARK（在目录后面添加斜杠）和 GLOB_ONLYDIR（只返回目录项）等。

用法：glob( )函数将返回数组，包含所有匹配模式的文件路径。可以在 foreach 循环中遍历这个数组，获取每个文件的路径。

2. 函数 basename( )

basename( )函数用于从完整的文件路径中提取文件名，将完整的路径作为参数传递给这个函数，函数会剥离路径部分，只返回文件名部分。例如，你告诉函数完整的文件名路径"/文件夹/文档.txt"，函数就会返回文件名"文档.txt"。

格式：basename(path, suffix)。

参数：path 为要提取文件名的路径。suffix（可选）为要删除的后缀。

用法：basename( )函数用于从路径中提取文件名。可以通过传递可选的 suffix 参数来删除指定的后缀，返回提取的文件名。

3. 文件操作函数 file_put_contents( )

file_put_contents( )函数用于将数据写入文件，如提供文件名和要写入的内容，函数会将内容写入文件，如文件不存在，函数会创建新文件。通俗地说，这个函数就像是你在文件上写东西，你告诉函数文件名和内容，函数会帮你把内容写进文件里，如果文件不存在，函数会帮你创建新文件。

格式：file_put_contents(filename, data, flags)。

参数：filename 为要写入的文件名。data 为要写入文件的数据。flags（可选）为可选的标志参数，用于修改 file_put_contents( )函数的行为，如追加模式等。

用法：file_put_contents( )函数将指定的数据写入文件，如果文件不存在，会自动创建。

可以在 flags 参数中指定标志来修改写入行为。

4. 文件操作函数 file( )

file( )函数用于读取文件内容并将其存储为数组，该函数会将文件的每一行作为元素保存在数组中，结果就可以逐行处理文件内容了。通俗地说，该函数帮你读取文件内容，并把文件的每一行放到元素中，结果就是所有的元素形成数组，为文件后续操作做好准备。

格式：file(filename, flags, context)。

参数：filename 为要读取的文件名。flags（可选）为可选的标志参数，用于修改 file( )函数的行为，如跳过空行等。context（可选）为可选的上下文资源，用于更精细的文件读取控制。

用法：file( )函数将文件内容读取到数组中，每个数组元素代表文件的一行。

5. 文件操作函数 unlink( )

unlink( )函数用于删除文件，需提供要删除的文件名，该函数会将此文件从文件系统中移除。通俗地说，该函数就像是你在电脑上删除文件，你告诉函数文件名，函数帮你把此文件从电脑里删掉。

格式：unlink(filename, context)。

参数：filename 为要删除的文件名。context（可选）为可选的上下文资源，用于更精细的文件删除控制。

用法：unlink( )函数用于删除指定的文件。

思考与练习

叙述题

1．简述函数 glob( )的格式、参数及功能。

2．简述函数 basename( )的格式、参数及功能。

3．简述文件操作函数 file_put_contents( )的格式、参数及功能。

4．简述文件操作函数 file( )的格式、参数及功能。

5．简述文件操作函数 unlink( )的格式、参数及功能。

任务四

设计上传公司文件资料动态网页

任务描述

为了工作任务的顺利进行，需要依靠动态网页来管理上传的文件资料。这个网页将允许上传"jpg""jpeg""png""gif""rar"类型的文件。为了满足这一需求，公司委派工程师小明负责设计名为"060401.php"的文件资料上传管理动态网页。这个网页具备以下功能。

（1）文件上传：用户可以选择并上传他们想要共享或存储的文件。支持的文件类型包括"jpg""jpeg""png""gif""rar"。

（2）日志文本文件管理：用户可以创建、编辑和保存日志文本文件。这些文件将用于记录工作过程中的重要信息和进展。

（3）文件类型分类：上传的文件资料将根据文件类型进行分类和整理。这将有助于快速查找和检索需要的文件。

该动态网页可以帮助用户快速上传、管理和编辑不同类型的文件，可以有效地提高工作效率。这个动态网页，将能够高效地管理工作所需的文件资料，并确保所有部门成员都能够方便地获取和共享必要的信息及文件。

任务描述设计页面效果，如图6-4-1所示。

图6-4-1 任务描述设计页面效果

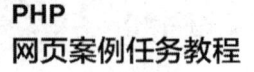

任务分析

根据任务需求描述，工程师小明设计了名为"060401.php"的动态网页，用于上传和管理文件资料。以下是该网页的功能和设计步骤。

（1）网页设计：工程师小明使用 Dreamweaver 软件创建了 PHP 网页，命名为"060401.php"，并设置了相应的网站目录。

（2）上传功能：在网页中添加了文件上传表单，用户可以通过选择"文件"选项并单击"提交"按钮来上传文档资料。

（3）文件信息显示：使用 PHP 代码，网页中显示了上传文件的名称、大小和类型。

（4）文件验证：通过 PHP 代码，对上传的文件进行验证。工程师小明规定只能上传扩展名为"jpg""jpeg""png""gif""rar"的文件，并限制文件大小不超过 50 MB。

（5）文件保存：如果上传的文件符合规定，则通过 PHP 代码将文件从临时文件夹移动到当前脚本所在的目录，并显示上传成功的消息。

（6）错误处理：如果上传的文件不符合规定，则通过 PHP 代码输出错误信息。

（7）页面设计：在网页中插入了两张图片，用于美化页面和提高视觉效果。

通过这个动态网页，用户可以方便地上传、管理和查看不同类型的文件。工程师小明的设计使得网页简洁易用，并结合了文件验证和错误处理机制，确保只有符合规定的文件才能够成功上传。这个网页将有助于提高工作效率，促进团队协作，以及方便共享和获取所需的文档资料。

方法和步骤

1. 准备工作

按照网站规划参数进行配置。Web 站点路径：C:\phpweb，Web 测试 IP 地址：127.0.0.1，Web 测试端口号：8899。参照项目一中的任务一、任务二、任务三，配置并启动 WAMP 环境，配置好 Dreamweaver 网站环境，如果已经配置并启动 WAMP 环境和 Dreamweaver 网站环境，此步骤可以略过。

2. 创建"060401.php"动态网页

（1）单击"开始"按钮，打开"动态网页"，启动 Dreamweaver 软件，单击"文件"菜单，选择"新建"选项，创建 PHP 动态网页"060401.php"。

（2）输入网页标题"上传公司日志等文件资料"，见源代码第 9 行。按<Shift+Enter>组合键换行，插入 PHP 代码段，输入 PHP 源代码，见源代码第 10～54 行。

（3）在网页的"image"文件夹中选择插入图片"601.jpg"，按<Shift+ Enter>组合键换行，再从"image"文件夹中选择插入图片"602.gif"。

（4）在两张图片之间，按<Shift+Enter>组合键换行，输入文字"上传公司日志等文档资料"，将输入的文字设置为"标题 2"格式，见源代码第 9 行。

（5）在文字"上传公司日志等文档资料"下方插入"form 表单"，完整表单见源代码第 55～64 行。第 56 行，在表单中输入文字"选择上传文件:"，不换行插入文件框控件，按<Shift+Enter>组合键换行 2 次。

（6）第 60 行，输入文字"确定上传的目录文件夹:"。第 61 行，插入文本框控件，该文本框参数属性为"<input type='text' name='uploadDirectory' id='uploadDirectory' placeholder="请输入上传目录" />"。第 62 行，插入文字"（必须输入目录文件夹名否则出错）"。第 63 行，插入按钮控件，该按钮控件参数属性为"<input type='submit' value='上传文件' name='submit'/>"。

3. "060401.php"动态网页源代码

```
01. <!doctype html> <!-- 声明文档类型为HTML -->
02. <html> <!-- HTML文档的根元素 -->
03. <head> <!-- 包含文档的头部信息 -->
04. <meta charset="UTF-8"> <!-- 设置字符集为UTF-8 -->
05. <title>上传文档资料</title> <!-- 设置页面标题 -->
06. </head> <!-- 头部信息结束 -->
07. <body> <!-- 页面主体内容开始 -->
08. <img src="/image/601.jpg" width="747" height="236"><br> <!-- 显示图片，并换行 -->
09. <h2>上传公司日志等文档资料</h2> <!-- 显示标题 -->
10. <?php                    //PHP代码开始标签
11. session_start();         // 启动会话
12.                          // 允许上传的文件类型
13. $allowedFileTypes = array('jpg', 'jpeg', 'png', 'gif', 'rar');
14.                          // 允许的最大上传文件大小 (50MB)
15. $maxFileSize = 50 * 1024 * 1024;
16. $uploadSuccess = false;  // 用于标记文件上传是否成功
17. if ($_SERVER['REQUEST_METHOD'] === 'POST') {  // 如果是POST请求
18. if (isset($_FILES['fileToUpload']) && $_FILES['fileToUpload']['error'] === UPLOAD_ERR_OK) {
                                                 // 检查文件是否上传成功
19. $fileTmpPath = $_FILES['fileToUpload']['tmp_name'];  // 获取临时文件路径
20. $fileName = $_FILES['fileToUpload']['name'];         // 获取文件名
21. $fileSize = $_FILES['fileToUpload']['size'];         // 获取文件大小
```

22. $fileType = strtolower(pathinfo($fileName, PATHINFO_EXTENSION));
                                                                    // 获取文件扩展名并转为小写
23.   // 检查文件类型是否被允许
24. if (!in_array($fileType, $allowedFileTypes)) {
25. echo "错误：只允许上传 " . implode(', ', $allowedFileTypes) . " 文件类型。";   // 提示错误信息
26. exit;
27. }
28.   // 检查文件大小是否超过限制
29. if ($fileSize > $maxFileSize) {
30. echo "错误：文件大小超过限制 (最大允许 " . ($maxFileSize / (1024 * 1024)) . "MB)。";
                                                                    // 提示错误信息
31. exit;
32. }
33.   // 获取用户指定的上传目录
34. if (isset($_POST['uploadDirectory']) && !empty($_POST['uploadDirectory'])) {
35. $uploadDir = trim($_POST['uploadDirectory']);   // 获取上传目录并去除多余空格
36.   // 确保上传目录以反斜杠结尾
37. $uploadDir = rtrim($uploadDir, '/') . '/';
38.   // 确保上传目录存在或新建目录
39. if (!is_dir($uploadDir)) {
40. mkdir($uploadDir, 0777, true);   // 如果目录不存在则创建
41. }
42. } else {
43. echo "错误：请指定上传目录。";   // 提示错误信息
44. exit;
45. }
46. $filePath = $uploadDir . $fileName;   // 拼接文件路径
47.   // 移动文件到上传目录
48. if (move_uploaded_file($fileTmpPath, $filePath)) {   // 如果文件移动成功
49. $uploadSuccess = true;   // 标记上传成功
50. } else {
51. echo "文件上传失败！";   // 提示上传失败
52. }
53. }
54. } ?> <!--PHP代码结束标签 -->
55. <form action="" method="post" enctype="multipart/form-data"> <!-- 创建表单，用于文件上传 -->
56. 选择上传文件：
57. <input type="file" name="fileToUpload" id="fileToUpload" /> <!-- 文件选择框 -->
58.

59. `<br>`

60. 确定上传的目录文件夹：

61. `<input type="text" name="uploadDirectory" id="uploadDirectory" placeholder="请输入上传目录" />` <!-- 输入框，用于指定上传目录 -->

62. （必须输入目录文件夹名否则出错）

63. `<input type="submit" value="上传文件" name="submit" />` <!-- 提交按钮 -->

64. `</form>`

65. `<br>` <!-- 换行 -->

66. `<?php if ($uploadSuccess): ?>` <!-- 如果文件上传成功 -->

67. `<h2 style="color: red;">`上传 `<?php echo $fileName; ?>`到指定文件夹 `<?php echo $uploadDir?>` 成功！`</h2>` <!-- 显示成功信息 -->

68. `<?php endif; ?>` <!--PHP代码结束标签 -->

69. `<img src="/image/602.gif" width="750" height="80">` <!-- 显示图片 -->

70. `</body>` <!-- 页面主体内容结束 -->

71. `</html>` <!-- HTML文档结束 -->

4. 代码简要说明与解释

（1）第1~7行是HTML文档的头部，包含文档类型声明和基本结构。第1行，`<!doctype html>`声明文档类型为HTML，用于告诉浏览器如何解析文件。第2行，`<html>`是HTML文档的根元素。第3行，`<head>`是HTML文档头部部分的开始，通常包含文档的元数据和引用。第4行，`<meta charset="UTF-8">`是设置文档的字符编码为UTF-8，确保正确显示和处理中文字符和其他特殊字符。第5行，`<title>`是上传文档资料`</title>`定义文档的标题，显示在浏览器标签页上。第6行，`</head>`是HTML文档头部部分的结束。第7行，`<body>`是HTML文档主体部分的开始，包含了页面的实际内容。

（2）第8行是插入一个图片元素，从指定路径加载图片，显示公司图片，设置图片的宽度和高度。

（3）第9行是显示标题为`<h2>`，用于上传公司日志等文件资料的说明。

（4）第10~54行为PHP代码，处理文件上传功能。

（5）第10行，`<?php`是PHP代码的起始标签，表示要开始PHP代码的部分。

（6）第11行，session_start();是启动会话的作用，用于在服务器端跟踪用户会话状态，也就是跟踪用户上传文件的状态。session_start()函数能实现在不同页面之间跟踪用户的会话状态，此处用于跟踪用户上传文件的状态。

（7）第13行的$allowedFileTypes = array('jpg', 'jpeg', 'png', 'gif', 'rar');定义了允许上传的文件类型的数组，也就是声明允许上传的文件类型是"jpg""jpeg""png""gif""rar"。

（8）第15行定义了允许的最大上传文件大小（50 MB）。

(9)第 16 行，初始化一个名为$uploadSuccess 的变量，用于标记文件上传是否成功，默认初始值为 false，表示文件上传尚未成功。

(10)第 17~54 行是 PHP 条件语句，用于判断是否有文件被上传并执行上传操作。

(11)第 17 行的 if ($_SERVER['REQUEST_METHOD'] === 'POST') {是检查提交表单请求是否为 POST 类型的请求，用来判断用户通过表单提交了上传文件状态 POST，判定是否进入上传环节。

(12)第 18 行，检查是否有文件被上传，并且上传情况经检查没有错误。

(13)第 19~22 行是获取上传文件的临时路径、文件名、文件大小和文件类型。

(14)第 19 行的$fileTmpPath = $_FILES['fileToUpload']['tmp_name'];是获取上传的文件临时路径。$_FILES['fileToUpload']['tmp_name']是上传文件在服务器上的临时存储路径。

(15)第 20 行的$fileName = $_FILES['fileToUpload']['name'];是获取上传的文件名。$_FILES['fileToUpload']['name']存储了上传文件的原始文件名。

(16)第 21 行的$fileSize = $_FILES['fileToUpload']['size'];是获取上传的文件大小。$_FILES ['fileToUpload']['size']存储了上传文件的大小，文件大小的单位是字节。

(17)第 22 行的$fileType = strtolower(pathinfo($fileName, PATHINFO_EXTENSION));是获取上传的文件类型，并将其转换为小写，strtolower()函数的作用是将文件名转换为小写。

(18)第 24~27 行，检查文件类型是否被允许，如果不被允许则输出错误信息并终止脚本。这个条件语句检查上传文件的类型是否在允许的文件类型数组中。in_array($fileType, $allowedFileTypes)用于检查$fileType 是否存在于$allowedFileTypes 数组中。

(19)第 28~32 行，检查上传文件的大小是否超过了限制，如果上传文件大小超过了$maxFileSize，则输出错误信息并终止脚本。

(20)第 33~52 行是获取用户指定的上传目录，并进行相关的检查和处理。

(21)第 34 行的 if (isset($_POST['uploadDirectory']) && !empty($_POST['uploadDirectory'])) {是检查用户是否指定了上传文件的目录，指定的目录如果不存在，就需要建立该目录。

(22)第 34 行的$uploadDir = trim($_POST['uploadDirectory']);是获取用户指定的上传目录并去除两端的空白字符，这个操作是为建立目录做准备工作。

(23)第 35 行的$uploadDir = rtrim($uploadDir, '/') . '/';是确保上传目录以反斜杠结尾，再次为创建目录做准备工作。

(24)第 39~45 行的 if (!is_dir($uploadDir)) {是检查上传目录是否存在，如果不存在则创建该目录。

（25）第 40 行的 mkdir($uploadDir, 0777, true);是创建上传目录，$uploadDir 表示要创建的目录的路径，0777 表示对创建的目录授予最大权限，允许所有用户对该目录进行读、写和其他执行操作。true 是 mkdir()函数的第三个参数，设置为 true 表示如果需要的话递归地创建目录，这意味着如果指定的路径中的某些子目录不存在也会被一并创建。

（26）第 42 行的} else {是一个条件语句的结束，与第 33 行的 if 语句相对应。如果之前的条件（是否指定了上传目录）为假，就执行以下的代码块。

（27）第 43 行的 echo "错误：请指定上传目录。";是输出一条错误信息，告诉用户需要指定上传的目录，因为没有指定上传目录会影响文件的保存位置。

（28）第 44 行的 exit;是调用 exit()函数，终止程序的执行。如果用户没有指定上传目录，程序会输出错误信息并立即停止，不会继续执行下面的代码。

（29）第 46 行是构建上传文件的完整路径。$filePath = $uploadDir . $fileName;作用是构建文件完整路径，其中的$uploadDir 是用户指定的上传目录，$fileName 是上传文件的原始文件名，将两者拼接就构成了完整的文件路径。

（30）第 48～52 行使用 move_uploaded_file()函数将上传的文件移动到目标上传目录中，并检查其是否上传成功。move_uploaded_file($fileTmpPath, $filePath)将临时文件移动到目标路径，如果成功则将$uploadSuccess 设置为 true，否则输出文件将上传失败的错误信息。

（31）第 48 行的 if (move_uploaded_file($fileTmpPath, $filePath)) {，是一个条件语句，判断是否成功将上传的临时文件移动到目标文件路径。如果移动成功，会执行以下代码块。

（32）第 49 行的$uploadSuccess = true;是将变量$uploadSuccess 的值设置为 true，表示文件上传成功。这个变量会在后面用来判断其是否显示成功信息。

（33）第 50 行的} else {是与第 48 行的条件语句相对应的 else 部分，如果文件移动失败，就会执行以下代码块。

（34）第 51 行的 echo "文件上传失败！";是输出一条错误信息，告诉用户文件上传失败。

（35）第 52～54 行的}是标记条件语句的结束，为 PHP 代码结束标签。

（36）第 55～64 行是 HTML 表单，用于用户选择文件并指定上传目录。

（37）第 56～57 行为显示文件选择框，用户可以通过该框选择要上传的文件。

（38）第 61 行为显示文本框，用于用户指定上传目录，用户可以手动输入目录路径。

（39）第 63 行为显示提交按钮，用于触发文件上传操作。

（40）第 65~68 行是条件语句，用于在文件上传成功后显示成功信息。如果$uploadSuccess 为 true，则显示上传成功的提示信息，其中包含上传的文件名和指定的上传目录。

（41）第 69 行为插入图片。

（42）第 70 行的</body>是标记 HTML 页面主体内容的结束。第 71 行的</html>标记是 HTML 文档的结束，表示整个 HTML 文档的结构到此结束。

该动态网页设计了公司日志文本文件上传功能，包括前端表单交互和后端逻辑处理。用户可以选择要上传的文件，并可以指定上传的目录路径。PHP 代码负责处理上传的文件，并检查文件类型和大小是否符合要求，如果文件上传成功，会显示成功的提示信息。

按<Ctrl+S>组合键保存，按 F12 键启动调试动态网页，浏览器中动态网页运行结果，如图 6-4-2 所示。

图 6-4-2　浏览器中动态网页运行结果

相关知识与技能

1. 函数 session_start( )

session_start( )函数用于启动会话，以便在不同界面之间共享数据，属于无格式参数。

2. 函数 isset( )

isset( )函数用于检查变量是否已经设置；格式参数为要检查的变量；功能是检查表单是否被提交，并且指定的变量是否存在。

3. 函数 strtolower( )

strtolower( )函数用于将字符串转换为小写；格式参数为要转换的字符串；功能是将文件扩展名转换为小写，以统一文件类型的检查，以便在字符串比较、搜索等操作中进行统一处理。

4. 函数 in_array( )

in_array( )函数用于检查值是否存在于数组中；格式参数为要检查的值和目标数组；功能是检查上传的文件类型是否在允许的文件类型数组中。该函数可以帮助判断某个值是否在数组中存在，从而进行条件判断、筛选、删除等操作。

5. 函数 is_dir( )

is_dir( )函数用于检查给定路径是否是目录，格式参数为要检查的路径，功能是检查用户指定的上传目录是否存在。如果指定的路径存在且是目录，函数返回 true，否则返回 false。

6. 函数 mkdir( )

mkdir( )函数用于创建目录，格式参数为要创建的目录路径、目录权限和是否为递归创建（布尔值），功能是确保上传目录存在或新建目录。

7. 函数 trim( )

trim( )函数用于去除字符串首尾的空白字符（包括空格、制表符、换行符等）；作用是将字符串的开头和结尾的空白字符删除，从而得到处理过的字符串；格式参数为要处理的字符串；功能是去除用户输入的上传目录前后可能存在的空白字符。

8. 函数 rtrim( )

rtrim( )函数用于去除字符串右侧结尾的空白字符，空白字符包括空格、制表符、换行符、回车符、空字符等，但是如果结尾有反斜杠会保留空白字符，从而得到处理过的字符串。本任务中该函数的功能是确保上传目录的结尾有反斜杠。

9. 文件操作函数 move_uploaded_file( )

move_uploaded_file( )函数用于将上传的临时文件移动到指定位置，这对于处理上传的文件，将其保存到服务器上的特定目录非常有用。注意在移动文件之前，应当对目标位置进行适当的权限设置，有足够的权限可以确保文件写入目标位置。本任务中该函数的功能是将用户上传的临时文件移动到用户指定的上传目录中。

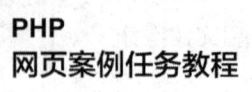

思考与练习

叙述题

1. 简述 session_start( )函数的作用。
2. 简述 isset( )函数的作用。
3. 简述 strtolower( )函数的作用。
4. 简述 in_array( )函数的作用。
5. 简述 is_dir( )、mkdir( )函数的作用。
6. 简述 trim( )、rtrim( )函数的作用。
7. 简述 move_uploaded_file( )函数的作用。

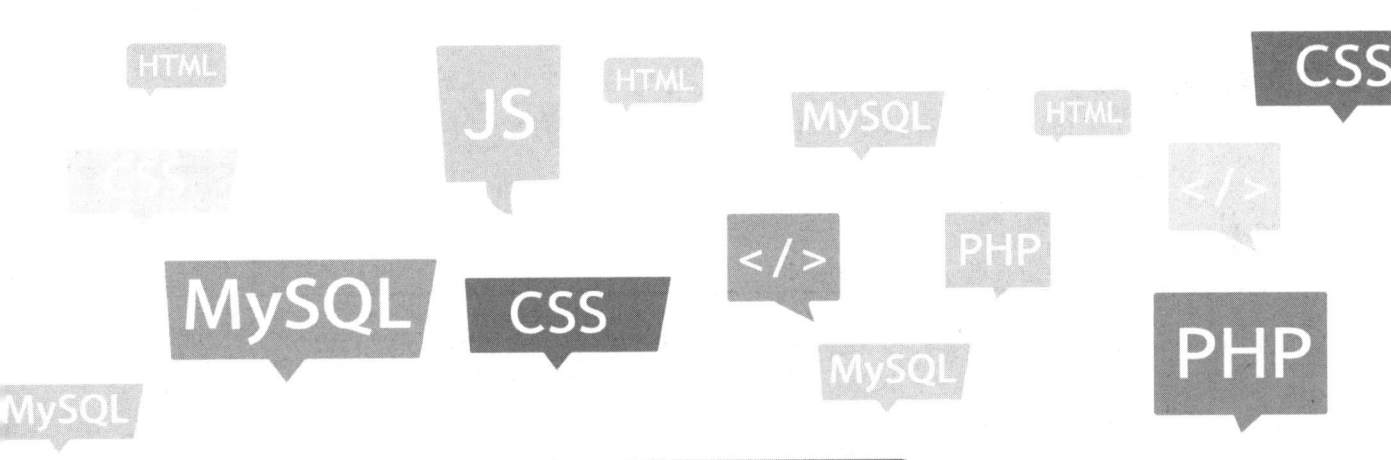

项目七

常用系统函数对象会话技术

项目引言

在实际工作中，经常需要设计实现一些用户友好的动态网页。本项目的核心目标之一是确保用户能够方便地与动态网页进行交互，同时实现有效的页面导航、友情链接和用户信息状态管理。

本项目将学习 PHP 的常用系统函数对象会话技术，包括用 header( )函数来实现页面导航、友情链接；用 Request 请求对象来获取用户提交的数据，实现数据传递和处理；用 Session 会话技术来实现在服务器端保持用户的会话和状态等信息；用 Cookie 会话技术实现会话管理，在客户端与服务器之间传递信息实现一系列关键功能。在网站开发过程中，常用系统函数对象会话技术实现网页间跳转控制、页面间信息数据传递读取、页面特定信息本地保存等功能，这些常用系统函数对象会话技术是服务器客户端间、人机网页间交互的基本技能。

能力目标

◆ 能使用 header( )函数设计页面导航友情链接动态网页
◆ 能使用 Request 请求对象设计动态网页
◆ 能使用 Session 会话技术设计动态网页
◆ 能使用 Cookie 会话技术设计动态网页

任务一

使用 header 方法设计友情链接动态网页

任务描述

工程师小明正在设计集团公司的网站，公司希望提供更好的用户体验和便捷的导航功能。任务的目标是创建名为"070101.php"的动态网页，该网页包含集团页面导航和友情链接功能，并且这些功能操作便捷，只需用户单击按钮即可。在这个具有动态特性的网页中，用户可以方便地浏览集团页面导航和一系列友情链接。网页的设计着重于用户友好性，让用户通过简单的操作就能够轻松切换到所需的页面。

为了实现这一目标，工程师小明将使用 header 方法实现指定 URL 的跳转，从而创建动态网页。网页的主要布局包括一张引人注目的顶部图片，表单部分则包含下拉列表和按钮。下拉列表里列出几个精选的网站链接，用户可以从中选择感兴趣的链接访问。

为了提供更好的用户体验，工程师小明还将运用 PHP 技术，实现集团页面导航和友情链接内容的显示。总体来说，这个任务旨在创造交互式和便捷的动态网页，提供集团页面导航和友情链接功能，让用户通过简单的按钮单击即可切换显示状态。工程师小明希望他的设计能够为集团公司的网站带来更出色的用户体验。

任务描述设计页面效果，如图 7-1-1 所示。

图 7-1-1　任务描述设计页面效果

任务分析

工程师小明需要设计名为"070101.php"的动态网页，目标是实现集团页面导航和友情链接的功能。将这些功能从隐藏状态切换到显示状态。

（1）功能概述：网页包含集团页面导航和友情链接功能。

（2）技术实现：使用 header 方法实现指定 URL 的跳转，以创建动态网页。

（3）网页内容如下。

① 顶部图片：一张宽度为 750、高度为 232 的图片；

② 表单如下。

- 下拉列表（select 元素）：包含多个选项（option 元素），每个选项对应不同的网站链接。默认选项为"请选择："，用户可以从下拉列表中选择其他网站链接。
- "访问网站"按钮（input 元素，类型为"submit"）：当用户选择了网站链接后，通过单击该按钮可以访问所选的网站。

③ PHP 代码：通过检查是否接收名为"url"的 GET 参数，判断用户是否选择了某个网站链接。如果接收了"url"参数，则使用 header 方法将用户重定向到所选的网站链接。

这段代码创建了简单的动态网页，允许用户通过下拉列表选择链接并跳转到所选的网站。通过使用 header 方法和 JavaScript 控制内容的显示和隐藏，实现集团页面导航和友情链接功能。工程师小明正在努力为公司网站提供更好的用户体验，按照这个思路来开发名为"070101.php"的网页。

方法和步骤

1. 准备工作

按照网站规划参数进行配置，Web 站点路径：C:\phpweb，Web 测试 IP 地址：127.0.0.1，Web 测试端口号：8899。参照项目一中的任务一、任务二、任务三，配置并启动 WAMP 环境，配置好 Dreamweaver 软件，如果已经配置并启动 WAMP 环境和 Dreamweaver 软件，此步骤可以略过。

2. 创建"070101.php"动态网页

（1）单击"开始"按钮，打开"动态网页"，启动 Dreamweaver 软件，单击"文件"菜单，选择"新建"选项，创建 PHP 动态网页"070101.php"。

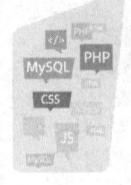

（2）输入网页标题"公司友情链接动态网页"。

（3）在网页的"image"文件夹中选择插入图片"700.jpg"，修改其默认属性宽度为750、高度为232，按<Shift+Enter>组合键换行，再从"image"文件夹中选择插入图片"602.gif"。

（4）在两张图片之间，按<Shift+Enter>组合键换行，输入文字"友情链接：（请单击要访问的网站）"，选择输入的文字，设置为"标题2"格式。

（5）在文字"友情链接：（请单击要访问的网站）"下方插入"form表单"，在表单中插入"选择'菜单控件'选项"，select控件参数属性值具体设置见源代码的第11～19行。

（6）在源代码</html>之后，输入PHP源代码，具体见源代码第26～32行。

（7）选择select菜单控件"列表值"对话框，添加友情链接，如图7-1-2所示。

图7-1-2 "列表值"对话框

3. "070101.php"动态网页源代码

```
01. <!doctype html> <!-- 声明文档类型为HTML -->
02. <html> <!-- 开始HTML文档 -->
03. <head> <!-- 开始头部区域 -->
04. <meta charset="UTF-8"> <!-- 设置字符编码为UTF-8 -->
05. <title>公司友情链接动态网页</title> <!-- 设置网页标题 -->
06. </head> <!-- 结束头部区域 -->
07. <body> <!-- 开始网页主体 -->
08. <img src="/image/700.jpg" width="750" height="232"> <!-- 显示一张图片 -->
09. <h2>友情链接：（请单击要访问的网站）</h2> <!-- 显示标题 -->
10. <form method="get" action="<?php echo $_SERVER['PHP_SELF']; ?>"> <!-- 创建一个表单，使用GET方法提交，提交到当前页面 -->
11. <select name="url"> <!-- 创建一个下拉选择框 -->
12. <option value="070101.php" selected>请选择：</option> <!-- 默认选项 -->
13. <option value="https://www.hxedu.com.cn/">新浪</option> <!-- 链接选项按要求统一设置为出版社的链接 -->
14. <option value="https://www.hxedu.com.cn/">人民网</option> <!-- 链接选项 -->
15. <option value="https://www.hxedu.com.cn/">央视网</option> <!-- 链接选项 -->
```

16. <option value="https://www.hxedu.com.cn/">搜狐新闻</option> <!-- 链接选项 -->
17. <option value="https://www.hxedu.com.cn/">百度搜索</option> <!-- 链接选项 -->
18. <option value="https://www.hxedu.com.cn/">凤凰网</option> <!-- 链接选项 -->
19. </select>
20. <input type="submit" value="访问网站"> <!-- 提交按钮 -->
21. </form>
22.

 <!-- 换行 -->
23. <img src="/image/602.gif" width="750" height="80"> <!-- 显示另一张图片 -->
24. </body> <!-- 结束网页主体 -->
25. </html> <!-- 结束HTML文档 -->
26. <?php   //PHP代码开始标签
27. if (isset($_GET['url'])) {   // 检查是否通过GET方法获取了'url'参数
28. $url = $_GET['url'];   // 获取'url'参数的值
29. header("Location: $url");   // 使用header()函数实现重定向
30. exit;   // 终止脚本执行
31. }
32. ?> <!--PHP代码结束标签 -->

4．代码简要说明与解释

（1）第 1~9 行是 HTML 文档的头部，设置了文档的基本结构和标题。第 4 行，通过<meta>标签设置了文档的字符集为 UTF-8，确保能够正确显示中文等特殊字符。第 7 行，使用<img>标签插入了一张图片，src 属性指定图片的路径，width 和 height 属性指定图片的宽度和高度。第 8 行为 h2 格式标题。

（2）第 10~21 行定义了一个表单，用户可以通过选择下拉列表中的不同选项来访问不同的链接。第 10 行，<form>标签定义了表单，method 属性设置为"get"表示使用 GET 方法提交表单数据，action 属性设置为"<?php echo $_SERVER['PHP_SELF']; ?>"表示将表单数据提交到当前页面。第 11 行，<select>标签定义了下拉列表，name 属性设置为"url"，表示选中的选项的值被命名为"url"。第 12~18 行是各个选项，每个选项使用<option>标签定义，value 属性指定了选项的值，即链接的 URL，用户可以选择不同的网站。第 20 行，<input>标签定义了一个提交按钮，用户单击该按钮后会将选择的链接 URL 提交给服务器。第 21 行为</form>，第 22 行为

换行。

（3）第 23 行为插入图片。第 24、25 行为结束主体、结束 HTML 文档。

（4）第 26 行，开始 PHP 代码块。

（5）第 27 行，检查是否设置了名为"url"的 GET 参数。

（6）第 28 行，如果"url"参数存在，将其值赋给变量$url。

（7）第 29 行，使用 header( )函数实现重定向，将界面重定向到指定的$url。

（8）第 30 行，执行重定向后使用 exit( )函数终止脚本的执行，确保重定向生效。

（9）第 32 行，结束 PHP 代码块。

（10）第 26～32 行的作用是当用户提交表单时，检查是否选择了一个网站的网址，然后通过"url"参数变量判断"url"参数，如果选择了网址则通过 PHP 的 header( )函数将页面重定向到所选的网站。这样可以实现用户选择网站后的跳转 URL 网页的跳转功能。

"070101.php"动态网页拆分视图，如图 7-1-3 所示。

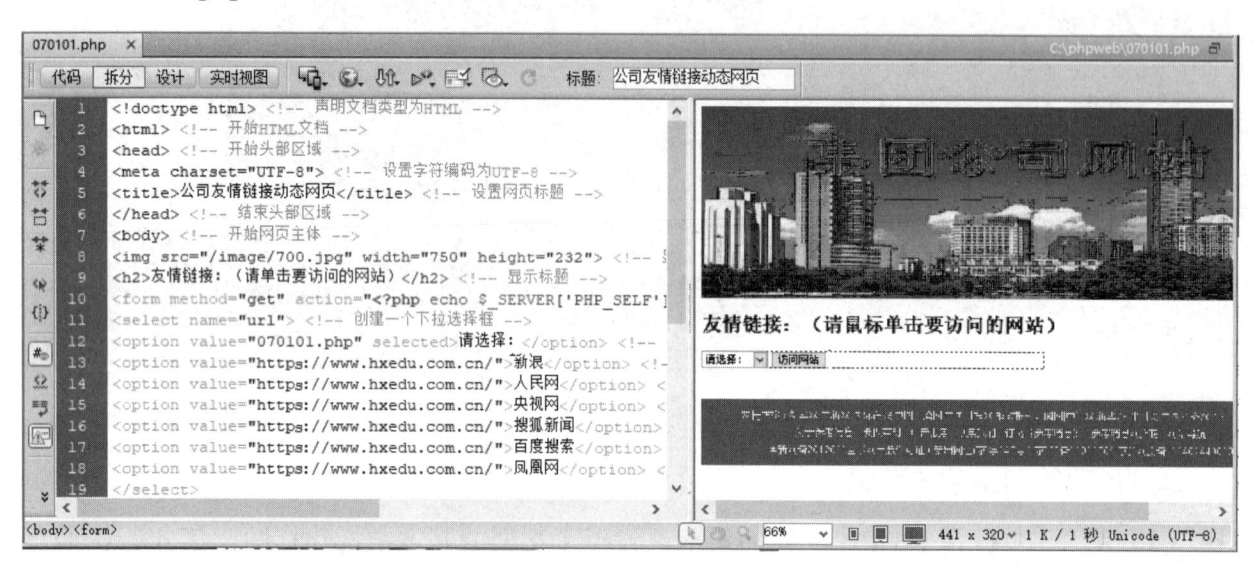

图 7-1-3　"070101.php"动态网页拆分视图

在浏览器中，网页跳转其他 URL 方式的效果如图 7-1-4 所示。

图 7-1-4　效果图

相关知识与技能

1. PHP 页面跳转 header( )函数

当使用 PHP 设计网页时，HTTP 重定向是一种常见的 URL 跳转机制。PHP 通过服务器向客户端内的浏览器发送特定的 HTTP 响应头信息，以实现页面跳转到 URL 的功能。这种跳转方式通常用于处理用户登录、表单提交后的页面跳转、错误处理等场景。header( )函数是 PHP 中用于实现页面跳转的方式，主要作用是向浏览器输出 HTTP 协议的标头信息。下面是关于 header( )函数的格式定义。

```
void header(string string [, bool replace [, int http_response_code]])
```

其中，第一个可选参数 replace 用于指定是替换之前的类似标头，或是添加一条相同类型的标头，默认情况下是替换。第二个可选参数 http_response_code 可以用于强制设定 HTTP 响应代码的值。在 header( )函数中，使用 Location 类型的标头可以实现页面跳转的功能。需要注意的是，Location 和冒号之间不能有空格，否则跳转将无效。在调用 header( )函数之前，不能有任何输出。而调用 header( )函数之后，PHP 代码将继续执行。

例如，"ex7101.php"代码。该代码为将浏览器重定向到"https://www.hxedu.com.cn/"的代码。

```
01. <!doctype html> <!-- 声明文档类型为HTML5 -->
02. <html> <!-- 开始HTML文档 -->
03. <head> <!-- 开始头部区域 -->
04. <meta charset="UTF-8"> <!-- 设置字符编码为UTF-8 -->
05. <title>自动跳转其他网页方式01</title> <!-- 设置网页标题 -->
06. </head> <!-- 结束头部区域 -->
07. <body> <!-- 开始网页主体 -->
08. <img src="/image/700.jpg" width="750" height="232"> <!-- 显示顶部图片 -->
09. <?php         //PHP代码开始标签，重定向浏览器到指定的URL
10. header("Location: https://www.hxedu.com.cn/");        // 使用header()函数实现页面重定向
11.              // 确保重定向后，后续代码不会被执行
12. exit;        // 终止脚本执行
13. ?> <!--PHP代码结束标签 -->
14. <img src="/image/602.gif" width="750" height="80"> <!-- 显示底部图片 -->
15. </body> <!-- 结束网页主体 -->
16. </html> <!-- 结束HTML文档 -->
```

在执行 HTTP 重定向的 header( )函数之后，exit 语句或者任何代码都不会执行。HTTP 重定向会立即终止当前 PHP 脚本的执行，并将控制权交给浏览器，让浏览器进行页面跳转。

当执行 header( )函数发送重定向时，浏览器接收到重定向指令，会立即开始加载新的页面。在这之后，PHP 脚本的执行就结束了，exit 语句之后的任何代码都不会被执行。因此，执行 HTTP 重定向后，exit 语句本身不会执行。exit 语句的目的是确保重定向立即生效，防止后续代码执行，而不是让 exit 语句本身执行。

2. 利用 Meta 标签实现 PHP 页面跳转

Meta 标签是一种用在 HTML 文档头部提供元数据（metadata）的标签，其中包含有关网页的信息。通过设置特定的 Meta 标签属性，可以实现页面的自动跳转或重定向。

Meta 标签的标准格式如下。

```
<meta http-equiv="参数" content="参数值">
```

http-equiv 这个参数用于指定将要定义的 HTTP 头部信息的名称，用于告诉浏览器如何处理文档。content 这个参数用于指定 HTTP 头部信息的具体内容，它的格式和含义取决于所使用的 http-equiv 参数。

参数与参数值："http-equiv='refresh'"用于实现页面的自动刷新或跳转。"content='秒数;url=目标 URL'"用于指定页面跳转的行为。其中，"秒数"表示在多少秒后进行跳转。"url=目标 URL"表示跳转后的目标页面链接。

例如，"ex7102.php"代码。该代码通过设置 Meta 标签中的 http-equiv 属性为"refresh"，并指定 content 的值，可以在一定时间后将页面自动跳转到指定的网址，我们可以使用以下代码实现在 1 秒后自动跳转到华信教育资源网。

```
01. <!doctype html> <!-- 声明文档类型为HTML5 -->
02. <html> <!-- 开始HTML文档 -->
03. <head> <!-- 开始头部区域 -->
04. <meta charset="UTF-8"> <!-- 设置字符编码为UTF-8 -->
05. <meta http-equiv="refresh" content="1;url=https://www.hxedu.com.cn/"> <!-- 设置页面自动刷新并跳转到指定URL，停留1秒后跳转 -->
06. <title>自动跳转其他网页方式02</title> <!-- 设置网页标题 -->
07. </head> <!-- 结束头部区域 -->
08. <body> <!-- 开始网页主体 -->
09. <img src="/image/700.jpg" width="750" height="232"> <!-- 显示顶部图片 -->
10.    页面只停留一秒 <!-- 页面停留时间说明 -->
11.    <img src="/image/602.gif" width="750" height="80"> <!-- 显示底部图片 -->
12. </body> <!-- 结束网页主体 -->
13. </html> <!-- 结束HTML文档 -->
```

以上代码中，通过设置 Meta 标签的 http-equiv 属性为"refresh"，并将 content 属性设置为"1;url=https://www.hxedu.com.cn/"，实现了在打开该页面后，等待 1 秒自动跳转到华信教育资源网的设想。页面中的其他内容可以根据需求进行修改和替换。

3. PHP 结合 JavaScript 技术实现灵活跳转

PHP 代码中，结合了 JavaScript 技术来实现页面跳转。具体来说，当用户选择网址并单击"提交"按钮时，PHP 代码将获取选择的网址，并使用 PHP 的 header( ) 函数将页面重定向到包含 JavaScript 代码的 URL 上。在 JavaScript 代码中，使用 window.open( ) 方法在新窗口中打开所选的网址。下段代码使用了 PHP 和 JavaScript 结合来实现在新浏览器窗口页面跳转的方法。通过在动态网页中嵌入代码，可以在任何合适的位置进行跳转操作。

例如，"ex7103.php"代码。该动态网页包含一个下拉菜单，允许用户在下拉菜单中选择不同的网站链接选项，然后通过单击"选项"按钮，访问所选链接网址，如用户选择某个网站链接并提交了表单，页面将重定向到选定的链接页面。

```
01. <!doctype html> <!-- 声明文档类型为HTML5 -->
02. <html> <!-- 开始HTML文档 -->
03. <head> <!-- 开始头部区域 -->
04. <meta charset="UTF-8"> <!-- 设置字符编码为UTF-8 -->
05. <title>公司友情链接动态网页</title> <!-- 设置网页标题 -->
06. </head> <!-- 结束头部区域 -->
07. <body> <!-- 开始网页主体 -->
08. <img src="/image/700.jpg" width="750" height="232"> <!-- 显示顶部图片 -->
09. <h2>友情链接：（请单击要访问的网站）</h2> <!-- 显示标题 -->
10. <form method="get" action="<?php echo $_SERVER['PHP_SELF']; ?>"> <!-- 创建表单，使用GET方法提交到当前页面 -->
11.   <select name="url"> <!-- 创建下拉选择框 -->
12.     <option value="070101.php" selected>请选择：</option> <!-- 默认选项 -->
13.     <option value="https://www.hxedu.com.cn/">新浪</option> <!-- 链接选项 -->
14.     <option value="https://www.hxedu.com.cn/">人民网</option> <!-- 链接选项 -->
15.     <option value="https://www.hxedu.com.cn/">央视网</option> <!-- 链接选项 -->
16.     <option value="https://www.hxedu.com.cn/">搜狐新闻</option> <!-- 链接选项 -->
17.     <option value="https://www.hxedu.com.cn/">百度搜索</option> <!-- 链接选项 -->
18.     <option value="https://www.hxedu.com.cn/">凤凰网</option> <!-- 链接选项 -->
19.   </select>
20.   <input type="submit" value="访问网站"> <!-- 提交按钮 -->
21. </form>
22. <br><br> <!-- 换行 -->
23. <img src="/image/602.gif" width="750" height="80"> <!-- 显示底部图片 -->
24. </body> <!-- 结束网页主体 -->
25. </html> <!-- 结束HTML文档 -->
26. <?php                //PHP代码开始标签
```

```
27. if (isset($_GET['url'])) {    // 检查是否通过GET方法获取了'url'参数
28.     $url = $_GET['url'];      // 获取'url'参数的值
29.     header("Location: $url"); // 使用header()函数实现页面重定向到指定链接
30.     exit;                     // 终止脚本执行
31. }
32. ?> <!--PHP代码结束标签 -->
```

例如，"ex7104.php"代码。该动态友情链接网页允许用户从友情链接列表中选择一个网站，并在选择后自动打开所选链接，从而提供了便捷的访问体验。代码中还包含一些用于服务器端的 PHP 代码（获取$_SERVER['PHP_SELF']），也包含 JavaScript 代码在下拉菜单选项更改时执行的代码。关键语句第 11 行中的 onChange 是一个事件处理属性，表示当下拉菜单的值发生变化时执行其中的代码。this.value 是 JavaScript 中的引用，指向当前下拉菜单的选中值。"!== '070101.php'"是条件判断，检查选中值是否与字符串'070101.php'不相等。"{ window.open (this.value, '_blank'); }"代码判断条件，如果条件判断为真，则执行其中的代码。在这里，使用 window.open( )函数在新标签页中打开表单控件所选择的具体链接。

```
01. <!doctype html> <!-- 声明文档类型为HTML5 -->
02. <html> <!-- 开始HTML文档 -->
03. <head> <!-- 开始头部区域 -->
04. <meta charset="UTF-8"> <!-- 设置字符编码为UTF-8 -->
05. <title>公司友情链接动态网页</title> <!-- 设置网页标题 -->
06. </head> <!-- 结束头部区域 -->
07. <body> <!-- 开始网页主体 -->
08. <img src="/image/700.jpg" width="750" height="232"> <!-- 显示顶部图片 -->
09. <h2>友情链接：（请单击要访问的网站）</h2> <!-- 显示标题 -->
10. <form method="get" action="<?php echo $_SERVER['PHP_SELF']; ?>"> <!-- 创建表单，使用GET方法提交到当前页面 -->
11. <select name="url" onChange="if (this.value !== '070101.php') { window.open(this.value, '_blank'); }"> <!-- 下拉选择框，当选择的值不为默认值时，打开链接 -->
12.     <option value="070101.php" selected>请选择：</option> <!-- 默认选项 -->
13.     <option value="https://www.hxedu.com.cn/">新浪</option> <!-- 链接选项 -->
14.     <option value="https://www.hxedu.com.cn/">人民网</option> <!-- 链接选项 -->
15.     <option value="https://www.hxedu.com.cn/">央视网</option> <!-- 链接选项 -->
16.     <option value="https://www.hxedu.com.cn/">搜狐新闻</option> <!-- 链接选项 -->
17.     <option value="https://www.hxedu.com.cn/">百度搜索</option> <!-- 链接选项 -->
18.     <option value="https://www.hxedu.com.cn/">凤凰网</option> <!-- 链接选项 -->
19. </select>
20. </form>
```

21. `<br><br>` <!-- 换行 -->
22. `<img src="/image/602.gif" width="750" height="80">` <!-- 显示底部图片 -->
23. `</body>` <!-- 结束网页主体 -->
24. `</html>` <!-- 结束HTML文档 -->

思考与练习

一、填空题

当使用 PHP 设计网页时，HTTP_____是一种常见的_____机制。PHP 通过服务器向_____发送特定的 HTTP 响应头信息，以实现_____到 URL。这种跳转方式通常用于处理用户_____、_____提交后的页面跳转、错误处理等场景。header( )函数是 PHP 中用于实现页面跳转的方法，主要作用是向浏览器输出 HTTP 协议的_____。

二、叙述题

1. 写出 void header(string string [, bool replace [, int http_response_code]])中每个参数的含义。

2. 写出 Meta 标签的标准格式，并简述 Meta 标签参数作用及含义。

任务二

使用 Session 对象设计集团公司登录动态网页

任务描述

随着集团公司业务的扩展，网站系统中的信息传递和展示功能需要进行相应调整。为了适应用户权限的差异化，特别是针对某些信息，我们需要根据用户权限设置不同的浏览和处理权限。网络信息部门指派工程师小明负责设计集团公司登录动态网页"070201.php"，以便为开发分权限的后台管理系统做好准备。动态网页中包括输入用户名和密码的文本框，并设置登录集团公司内容管理系统的按钮。

通过这一任务，将为后续开发分权限的后台管理系统打下基础，以满足用户权限差异化的浏览和处理要求。这样的调整与集团公司业务发展密切相关，确保了网站系统在信息内容传递和展示方面的适应性和灵活性。我们期待工程师小明的设计能够顺利实施，并为

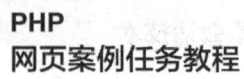

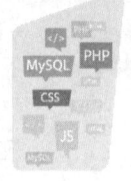

公司提供更好的管理体验。

任务描述设计页面效果，如图 7-2-1 所示。

图 7-2-1　任务描述设计页面效果

任务分析

这个任务中的 PHP 动态网页用于实现集团公司网站的登录功能。用户需要输入用户名和密码，然后单击"登录集团公司内部管理系统"按钮进行登录操作。在网页代码设计中，通过 PHP 代码处理用户输入的用户名和密码，验证其正确性，并根据验证结果输出相应的登录信息。

（1）任务目标是设计动态网页，实现集团公司网站的登录功能，为后续开发分权限的后台管理系统做准备。

（2）网页主要功能如下。

① 网页展示：使用 HTML 实现网页的布局和样式。

② 用户输入：提供用户名和密码的输入文本框。

③ 用户验证：通过 PHP 处理用户输入的用户名和密码，进行验证。

④ 登录结果显示：根据验证结果，在页面上显示相应的登录信息。

（3）网页页面结构如下。

① 页面标题：使用<title>标签设置页面标题为"设计集团公司登录动态网页"。

② 页面布局：使用<table>标签进行页面布局，设置居中对齐。

③ 输入表单：使用<form>和<input>标签创建输入表单，包括用户名和密码的输入文本框。

④ 登录按钮：使用<input>标签创建登录按钮。

⑤ 登录结果显示：使用 PHP 代码输出登录结果。

（4）用户验证逻辑如下。

① 获取用户输入的用户名和密码。

② 启动会话（session）以保存用户信息。

③ 验证用户名和密码是否正确。

④ 根据验证结果输出相应的登录信息。

通过对任务的分析，可以看到该任务主要涉及网页设计、HTML 和 PHP 编程等技术。在完成任务时，需要确保网页布局合理、输入验证准确，并能够正确处理登录结果的显示。

方法和步骤

1. 准备工作

按照网站规划参数进行配置。Web 站点路径：C:\phpweb，Web 测试 IP 地址：127.0.0.1，Web 测试端口号：8899。参照项目一中的任务一、任务二、任务三，配置并启动 WAMP 环境，配置好 Dreamweaver 软件。如果已经配置并启动 WAMP 环境和 Dreamweaver 网站软件，此步骤可以略过。

2. 创建"070201.php"动态网页

（1）单击"开始"按钮，打开"动态网页"，启动 Dreamweaver 软件，单击"文件"菜单，选择"新建"选项，创建 PHP 动态网页"070201.php"。

（2）输入网页标题"设计集团公司登录动态网页"。

（3）插入 3 行 1 列的表格。表格参数属性为"align="center" width="500" height="232" border="0" background="/image/700.jpg""，属性含义为居中对齐，宽度为 500、高度为 232、边框粗细为 0、背景图片为"700.jpg"。完整表格见源代码第 8~36 行。

（4）在上面表格的第 2 行单元格中插入"form 表单"。属性参数见源代码第 14 行。完整表单见源代码第 14~30 行。

（5）在上面表单中插入表格。这个表格为 3 行 2 列，表格属性为"width="260" border="0" align="center""，属性含义是宽度为 260、边框粗细为 0、居中对齐。本表格的第 1 行和第 2 行设置属性为"bgcolor="#CCCCCC""，属性含义是背景颜色为"#CCCCCC"。将本表格的第 3 行两个单元格合并，设置合并后的单元格属性为"align="center""，属性含义为居中对齐，单元格中插入"按钮"控件，属性为"<input type="submit" name="sub" value="登录集

团公司内部管理系统"/>"。在本表格的第 1 列中的两个单元格分别输入文字"用户名:""密码:","用户名:"右侧单元格插入"文本框"控件,"密码:"右侧单元格插入"文本框"控件。完整表格见源代码第 15～29 行。

（6）在源代码</html>之后，输入 PHP 源代码，具体源代码参见第 39～63 行。

3. 动态网页"070201.php"源代码

```
01. <!doctype html> <!-- 声明文档类型为HTML -->
02. <html> <!-- 开始HTML文档 -->
03. <head> <!-- 开始头部区域 -->
04. <meta charset="UTF-8"> <!-- 设置字符编码为UTF-8 -->
05. <title>设计集团公司登录动态网页</title> <!-- 设置网页标题 -->
06. </head> <!-- 结束头部区域 -->
07. <body> <!-- 开始网页主体 -->
08. <table align="center" width="500" height="232" border="0" background="/image/700.jpg"> <!-- 创建一个居中对齐的表格，设置宽度、高度、背景图片 -->
09. <tr> <!-- 表格的第一行 -->
10. <td height="170"></td> <!-- 第一列，高度为170，用于留白 -->
11. </tr>
12. <tr> <!-- 表格的第二行 -->
13. <td height="40"><div> <!-- 第二列，高度为40，包含一个div容器 -->
14. <form action="070201.php" method="post"> <!-- 创建一个表单，提交到070201.php，使用POST方法 -->
15. <table width="260" border="0" align="center"> <!-- 创建一个宽度为260的表格，居中对齐 -->
16. <tr bgcolor="#CCCCCC"> <!-- 表格的第一行，背景颜色为#CCCCCC -->
17. <td>用户名：</td> <!-- 第一列，显示"用户名:" -->
18. <td><input class="one" type="text" name="name" size="20" /></td> <!-- 第二列，输入框用于输入用户名 -->
19. </tr>
20. <tr bgcolor="#CCCCCC"> <!-- 表格的第二行，背景颜色为#CCCCCC -->
21. <td>密　码：</td> <!-- 第一列，显示"密码:" -->
22. <td><input type="password" name="pwd" size="20" /></td> <!-- 第二列,输入框用于输入密码 -->
23. </tr>
24. <tr> <!-- 表格的第三行 -->
25. <td colspan="2" align="center"> <!-- 合并两列，居中对齐 -->
26. <input type="submit" name="sub" value="登录集团公司内部管理系统" /> <!-- 提交按钮 -->
27. </td>
28. </tr>
29. </table>
30. </form>
```

31. </div></td>
32. </tr>
33. <tr> <!-- 表格的第三行 -->
34. <td></td> <!-- 空列，用于留白 -->
35. </tr>
36. </table>
37. </body> <!-- 结束网页主体 -->
38. </html> <!-- 结束HTML文档 -->
39. <?php   //PHP代码开始标签
40. if(isset($_REQUEST['name']))   // 检查是否传递了name参数
41. {
42. $nnn = $_REQUEST['name'];   // 获取传递的name参数，并赋值给$nnn变量
43. $ppp = $_REQUEST['pwd'];   // 获取传递的pwd参数，并赋值给$ppp变量
44. session_start();   // 启动会话
45. $_SESSION['nnn']=$nnn;   // 将$nnn存储到会话中，作为用户的姓名信息
46. $_SESSION['ppp']=$ppp;   // 将$ppp存储到会话中，作为用户的密码信息
47. if ($nnn == 'admin')   // 判断用户名是否为'admin'
48. {
49. if ($ppp == '123456')   // 判断密码是否为'123456'
50. {
51. echo "<script>alert('用户名密码正确，登录成功！');</script>";   // 输出登录成功提示框
52. }
53. else
54. {
55. echo "<script>alert('用户名或密码错误，登录失败！');</script>"; // 输出登录失败提示框
56. }
57. }
58. else
59. {
60. echo "<script>alert('用户名或密码错误，登录失败！');</script>"; // 输出登录失败提示框
61. }
62. }
63. ?> <!--PHP代码结束标签 -->

用户访问登录页面，输入用户名和密码后提交表单。PHP 代码检查是否传递了名为"name"的参数，如果有则继续执行下面的步骤。代码从用户提交的表单中获取用户名和密码，并将它们分别保存到名为"$nnn"和"$ppp"的变量中。为了使用会话功能，代码启动了会话（创建了用户登录状态的"会话"）。用户输入的用户名和密码被存储在

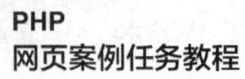

会话变量中，这样在整个会话期间，可以在其他页面中使用这些信息。代码检查用户名是否为"admin"，如果是则继续执行下面的步骤。动态网页进一步检查密码是否为"123456"。如果是，则在页面上显示内容"用户名密码正确，登录成功！"；如果不是，则在页面上显示内容"用户名或密码错误，登录失败！"。如果用户名不是"admin"，则在页面上显示内容"用户名或密码错误，登录失败！"。

需要注意的是，这段代码存在严重的安全漏洞，因为它没有对用户输入进行验证和过滤，也没有使用加密存储密码等安全措施。在实际应用中，应该加入更多的安全性措施防止恶意攻击和数据泄露。

4. 代码简要说明与解释

第 1~7 行定义了 HTML 文档的基本结构。第 1 行的<!doctype html>指定文档类型为 HTML，并将以下代码视为 HTML 文档。第 2 行的<html>是开始 HTML 文档的<html>元素，表示 HTML 文档的开始。第 3 行的<head>是在<head>元素内定义文档的元数据。其中，第 4 行的<meta charset="UTF-8">设置文件的字符编码为 UTF-8，确保正确显示和处理中文字符和其他特殊字符。第 5 行是设置文档标题为"设计集团公司登录动态网页"，显示在浏览器标签页上。第 6 行的</head>是结束 HTML 文档的头部区域。第 7 行的<body>是开始 HTML 文档的主体部分，包含页面的实际内容。

第 8~36 行定义了一个居中对齐的表格及其布局。第 8 行的<table align="center" width="500" height="232" border="0" background="/image/700.jpg">是创建一个宽度为 500、高度为 232、无边框且背景图片为/image/700.jpg 的表格，并居中对齐。第 9 行的<tr>定义了表格的第一行。第 10 行的<td height="170"></td>是在该行中创建一个高度为 170 的单元格，用于留白。第 12 行的<tr>定义了表格的第二行，用于放置登录表单。

第 13~31 行是在表格行中创建一个<td>元素，用于放置一个<form>表单，该表单将数据提交到"070201.php"。在表单中创建一个包含输入用户名和密码的表格。

第 14~30 行定义了一个表单及其内部的表格布局，用于实现用户登录功能。第 14 行的<form action="070201.php" method="post">是定义了一个表单，使用 POST 方法将数据提交到"070201.php"。第 15~29 行的<table width="260" border="0" align="center">是在表单中创建一个宽度为 260 的表格，居中对齐，功能是布局用户名和密码的输入框。第 16 行的<tr bgcolor="#CCCCCC">是创建一个背景颜色为#CCCCCC 的表格行，用于显示用户名的输入框。第 17 行的<td>用户名：</td>是在该行的第一个单元格中显示"用户名："。第 18 行的<td><input class="one" type="text" name="name" size="20" /></td>是在第二个单元格中创建一个文本输入框，用于输入用户名。第 20 行的<tr bgcolor="#CCCCCC">是创建另一个背景颜色为#CCCCCC 的表格行，用于显示密码的输入框。第 21 行的<td>密　码：</td>是在该行的第一个单元格中显示"密码："。第 22 行的<td><input type="password" name="pwd" size="20" /></td>是在第二个单元格中创建一个密码输入框，用于输入密码。第 24 行的<tr>是创建一个表格行，第 25 行的<td colspan="2" align="center">是合并两列并居中对齐，用于放置提交按钮。第 26 行的<input type="submit" name="sub" value="登录集团公司内部管理系统" />是定义一个提交按钮，显示文本为"登录集团公司内部管理系统"。

第 33～38 行是用于完成表格和 HTML 文档的收尾工作。第 33 行的<tr>是创建一个新的表格行，用于留白。第 34 行的<td></td>是在该行中插入一个空的单元格，进一步提供空白区域以优化布局。第 36 行的</table>标志着表格定义的结束。第 37 行的</body>是结束主体部分，第 38 行的</html>则标志着整个 HTML 文档的结束。

第 39～63 行是 PHP 代码块，用于处理表单提交后的登录逻辑。第 39 行的<?php 是 PHP 代码的起始标签，表示开始 PHP 代码部分。

第 40 行的 if(isset($_REQUEST['name']))检查是否传递了名为 name 的参数。

第 42、43 行的$nnn = $_REQUEST['name'];是获取传递的 name 参数的值，并将其赋值给变量$nnn。$ppp = $_REQUEST['pwd'];获取传递的 pwd 参数的值，并将其赋值给变量$ppp。

第 44 行的 session_start();是启动会话，以便后续可以使用会话存储数据。

第 45、46 行的$_SESSION['nnn']=$nnn;是将用户名存储在会话变量$_SESSION['nnn']中，以便在会话期间程序判断检测之用。$_SESSION['ppp']=$ppp;将密码存储在会话变量$_SESSION['ppp']中。

第 47～62 行是根据用户名和密码进行验证。第 47 行的 if ($nnn == 'admin')检查用户名是否为 admin。第 49～52 行，如果用户名为 admin，则进一步检查密码。第 49 行的 if ($ppp == '123456')检查密码是否为 123456。第 51 行是语句判断，如果用户名和密码都正确，显示登录成功的提示框。第 53～56 行，如果密码不正确，显示登录失败的提示框。第 59～61 行，如果用户名不是 admin，显示登录失败的提示框。第 63 行的?>是 PHP 代码的结束标签。

"070201.php"功能是创建登录页面，用户可以输入用户名和密码，然后通过 PHP 代码进行验证。如果用户名和密码正确，会显示登录成功提示框，否则会显示登录失败提示框。在这个过程中，用户的用户名和密码会存储在会话中，以便在服务器端各种技术场景中实现安全验证和数据校验等动态网页功能。

"070201.php"动态网页拆分视图，如图 7-2-2 所示。

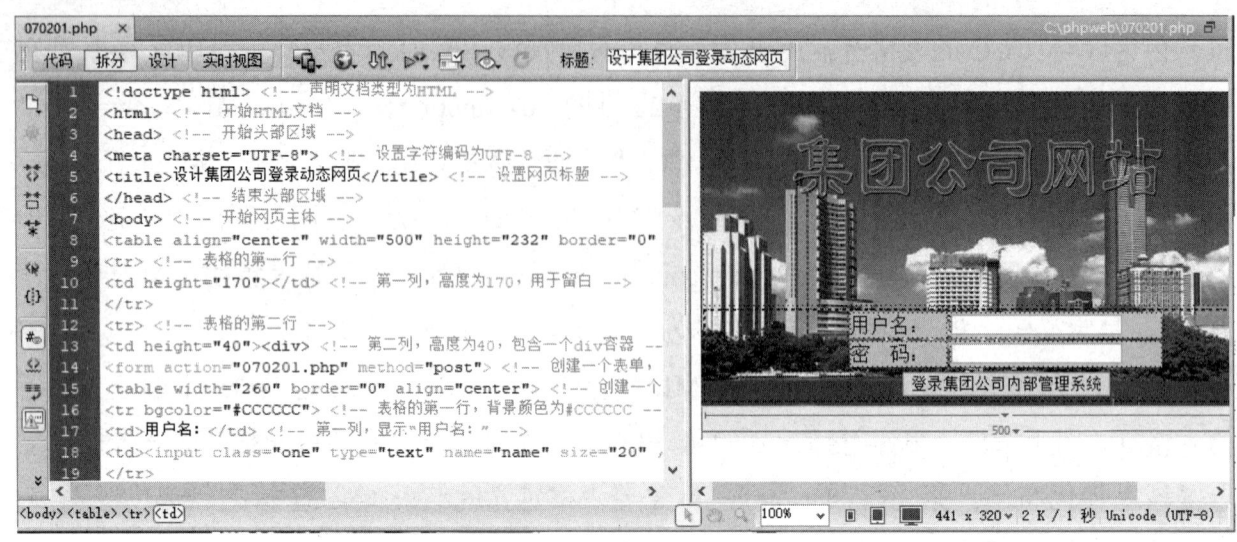

图 7-2-2 "070201.php"动态网页拆分视图

相关知识与技能

1. session 基础

session 是一种在服务器端保存用户会话数据的方法，而对应的 Cookie 则是在客户端保存用户数据的方式。HTTP 协议是一种无状态协议，即服务器在响应完请求后就失去了与浏览器的联系。为了解决这个问题，Netscape 最早引入了 Cookie 的概念，使数据可以在客户端之间进行跨页面交换。服务器是如何记住众多用户的会话数据的呢？这就需要建立客户端和服务器端之间的联系，确保每个客户端都需要有唯一标识，以便服务器能够识别出来。

2. PHP session 变量

PHP session 变量用于存储关于用户会话的信息，或者更改用户会话的数据。会话变量存储单个用户的信息，并且在应用动态网页的所有页面中都是可用的。在因特网上，由于 HTTP 地址无法保持状态，Web 服务器无法知道 WAMP 是谁，以及 WAMP 做了什么。PHP session 解决了这些问题，通过在服务器上存储用户信息以便随后使用，如用户名称、购买的商品等信息。然而，会话信息是临时的，一旦用户离开网站，会话数据便被删除。

3. session_start( )函数的作用

session 由两部分组成：客户端的 session id 和服务器端的 session 文件。

在执行 session_start( )函数之前，服务器需要准备好用于种植 Cookie 的环境，并准备好 session 文件。为什么需要 Cookie？因为 session id 需要被存储在客户端，以便在后续的请求中能够将 session id 传递给服务器。通过种植名为"PHPSESSID"的 Cookie，服务器可以将 session id 保存在客户端，以便在需要时能够识别该客户端的会话数据。如果不执行 session_start( )函数，服务器无法进行 Cookie 的种植操作，也就无法存储和识别会话数据。

在读取会话数据之前，需要执行 session_start( )函数，告诉服务器要根据 session id 反序列化相应的 session 文件。服务器通过 session id 找到对应的 session 文件，并将文件内容反序列化为可读取的会话数据。如果不执行 session_start( )函数，服务器将无法识别客户端的 session id，也就无法读取对应的会话数据。

需要注意的是，在执行 session_start( )函数之前只能执行 session 相关的函数，即 session_name( )函数，用于读取或指定会话名称（默认为"PHPSESSID"）。这是因为 session_name( )函数需要在 session_start( )函数之前执行，以确保会话的正确启动。

综上所述，执行 session_start( )函数之前的准备工作包括准备好种植 Cookie 及准备好 session 文件。而执行 session_start( )函数的作用是告诉服务器要准备好会话文件并种植 Cookie，以便能够正确地存储和读取会话数据。

思考与练习

一、填空题

1. session 是一种在_____保存用户_____的方法，而对应的_____则是在_____保存用户数据的方式。HTTP 协议是一种_____协议，即服务器在响应完请求后就失去了与_____的联系。为了解决这个问题，Netscape 最早引入了 Cookie 的概念，使数据可以在客户端之间进行跨页面交换。服务器是如何记住众多用户的会话数据的呢？这就需要建立_____和服务器端之间的联系，确保每个客户端都需要有_____，以便服务器能够识别出来。

2. PHP session 变量用于_____关于_____的信息，或者_____用户会话的数据。会话变量存储_____的信息，并且在应用动态网页的_____中都是可用的。在因特网上，由于 HTTP 地址无法_____，Web 服务器无法知道 WAMP 是谁，以及 WAMP 做了什么。PHP session 解决了这些问题，通过在服务器上_____以便随后使用，如用户名称、购买的商品等信息。然而，会话信息是临时的，一旦用户离开网站，_____便被删除。

二、叙述题

1. 写出 session_start( )函数的作用，并简述 session_start( )函数的原理。

2. 本任务中，账号密码输入有误登录失败，会显示"用户名或密码错误，登录失败！"，请找到相应语句修改提示信息为"未正常用户名或密码登录，不能访问本网页！"，再请对"070201.php"源代码语句修改，并测试。

3. 仿照本施工任务，自行设计网络信息部门登录的动态网页"xt7201.php"，能实现根据不同用户，跳转不同的页面，同时能用 session 保存账号密码。当用户为 a 时，跳转到"a.php"网页；当用户为 b 时，跳转到"b.php"网页；当用户为 c 时，跳转到"c.php"网页。

任务三

使用 Request 与 Cookie 技术设计保存员工信息动态网页

任务描述

网络信息部门针对公司网站安排设计任务，要求工程师小明负责开发安全的、能保护个人隐私的动态网页，用于收集员工信息。该页面包含表单，员工需要填写以下信息：电子邮箱、姓名、性别、家庭地址、邮编、电话、爱好、信用卡类型和卡号。同时，页面还设有"提交保存员工个人信息"的按钮。通过此设计，工程师小明能够有效地利用网页表单提交数据，同时确保数据处理过程符合隐私保护的要求。在开发过程中，工程师小明需要注意数据的有效性验证和安全性。过程中要确保表单中的必填字段正确填写，并对数据进行合法性校验，以防止非法数据输入和潜在的安全漏洞。此外，工程师小明还可以考虑添加额外的功能，如数据的即时反馈或错误提示，以提升用户体验和数据质量。

通过这个动态网页的开发，工程师小明将为公司网站增添重要功能，使员工能够方便地提交个人信息，同时确保这些信息能够被安全地处理和保存。网络信息部门对工程师小明充满信心，并期待他能够按时完成开发任务，并保证网页的功能正常运行。

任务描述设计页面效果，如图 7-3-1 所示。

图 7-3-1　任务描述设计页面效果

任务分析

工程师小明需要按照任务描述开发设计两个网页"070301.php"和"070302.php",用于员工信息的收集和处理,需要运用 Request 和 Cookie 技术来完成这项任务。

工程师小明需要设计表单页面"070301.php",让员工填写个人信息,包括电子邮箱、姓名、性别、家庭地址、邮编、电话、爱好、信用卡类型和卡号。为了保护员工的个人隐私,在员工填写信息之前,首次访问"070301.php"动态网页时,系统会通过 Cookie 技术验证用户是否已登录。这一验证机制确保只有经过授权的用户才能访问并填写员工信息表单,从而防止未经授权的访问和数据泄露。当员工填写完毕并单击提交的按钮时,表单数据将通过 Request 技术发送本页面进行处理。在"070301.php"页面中,工程师小明可以使用 Request 技术来获取表单提交的员工信息。

工程师小明还可以利用 Cookie 技术实现用户登录功能。在登录页面"070302.php"中设计表单,要求用户输入用户名和密码。通过 Cookie 技术,工程师小明可以将登录用户的身份信息存储在 Cookie 中,以便后续访问时进行身份验证。这种验证机制不仅确保了只有经过登录的用户才能访问敏感信息,还为员工信息的处理提供了额外的安全保障。在完成任务的过程中,工程师小明需要注意代码的安全性和可靠性。工程师小明搜索参考技术文档和最佳实践案例,编写结构清晰、逻辑合理的代码,并进行充分的测试和调试,以确保网页的功能正常运行,并且能够安全地处理员工的个人信息。工程师小明能通过 Request 和 Cookie 技术来实现员工信息的收集和处理任务。

动态网页"070301.php"为员工信息提交页面,提交的员工信息由动态网页"070301.php"

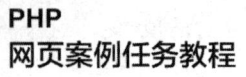

接收并处理，在收集员工个人信息过程，通过动态网页"070302.php"用户登录和动态网页"070301.php"验证，实现隐私保护和个人信息保护。

方法和步骤

1. 准备工作

按照网站规划参数进行配置。Web 站点路径：C:\phpweb，Web 测试 IP 地址：127.0.0.1，Web 测试端口号：8899。参照项目一中的任务一、任务二、任务三，配置并启动 WAMP 环境，配置好 Dreamweaver 软件，如果已经配置并启动 WAMP 环境和 Dreamweaver 软件，此步骤可以略过。

2. 创建"070301.php"动态网页

（1）单击"开始"按钮，打开"动态网页"，启动 Dreamweaver 软件，单击"文件"菜单，选择"新建"选项，创建 PHP 动态网页"070301.php"。

（2）输入网页标题"设计保存员工信息动态网页"。

（3）网页效果如图 7-3-1 所示，插入图片"700.jpg"，修改其默认属性宽度为 750、高度为 387，插入图片"602.gif"。在两张图片之间，按<Shift+Enter>组合键换行，在空行里插入"form 表单"。

（4）在 form 表单中，插入 11 行 2 列的表格，将表格第 1 行的单元格合并，输入文字标题"公司员工信息提交表"，设置输入的文字为"标题 2"格式。

（5）将表格第 11 行的单元格合并，在其中插入"按钮"控件，属性值为"提交保存员工个人信息"。

（6）在表格第 1 列的第 2~10 行，分别输入文字"电子邮箱：""姓名：""性别：""家庭地址：""邮编：""电话：""爱好：""信用卡类型：""卡号："，具体见源代码第 16~75 行。

（7）在表格第 1 列的第 2~10 行中的"电子邮箱：""姓名：""性别：""家庭地址：""邮编：""电话：""爱好：""信用卡类型：""卡号："文字的右边单元格分别设置为文本框、文本框、男女选项下拉列表、文本框、文本框、文本框、2 个信用卡选项的单选组、文本框，具体见源代码第 16~75 行。

（8）在图片"700.jpg"下方输入 PHP 源代码，具体见源代码第 9~14 行。

（9）在表单代码</form>与图片"602.gif"之间输入 PHP 源代码，具体见源代码第 77~98 行。

3. 动态网页"070301.php"源代码

```
01. <!doctype html> <!-- 声明文档类型为HTML -->
02. <html> <!-- 开始HTML文档 -->
03. <head> <!-- 开始头部区域 -->
04. <meta charset="UTF-8"> <!-- 设置字符编码为UTF-8 -->
05. <title>设计保存员工信息动态网页</title> <!-- 设置网页标题 -->
06. </head> <!-- 结束头部区域 -->
07. <body> <!-- 开始网页主体 -->
08. <img src="/image/700.jpg" width="750" height="387"><br> <!-- 显示顶部图片 -->
09. <?php              // PHP代码开始标签
10.                    // 检查用户是否登录
11. if (!isset($_COOKIE['user']) || $_COOKIE['user'] != "abc" || $_COOKIE['pass'] != "abcabc") {
                       // 检查Cookie是否存在并验证用户名和密码
12. echo "<script>alert('您尚未登录，请先登录！'); window.location.href='070302.php';</script>";
                       // 提示用户未登录，并跳转到登录页面
13. exit;              // 停止执行后续代码
14. }?> <!-- PHP代码结束标签 -->
15. <form name="form1" method="post" action=""> <!-- 创建一个表单，使用POST方法提交 -->
16. <table width="500" border="0"> <!-- 创建一个宽度为500的表格 -->
17. <tr align="center"> <!-- 表格的第一行，居中对齐 -->
18. <td colspan="2"><h2>公司员工信息提交表</h2></td> <!-- 合并两列，显示标题 -->
19. </tr>
20. <tr>
21. <td width="125" align="right" class="lanmu">电子邮箱：</td> <!-- 显示标签 -->
22. <td><label for="dzyx"></label> <!-- 标签关联 -->
23. <input name="dzyx" type="text" id="dzyx" size="40"></td> <!-- 输入框，用于输入电子邮箱 -->
24. </tr>
25. <tr>
26. <td align="right" class="lanmu">姓名：</td> <!-- 显示标签 -->
27. <td><label for="name"></label> <!-- 标签关联 -->
28. <input name="name" type="text" id="name" size="40"></td> <!-- 输入框，用于输入姓名 -->
29. </tr>
30. <tr>
31. <td align="right" class="lanmu">性别：</td> <!-- 显示标签 -->
32. <td><label for="xingbie"></label> <!-- 标签关联 -->
33. <select name="xingbie" size="1" id="xingbie"> <!-- 下拉选择框 -->
34. <option value="男">男</option> <!-- 选项 -->
35. <option value="女">女</option> <!-- 选项 -->
```

36. </select>
37. </td>
38. </tr>
39. <tr>
40. <td align="right" class="lanmu">家庭地址：</td> <!-- 显示标签 -->
41. <td ><label for="jtdz"></label> <!-- 标签关联 -->
42. <input name="jtdz" type="text" id="jtdz" size="40"></td> <!-- 输入框，用于输入家庭地址 -->
43. </tr>
44. <tr>
45. <td align="right" class="lanmu">邮编：</td> <!-- 显示标签 -->
46. <td><input name="youbian" type="text" id="youbian" size="40"></td> <!-- 输入框，用于输入邮编 -->
47. </tr>
48. <tr>
49. <td align="right" class="lanmu">电话：</td> <!-- 显示标签 -->
50. <td><input name="dianhua" type="text" id="dianhua" size="40"></td> <!-- 输入框，用于输入电话号码 -->
51. </tr>
52. <tr>
53. <td align="right" class="lanmu">爱好：</td> <!-- 显示标签 -->
54. <td><input name="aihao" type="text" id="aihao" size="40"></td> <!-- 输入框，用于输入爱好 -->
55. </tr>
56. <tr>
57. <td align="right" class="lanmu">信用卡类型：</td> <!-- 显示标签 -->
58. <td><p>
59. <label>
60. <input type="radio" name="xyk" value="MasterCard" id="RadioGroup1_0"> <!-- 单选按钮 -->
61. MasterCard</label>
62. <label>
63. <input type="radio" name="xyk" value="Visa" id="RadioGroup1_1"> <!-- 单选按钮 -->
64. Visa</label>
65.
66. </p></td>
67. </tr>
68. <tr>
69. <td align="right" class="lanmu">卡号：</td> <!-- 显示标签 -->
70. <td><input name="kahao" type="text" id="kahao" size="40"></td> <!-- 输入框，用于输入信用卡卡号 -->
71. </tr>

72. \<tr\>
73. \<td colspan="2" align="center" class="anniulan"\> \<!-- 合并两列，居中对齐 --\>
74. \<input type="submit" name="button" id="button" value="提交保存员工个人信息"\> \<!-- 提交按钮 --\>
75. \</td\>\</tr\>\</table\>
76. \</form\>
77. \<?php   // PHP代码开始标签
78. if (isset($_REQUEST['name'])) {   // 检查是否提交了表单，并在提交后处理数据
79.   // 从POST请求中获取表单数据
80. $dzyx = $_REQUEST['dzyx'];
81. $name = $_REQUEST['name'];
82. $xingbie = $_REQUEST['xingbie'];
83. $jtdz = $_REQUEST['jtdz'];
84. $youbian = $_REQUEST['youbian'];
85. $dianhua = $_REQUEST['dianhua'];
86. $aihao = $_REQUEST['aihao'];
87. $xyk = $_REQUEST['xyk'];
88. $kahao = $_REQUEST['kahao'];
89. echo "接收到电子邮箱信息为：" . $dzyx . "\<br\>";   // 显示电子邮箱
90. echo "接收姓名信息为：" . $name . "\<br\>";   // 显示姓名
91. echo "接收到性别信息为：" . $xingbie . "\<br\>";   // 显示性别
92. echo "接收到家庭住址信息为：" . $jtdz . "\<br\>";   // 显示家庭地址
93. echo "接收到邮编信息为：" . $youbian . "\<br\>";   // 显示邮编
94. echo "接收到电话信息为：" . $dianhua . "\<br\>";   // 显示电话
95. echo "接收到爱好信息为：" . $aihao . "\<br\>";   // 显示爱好
96. echo "接收到信用卡类型信息为：" . $xyk . "\<br\>";   // 显示信用卡类型
97. echo "接收到卡号信息为：" . $kahao . "\<br\>";   // 显示卡号
98. }?\> \<!-- PHP代码结束标签 --\>
99. \<br\>
100. \<img src="/image/602.gif" width="750" height="80"\> \<!-- 显示底部图片 --\>
101. \</body\> \<!-- 结束网页主体 --\>
102. \</html\> \<!-- 结束HTML文档 --\>

4. "070301.php"动态网页关键代码简要说明与解释

（1）第 1～7 行代码定义了 HTML 文档的基本结构，包括文档类型、头部信息和主体内容。第 1 行，声明文档类型为 HTML。第 2 行，开始 HTML 文档。第 3 行，开始头部区域，用于定义文档的元数据。第 4 行，设置字符编码为 UTF-8。第 5 行，设置网页标题为"设计保存员工信息动态网页"。第 6 行，结束头部区域。第 7 行，开始网页主体内容。

（2）第 8 行，插入图像，src 属性指定了图像文件的路径，width 和 height 属性设置了图像的宽度和高度。

（3）第 9～14 行是 PHP 代码，用于检查用户是否已经登录。第 9 行，PHP 代码开始标签。第 11 行，使用 if 语句检查$_COOKIE 数组中是否存在 user 和 pass，并验证用户名和密码是否正确（用户名为"abc"，密码为"abcabc"）。第 12 行，如果用户未登录，通过 echo 输出 JavaScript 代码，提示用户"您尚未登录，请先登录！"并跳转到登录页面"070302.php"。第 13 行，exit 语句终止脚本执行，防止未登录用户访问后续内容。第 14 行，PHP 代码结束标签。

（4）第 15～76 行是表单部分，用于收集员工的个人信息。第 15 行，定义一个表单，表单的提交方式为 POST。第 16～75 行，表单内容通过表格布局，包含多个输入框和选择框，用于收集电子邮箱、姓名、性别、家庭地址、邮编、电话、爱好、信用卡类型和卡号等信息。第 74 行，定义一个提交按钮，按钮的 type 属性为 submit，name 属性为 button，id 属性为 button，value 属性显示按钮文本为"提交保存员工个人信息"。

（5）第 77～98 行是 PHP 代码，用于处理表单提交的数据。第 78 行，使用 isset()函数检查是否提交了名为"name"的表单字段，从而判断表单是否被提交。第 80～88 行，从 $_REQUEST 数组中获取表单各个字段的值，并将它们分别赋值给对应的变量。第 89～97 行，使用 echo 语句将接收到的表单数据以文本形式显示在页面上，包括电子邮箱、姓名、性别、家庭地址、邮编、电话、爱好、信用卡类型和卡号等信息。第 98 行，PHP 代码结束标签。

（6）第 99～102 行是换行，插入图像，用于显示页面底部的图片。第 101 行，</body>标记了文档主体的结束。第 102 行，</html>标记了整个 HTML 文档的结束。

总之，员工信息涉及个人隐私，要访问"070301.php"动态网页就需要先验证，通过验证收集员工个人信息，否则自动跳转到"070301.php"动态网页登录。所以第 9～14 行先检查用户是否登录，通过检查用户浏览器中的 Cookie，确认是否存在 user 和 pass，并验证其值是否为预设的用户名（abc）和密码（abcabc）。如果用户未登录或验证失败，系统会弹出提示框"您尚未登录，请先登录！"，并自动跳转到登录页面"070302.php"。只有通过验证的用户才能继续访问"070301.php"页面。这种设计既保护了员工信息的隐私，又确保了只有授权用户才能访问和提交敏感信息。

"070301.php"动态网页拆分视图，如图 7-3-2 所示。

"070301.php"动态网页运行结果，如图 7-3-3 所示。

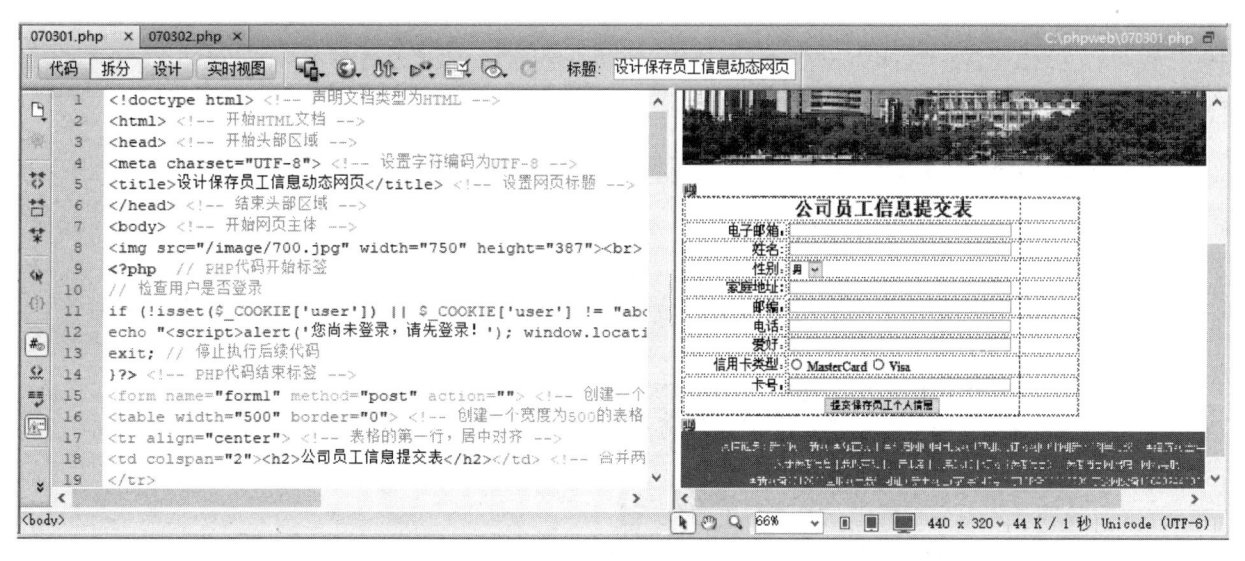

图 7-3-2 "070301.php"动态网页拆分视图

图 7-3-3 "070301.php"动态网页运行结果

5. 创建"070302.php"动态网页

（1）单击"开始"按钮，打开"动态网页"，启动 Dreamweaver 软件，单击"文件"菜单，选择"新建"选项，创建 PHP 动态网页"070302.php"。在网页属性中输入网页标题"登录用户并控制用户 COOKIE"。

（2）在网页中插入 3 行 3 列的表格。表格属性请参照源代码第 8 行设置。为表格设置背景图片"background="/image/bg.JPG"'，属性请参照源代码第 8～36 行设置。

（3）在表格第 2 行第 2 列插入 form 表单，鼠标光标定位在表单中，输入文字"用户名："

和"密码:",在"用户名:"右侧插入"文本框"控件,在"密码:"右侧插入"文本框"控件,在"密码:"下一行插入"按钮"控件,见源代码第17~27行。

(4)在表格下方输入PHP代码段,见源代码第37~49行。

"070302.php"动态网页效果,如图7-3-4所示。

图7-3-4 "070302.php"动态网页效果

6. "070302.php"动态网页源代码

```
01. <!DOCTYPE html> <!-- 声明文档类型为HTML5 -->
02. <html> <!-- 开始HTML文档 -->
03. <head> <!-- 开始头部区域 -->
04. <meta charset="UTF-8">  <!-- 设置字符编码为UTF-8 -->
05. <title>登录用户并控制用户COOKIE</title> <!-- 设置网页标题 -->
06. </head> <!--开始头部区域 -->
07. <body> <!-- 开始网页主体 -->
08. <table width="464" height="336" border="0" cellpadding="0" cellspacing="0" background="/image/bg.JPG"> <!-- 创建一个表格,设置宽度、高度、背景图片 -->
09. <tr> <!-- 表格的第一行 -->
10. <td width="107" height="136"> </td> <!-- 第一列,宽度为107,高度为136,留白 -->
11. <td width="274"> </td> <!-- 第二列,宽度为274,留白 -->
12. <td width="83"> </td> <!-- 第三列,宽度为83,留白 -->
13. </tr>
14. <tr> <!-- 表格的第二行 -->
15. <td height="100"> </td> <!-- 第一列,高度为100,留白 -->
16. <td align="center"> <!-- 第二列,内容居中对齐 -->
17. <form name="form1" method="post" action=""> <!-- 创建一个表单,使用POST方法提交 -->
18. <p> 用户名:    <!-- 用户名输入框提示 -->
```

19. `<input name="user" type="text" size="20">` <!-- 输入框，用于输入用户名 -->
20. `</p>`
21. `<p>` 密码： <!-- 密码输入框提示 -->
22. `<input name="pass" type="password" maxlength="20">` <!-- 输入框，用于输入密码，最大长度为20 -->
23. `</p>`
24. `<p>`
25. `<input type="submit" name="Submit" value="提交">` <!-- 提交按钮 -->
26. `</p>`
27. `</form>`
28. `</td>`
29. `<td> </td>` <!-- 第三列，留白 -->
30. `</tr>`
31. `<tr>` <!-- 表格的第三行 -->
32. `<td height="80"> </td>` <!-- 第一列，高度为80，留白 -->
33. `<td> </td>` <!-- 第二列，留白 -->
34. `<td> </td>` <!-- 第三列，留白 -->
35. `</tr>`
36. `</table>`
37. `<?php`   // PHP代码开始标签
38. `if ($_SERVER['REQUEST_METHOD'] == 'POST') {`   // 检查是否通过POST方法提交表单
39. `$user = $_POST['user'];`   // 获取用户名
40. `$pass = $_POST['pass'];`   // 获取密码
41. `if ($user == "abc" && $pass == "abcabc") {`   // 验证用户名和密码是否正确
42.   // 登录成功，设置 Cookie
43. `setcookie('user', $user, time() + 3600);`   // 设置用户名Cookie，有效期为1小时
44. `setcookie('pass', $pass, time() + 3600);`   // 设置密码Cookie，有效期为1小时
45. `echo "<script>alert('登录成功！'); window.location.href='070301.php';</script>";`
                                                    // 提示登录成功并跳转到员工信息提交页面
46. `} else {`
47.   // 登录失败
48. `echo "<script>alert('用户名或密码错误，请重新登录！');</script>";` // 提示用户登录失败
49. `}}?>` <!-- PHP代码结束标签 -->
50. `</body>` <!-- 结束网页主体 -->
51. `</html>` <!-- 结束HTML文档 -->

7. "070302.php"动态网页关键代码简要说明与解释

（1）第1~6行代码定义了HTML文档的基本结构，包括文档类型、头部信息和主体

内容。

（2）第 7~50 行是 HTML 主体部分，包含一个表格，用于创建登录界面。表格的背景被设置为一张图片（/image/bg.JPG）。

（3）第 9~13 行定义了表格的第 1 行，其中包含三个单元格，留空用于布局。

（4）第 14~30 行定义了表格的第 2 行，其中包含三个单元格。第 2 个单元格包含一个表单，用户可以在表单中输入用户名和密码。

（5）第 17~27 行的表单，属性以 POST 方式将数据提交。

（6）第 19 行是输入框，用于输入用户名。

（7）第 22 行是输入框，用于输入密码，密码明文内容会被隐藏。

（8）第 25 行是提交按钮，用户单击此按钮以提交填写的用户名和密码数据。

（9）第 31~35 行定义了表格的第 3 行，其中包含三个单元格，用于布局。

（10）第 37~49 行是 PHP 代码块，用于处理用户提交的登录信息。第 37 行，PHP 代码开始标签。第 38 行，检查是否通过 POST 方法提交表单。第 39 行，从 POST 请求中获取用户名。第 40 行，从 POST 请求中获取密码。第 41 行，验证用户名和密码是否正确（用户名为"abc"，密码为"abcabc"）。第 43 行，如果验证通过，设置用户名 Cookie，有效期为 1 小时。第 44 行，设置密码 Cookie，有效期为 1 小时。第 45 行，提示用户登录成功，并跳转到"070301.php"页面。第 48 行，如果验证失败，提示用户用户名或密码错误。第 49 行，PHP 代码结束标签。

（11）第 50、51 行是结束网页主体、结束 HTML 文档。

"070302.php"动态网页拆分视图，如图 7-3-5 所示。

图 7-3-5　"070302.php"动态网页拆分视图

在"070302.php"网页中登录时，如果用户名和密码正确，会在用户的浏览器中设置 Cookie，并将用户重定向回"070301.php"页面。如果用户名或密码不正确，或者用户没有填写用户名和密码，并将用户重定向回登录页面"070302.php"。登录不同情况都会在用户的浏览器中通过 JavaScript 弹出相应的文字提示框，如图 7-3-6 所示。

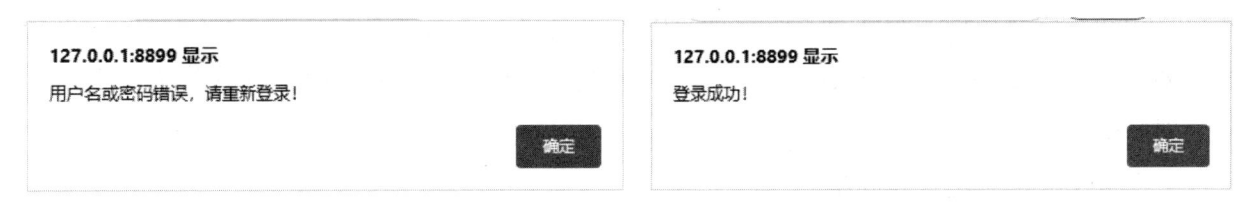

图 7-3-6　文字提示框

相关知识与技能

1. Request 基础

（1）Request 的概念

当浏览网页、填写表单、单击链接或者进行其他在线操作时，实际都是在和服务器打交道进行交互操作。这时服务器需要知道用户的需求，在 PHP 中，把这个需求叫作"Request"。Request 是一种通信方式，是指客户端（通常是浏览器）向服务器发送的一种请求，以获取特定资源、执行操作或与服务器进行交互的过程，服务器会按照 Request 的请求提供所需内容。

（2）Request 的作用

Request 在 Web 开发中发挥着重要作用，它能够与服务器进行沟通和交互，实现以下功能。

① 获取内容和数据：通过 Request，可以从服务器请求网页、图像、文件等内容。服务器会把所需内容返回给用户，使其可以在浏览器上看到这些内容。

② 提交数据：当用户在网页上填写表单、发布评论或者进行其他操作时，会使用 Request 将数据发送给服务器。服务器会处理这些数据，如注册用户、更新信息等。

③ 交互与操作：有些网站需要与服务器进行更深入的交互，如在线购物、查看电子邮件等。Request 允许向服务器发送特定的请求，服务器会根据请求执行相应的操作。

④ 状态管理：通过 Request，服务器可以管理用户的状态。例如，登录网站后，服务器可以使用 Session 来跟踪登录状态，让用户能够访问个人信息。

⑤ 权限与身份验证：Request 还可以用于身份验证和授权。登录网站后，服务器会通过 Request 中的信息验证用户的身份，并根据权限决定用户能够访问哪些内容。

⑥ 数据传递与处理：有时用户可能需要将数据传递给服务器，让服务器处理并返回结果，以便用于搜索、计算等场景。

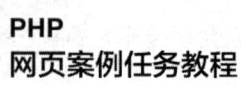

通过 Request，可以获取内容，提交数据，与服务器交互，进行管理状态、执行操作和身份验证。无论是浏览网页、填写表单还是进行在线操作，Request 都在服务器后台起着关键作用，实现各种现代 Web 应用交互的功能。Request 是连接用户与服务器的桥梁，使现代 Web 应用体验变得丰富而有趣，这种交互性是现代 Web 应用的基础，使我们能够在网上进行各种活动。

（3）Request 的格式和参数

Request 的格式和参数是由 HTTP 协议定义的，由以下四部分组成。

① 请求方法（Method）：表示希望服务器执行的操作，常见的有 GET、POST 等。

② 请求 URI（Uniform Resource Identifier）：请求的资源的标识，类似于网址。

③ 请求头部（Headers）：包含一些附加信息，如浏览器类型、来源网址等。

④ 请求主体（Body）：仅在某些请求中出现，包含一些额外的数据，如表单数据等。

（4）Request 的使用方法

在 PHP 中可以通过超全局变量$_REQUEST、$_GET 和$_POST 访问 Request 中的数据。例如，某个表单提交了名为"username"的表单字段，可以用 Request 获取"username"表单字段的值，格式为"$username = $_REQUEST['username'];"。

（5）Request 的保存位置

Request 的数据并不是在服务器上存储的，而是从 WAMP 的浏览器发送到服务器的临时数据。服务器会根据 Request 中的数据生成响应，然后将响应发送回 WAMP 的浏览器。

（6）Request 的生命周期

Request 的生命周期是从在浏览器中触发请求开始的，到服务器处理请求并返回响应结束。这个过程很短暂，当在浏览器中单击某个链接或提交表单后，Request 会立即发送给服务器，服务器迅速作出响应，然后将所需的内容传回给浏览器，这就是常见的 Request 生命周期。

2. Cookie 基础

在 PHP 中，Cookie 是一种在客户端（通常是用户的浏览器）和服务器之间传递数据的技术手段。Cookie 就像是一块小的数据片段，可以帮助用户在访问某个网站时，记住用户的一些信息、偏好和状态。下面深入了解 Cookie 的概念、作用、格式和参数、使用方法、保存位置及生命周期等。

（1）Cookie 的概念

Cookie 是一种在用户访问网站时，由服务器发送到用户浏览器的小型数据文件。这个文件存储在用户浏览器所在的设备中，设备可以是计算机、平板电脑或手机。当用户再次访问相同网站时，浏览器会将前面保存在该设备中的数据通过 Cookie 发送回服务器进行验证登录操作。通过这种方式，网站可以在不同请求之间记录或保持某些数据的联系和关联，实现个性化体验和其他便捷功能。

（2）Cookie 的作用

① 会话管理。Cookie 可以帮助服务器跟踪用户会话，保持登录状态，使用户不必在每次请求时都重新登录。

② 个性化体验。网站可以使用 Cookie 来记住用户的偏好，如语言、主题、购物车内容等，为用户提供个性化体验。

③ 跟踪用户行为。Cookie 可以帮助网站分析用户的浏览行为，从而优化内容、广告和用户界面。

④ 广告定向。基于 Cookie 中的信息，网站可以向用户展示他们感兴趣的广告。

（3）Cookie 的格式和参数

Cookie 由名字、值和可选的属性组成。Cookie 格式如下。

```
name=value; [属性1=value1;属性2=value2; ...]
```

常见属性包括以下 5 种。

① Expires/Max-Age：指定 Cookie 的过期时间，使其在一段时间后失效。

```
setcookie("user", "xiaoming", time( ) + 3600, "/");
```

在这个例子中，"time( ) + 3600" 表示当前时间加上 3600 秒（1 小时），即在 1 小时后这个 Cookie 会过期。

② Path：指定 Cookie 适用于哪个路径，用于限定 Cookie 的作用范围。

```
setcookie("user", "xiaoming", time( ) + 3600, "/lujingURL");
```

在这个例子中，Cookie 只会在指定的 URL 为 "/lujingURL" 的页面中有效。

③ Domain：指定 Cookie 适用于哪个域名，允许在多个子域之间共享 Cookie。

```
setcookie("user", "xiaoming", time( ) + 3600, "/", ".liuyan.com");
```

在这个例子中，".liuyan.com" 表示所有以 ".liuyan.com" 结尾的 URL 都可以共享这个 Cookie。

④ Secure：指定 Cookie 仅在安全连接（HTTPS）时传输，提高数据传输的安全性。

```
setcookie("user", "xiaoming", time( ) + 3600, "/", null, true);
```

在这个例子中，通过设置最后参数为 true，使这个 Cookie 只会在 HTTPS 连接中传输。

⑤ HttpOnly：限制 Cookie 只能通过 HTTP 访问，提高安全性，防止恶意脚本获取敏感信息。

```
setcookie("user", "xiaoming", time( ) + 3600, "/", null, false, true);
```

在这个例子中，通过设置最后参数为 true，使这个 Cookie 只能通过 HTTP 访问，令 JavaScript 无法访问它。

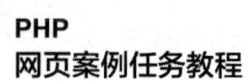

（4）Cookie 的使用方法

在 PHP 中，WAMP 可以使用 setcookie( )函数来创建和发送 Cookie 到用户浏览器。

setcookie("username", "xiaoming",time( ) + 3600, "/");

这将在用户浏览器中设置名为"username"的 Cookie，值为"xiaoming"，并在 1 小时后过期。路径参数"/"表示整个网站都可以访问这个 Cookie。

（5）Cookie 的保存位置

Cookie 实际上是存储在用户浏览器所在的设备中的，而不是服务器上。当用户访问某个 Web 网页需要 Cookie 时，则读取保存在该设备中的 Cookie，服务器接收来自浏览器的 Cookie 的具体数据信息值。

（6）Cookie 的生命周期

每个 Cookie 都有生命周期，由 Expires/Max-Age 属性确定。到了指定的时间，Cookie 将过期，并在浏览器中被删除，不再发送给服务器。用户可以随时通过浏览器设置删除 Cookie。

思考与练习

叙述题

1．简述 Request 的概念。

2．简述 Request 的作用。

3．简述 Cookie 的概念。

4．简述 Cookie 的作用。

5．举例说明 Cookie 的格式、参数和含义。

附录 A　PHP 动态网页施工任务单与技术归档资料模板

任务名称：_____

施工任务描述：

施工任务分析：

实施工程师姓名：	实施日期：
工号或学号：	
审核人签字：	验收日期：
工号或学号：	
WAMP 相关参数说明：如 Windows 版本、IP 地址、用户名及密码、Apache 版本、PHP 版本等。	
网站参数说明：如 Web 站点路径、IP 地址、端口号等。	
网站动态网页名称，以及动态网页间关系说明。	
施工过程相关变量参数说明。	

form 表单参数属性相关说明。	form 表单用到控件相关参数属性说明。
操作系统相关说明。	开发动态网页环境版本、数据库版本等说明。

动态网页结构或核心代码说明。

动态网页设计施工过程中的问题汇总。

1. 动态网页设计施工是否成功说明。

2. 动态网页设计是否与规划一致说明。

3. 功能与设计是否一致，如有改进请注明情况。

4. 遇到哪些问题，如何解决的？

5. 本施工任务如有流程设计，请在空白处画出简易流程图。

反侵权盗版声明

电子工业出版社依法对本作品享有专有出版权。任何未经权利人书面许可，复制、销售或通过信息网络传播本作品的行为；歪曲、篡改、剽窃本作品的行为，均违反《中华人民共和国著作权法》，其行为人应承担相应的民事责任和行政责任，构成犯罪的，将被依法追究刑事责任。

为了维护市场秩序，保护权利人的合法权益，我社将依法查处和打击侵权盗版的单位和个人。欢迎社会各界人士积极举报侵权盗版行为，本社将奖励举报有功人员，并保证举报人的信息不被泄露。

举报电话：（010）88254396；（010）88258888
传　　真：（010）88254397
E-mail：　　dbqq@phei.com.cn
通信地址：北京市万寿路173信箱
　　　　　电子工业出版社总编办公室
邮　　编：100036